"985 工程"
现代冶金与材料过程工程科技创新平台资助

"十二五"国家重点图书出版规划项目

现代冶金与材料过程工程丛书

计算冶金学

赫冀成　雷　洪　王　强等　著

科学出版社

北　京

内 容 简 介

本书概述了计算冶金学的基本概念和冶金过程模拟的基础知识,系统地介绍了计算冶金学在炼铁和炼钢中的应用,涉及冶金热力学、冶金动力学、冶金反应工程、冶金传输原理、电磁冶金学、凝固理论等各个方面,总结了作者在高炉、钢包、中间包、结晶器等复杂系统内多尺度模拟方面的工作,将现代冶金学中的新理论和新方法应用于钢铁冶金过程,展现了计算冶金学的发展趋势。

本书可作为冶金有关专业研究生的教材,也可以作为冶金工程专业的教师和工程技术人员的参考书。

图书在版编目(CIP)数据

计算冶金学 / 赫冀成等著. —北京:科学出版社,2019.11

(现代冶金与材料过程工程丛书/赫冀成主编)

"十二五"国家重点图书出版规划项目

ISBN 978-7-03-061878-8

Ⅰ. ①计… Ⅱ. ①赫… Ⅲ. ①冶金计算 Ⅳ. ①TF02

中国版本图书馆 CIP 数据核字(2019)第 146228 号

责任编辑:张淑晓 高 微 / 责任校对:杜子昂
责任印制:肖 兴 / 封面设计:东方人华

科 学 出 版 社 出版

北京东黄城根北街 16 号
邮政编码:100717
http://www.sciencep.com

北京通州皇家印刷厂印刷
科学出版社发行 各地新华书店经销

*

2019 年 11 月第 一 版 开本:720×1000 1/16
2019 年 11 月第一次印刷 印张:21 1/4
字数:428 000

定价:158.00 元

(如有印装质量问题,我社负责调换)

《现代冶金与材料过程工程丛书》编委会

顾　　问　陆钟武　王国栋

主　　编　赫冀成

副　主　编（按姓氏笔画排序）

　　　　　左　良　何鸣鸿　姜茂发

执行副主编　张廷安

编　　委（按姓氏笔画排序）

王　强	王　磊	王恩刚	左　良	史文芳
朱苗勇	朱旺喜	刘承军	刘春明	刘相华
刘常升	杨洪英	吴　迪	吴文远	何鸣鸿
邹宗树	张廷安	张殿华	茹红强	姜茂发
姜周华	姚广春	高瑞平	崔建忠	赫冀成
蔡九菊	翟玉春	翟秀静		

《现代冶金与材料过程工程丛书》序

21世纪世界冶金与材料工业主要面临两大任务：一是开发新一代钢铁材料、高性能有色金属材料及高效低成本的生产工艺技术，以满足新时期相关产业对金属材料性能的要求；二是要最大限度地降低冶金生产过程的资源和能源消耗，减少环境负荷，实现冶金工业的可持续发展。冶金与材料工业是我国发展最迅速的基础工业，钢铁和有色金属冶金工业承载着我国节能减排的重要任务。当前，世界冶金工业正朝着高效、低耗、优质和生态化的方向发展。超级钢和超级铝等更高性能的金属材料产品不断涌现，传统的工艺技术不断被完善和更新，铁水炉外处理、连铸技术已经普及，直接还原、近终形连铸、电磁冶金、高温高压溶出、新型阴极结构电解槽等已经开始在工业生产上获得不同程度的应用。工业生态化的客观要求，特别是信息和控制理论与技术的发展及其与过程工业的不断融合，促使冶金与材料过程工程的理论、技术与装备迅速发展。

《现代冶金与材料过程工程丛书》是东北大学在国家"985工程"科技创新平台的支持下，在冶金与材料领域科学前沿探索和工程技术研发成果的积累和结晶。丛书围绕冶金过程工程，以节能减排为导向，内容涉及钢铁冶金、有色金属冶金、材料加工、冶金工业生态和冶金材料等学科和领域，提出了计算冶金、自蔓延冶金、特殊冶金、电磁冶金等新概念、新方法和新技术。丛书的大部分研究得到了科学技术部"973"、"863"项目，国家自然科学基金重点项目和面上项目的资助（仅国家自然科学基金项目就达近百项）。特别是在"985工程"二期建设过程中，得到1.3亿元人民币的重点支持，科研经费逾5亿元人民币。获得省部级科技成果奖70多项，其中国家级奖励9项；取得国家发明专利100多项。这些科研成果成为丛书编撰和出版的学术思想之源和基本素材之库。

以研发新一代钢铁材料及高效低成本的生产工艺技术为中心任务，王国栋院士率领的创新团队在普碳超级钢、高等级汽车板材以及大型轧机控轧控冷技术等方面取得突破，成果令世人瞩目，为宝钢、首钢和攀钢的技术进步做出了积极的贡献。例如，在低碳铁素体/珠光体钢的超细晶强韧化与控制技术研究过程中，提出适度细晶化（3～5μm）与相变强化相结合的强化方式，开辟了新一代钢铁材料生产的新途径。首次在现有工业条件下用200MPa级普碳钢生产出400MPa级超级钢，在保证韧性前提下实现了屈服强度翻番。在研究奥氏体再结晶行为时，引入时间轴概念，明确提出低碳钢在变形后短时间内存在奥氏体未在结晶区的现象，为低碳钢的控制轧制提供了理论依据；建立了有关低碳钢应变诱导相变研究的系统而严密的实验方法，解决了低碳钢高温变形后的组织固定问题。适当控制终轧温度和压下量分配，通过控制轧后冷却和卷取温度，利用普通低碳钢生产出铁素体晶粒为 3～5μm、屈服强度大于 400MPa，具有良好综合性能的超级钢，并成功地应用于汽车工业，该成果获得 2004 年国家科学技术进步奖一等奖。

宝钢高等级汽车板品种、生产及使用技术的研究形成了系列关键技术（如超低碳、氮和氧的冶炼控制等），取得专利 43 项（含发明专利 13 项）。自主开发了 183 个牌号的新产品，在国内首次实现高强度 IF 钢、各向同性钢、热镀锌双相钢和冷轧相变诱发塑性钢的生产。编制了我国汽车板标准体系框架和一批相关的技术标准，引领了我国汽车板业的发展。通过对用户使用技术的研究，与下游汽车厂形成了紧密合作和快速响应的技术链。项目运行期间，替代了至少 50%的进口材料，年均创利润近 15 亿元人民币，年创外汇 600 余万美元。该技术改善了我国冶金行业的产品结构并结束了国外汽车板对国内市场的垄断，获得 2005 年国家科学技术进步奖一等奖。

提高 C-Mn 钢综合性能的微观组织控制与制造技术的研究以普碳钢和碳锰钢为对象，基于晶粒适度细化和复合强化的技术思路，开发出综合性能优良的 400～500MPa 级节约型钢材。解决了过去采用低温轧制路线生产细晶粒钢时，生产节奏慢、事故率高、产品屈强比高以及厚规格产品组织不均匀等技术难题，获得 10 项发明专利授权，形成工艺、设备、产品一体化的成套技术。该成果在钢铁生产企业得到大规模推广应用，采用该技术生产的节约型钢材产量到 2005 年年底超过 400 万 t，到 2006 年年底，国内采用该技术生产低成本高性能钢材累计产量超过 500 万 t。开发的产品用于制造卡车车轮、大梁、横臂及建筑和桥梁等结构件。由于节省了合金元素、降低了成本、减少了能源资源消耗，其社会效益巨大。该成果获 2007 年国家技术发明奖二等奖。

首钢 3500mm 中厚板轧机核心轧制技术和关键设备研制，以首钢 3500mm 中厚板轧机工程为对象，开发和集成了中厚板生产急需的高精度厚度控制技术、TMCP 技术、控制冷却技术、平面形状控制技术、板凸度和板形控制技术、组织性能预测与控制技术、人工智能应用技术、中厚板厂全厂自动化与计算机控制技术等一系列具有自主知识产权的关键技术，建立了以 3500mm 强力中厚板轧机和加速冷却设备为核心的整条国产化的中厚板生产线，实现了中厚板轧制技术和重大装备的集成和集成基础上的创新，从而实现了我国轧制技术各个品种之间的全面、协调、可持续发展以及我国中厚板轧机的全面现代化。该成果已经推广到国内 20 余家中厚板企业，为我国中厚板轧机的改造和现代化做出了贡献，创造了巨大的经济效益和社会效益。该成果获 2005 年国家科学技术进步奖二等奖。

在国产 1450mm 热连轧关键技术及设备的研究与应用过程中，独立自主开发的热连轧自动化控制系统集成技术，实现了热连轧各子系统多种控制器的无隙衔接。特别是在层流冷却控制方面，利用有限元素流分析方法，研发出带钢宽度方向温度均匀的层冷装置。利用自主开发的冷却过程仿真软件包，确定了多种冷却工艺制度。在终轧和卷取温度控制的基础之上，增加了冷却路径控制方法，提高了控冷能力，生产出了×75管线钢和具有世界先进水平的厚规格超细晶粒钢。经过多年的潜心研究和持续不断的工程实践，将攀钢国产第一代1450mm热连轧机组改造成具有当代国际先进水平的热连轧生产线，经济效益极其显著，提高了国内热连轧技术与装备研发水平和能力，是传统产业技术改造的成功典范。该成果获2006年国家科学技术进步奖二等奖。

以铁水为主原料生产不锈钢的新技术的研发也是值得一提的技术闪光点。该成果建立了K-OBM-S冶炼不锈钢的数学模型，提出了铁素体不锈钢脱碳、脱氮的机理和方法，开发了等轴晶控制技术。同时，开发了K-OBM-S转炉长寿命技术、高质量超纯铁素体不锈钢的生产技术、无氩冶炼工艺技术和连铸机快速转换技术等关键技术。实现了原料结构、生产效率、品种质量和生产成本的重大突破。主要技术经济指标国际领先，整体技术达到国际先进水平。K-OBM-S平均冶炼周期为53min，炉龄最高达到703次，铬钢比例达到58.9%，不锈钢的生产成本降低10%~15%。该生产线成功地解决了我国不锈钢快速发展的关键问题——不锈钢废钢和镍资源短缺，开发了以碳氮含量小于120ppm的409L为代表的一系列超纯铁素体不锈钢品种，产品进入我国车辆、家电、造币领域，并打入欧美市场。该成果获得2006年国家科学技术进步奖二等奖。

以生产高性能有色金属材料和研发高效低成本生产工艺技术为中心任务，先后研发了高合金化铝合金预拉伸板技术、大尺寸泡沫铝生产技术等，并取得显著进展。高合金化铝合金预拉伸板是我国大飞机等重大发展计划的关键材料，由于合金含量高，液固相线温度宽，铸锭尺寸大，铸造内应力高，所以极易开裂，这是制约该类合金发展的瓶颈，也是世界铝合金发展的前沿问题。与发达国家采用的技术方案不同，该高合金化铝合金预拉伸板技术利用低频电磁场的强贯穿能力，改变了结晶器内熔体的流场，显著地改变了温度场，使液穴深度明显变浅，铸造内应力大幅度降低，同时凝固组织显著细化，合金元素宏观偏析得到改善，铸锭抵抗裂纹的能力显著增强。为我国高合金化大尺寸铸锭的制备提供了高效、经济的新技术，已投入工业生产，为国防某工程提供了高质量的铸锭。该成果作为"铝资源高效利用与高性能铝材制备的理论与技术"的一部分获得了2007年的国家科学技术进步奖一等奖。大尺寸泡沫铝板材制备工艺技术是以共晶铝硅合金（含硅12.5%）为原料制造大尺寸泡沫铝材料，以A356铝合金（含硅7%）为原料制造泡沫铝材料，以工业纯铝为原料制造高韧性泡沫铝材料的工艺和技术。研究了泡沫铝材料制造过程中泡沫体的凝固机制以及生产气孔均匀、孔壁完整光滑、无裂纹泡沫铝产品的工艺条件；研究了控制泡沫铝材料密度和孔径的方法；研究了无泡层形成原因和抑制措施；研究了泡沫铝大块体中裂纹与大空腔产生原因和控制方法；研究了泡沫铝材料的性能及其影响因素等。泡沫铝材料在国防军工、轨道车辆、航空航天和城市基础建设方面具有十分重要的作用，预计国内市场年需求量在 20 万 t 以上，产值 100 亿元人民币，该成果获 2008 年辽宁省技术发明奖一等奖。

围绕最大限度地降低冶金生产过程中资源和能源的消耗，减少环境负荷，实现冶金工业的可持续发展的任务，先后研发了新型阴极结构电解槽技术、惰性阳极和低温铝电解技术和大规模低成本消纳赤泥技术。例如，冯乃祥教授的新型阴极结构电解槽的技术发明于 2008 年 9 月在重庆天泰铝业公司试验成功，并通过中国有色工业协会鉴定，节能效果显著，达到国际领先水平，被业内誉为"革命性的技术进步"。该技术已广泛应用于国内 80%以上的电解铝厂，并获得"国家自然科学基金重点项目"和"国家高技术研究发展计划（'863'计划）重点项目"支持，该技术作为国家发展和改革委员会"高技术产业化重大专项示范工程"已在华东铝业实施 3 年，实现了系列化生产，槽平均电压为 3.72V，直流电耗 12 082kW·h/t Al，吨铝平均节电 1123kW·h。目前，新型阴极结构电解槽的国际推广工作正在进行中。初步估计，在 4~5 年内，全国所有电解铝厂都能将现有电解槽改为新型电解槽，届时全国电解铝厂一年的节电量将超过我国大型水电站——葛洲坝一年的发电量。

在工业生态学研究方面，陆钟武院士是我国最早开始研究的著名学者之一，因其在工业生态学领域的突出贡献获得国家光华工程大奖。他的著作《穿越"环境高山"——工业生态学研究》和《工业生态学概论》，集中反映了这些年来陆钟武院士及其科研团队在工业生态学方面的研究成果。在煤与废塑料共焦化、工业物质循环理论等方面取得长足发展；在废塑料焦化处理、新型球团竖炉与煤高温气化、高温贫氧燃烧一体化系统等方面获授权多项国家发明专利。

依据热力学第一、第二定律，提出钢铁企业燃料（气）系统结构优化，以及"按质用气、热值对口、梯级利用"的科学用能策略，最大限度地提高了煤气资源的能源效率、环境效率及其对企业节能减排的贡献率；确定了宝钢焦炉、高炉、转炉三种煤气资源的最佳回收利用方式和优先使用顺序，对煤气、氧气、蒸气、水等能源介质实施无人化操作、集中管控和经济运行；研究并计算了转炉煤气回收的极限值，转炉煤气的热值、回收量和转炉工序能耗均达到国际先进水平；在国内首先利用低热值纯高炉煤气进行燃气-蒸气联合循环发电。高炉煤气、焦炉煤气实现近"零"排放，为宝钢创建国家环境友好企业做出重要贡献。作为主要参与单位开发的钢铁企业副产煤气利用与减排综合技术获得了 2008 年国家科技进步奖二等奖。

另外，围绕冶金材料和新技术的研发及节能减排两大中心任务，在电渣冶金、电磁冶金、自蔓延冶金、新型炉外原位脱硫等方面都取得了不同程度的突破和进展。基于钙化-碳化的大规模消纳拜耳赤泥的技术，有望攻克拜耳赤泥这一世界性难题；

钢焖渣水除疤循环及吸收二氧化碳技术及装备，使用钢渣循环水吸收多余二氧化碳，大大降低了钢铁工业二氧化碳的排放量。这些研究工作所取得的新方法、新工艺和新技术都会不同程度地体现在丛书中。

总体来讲，《现代冶金与材料过程工程丛书》集中展现了东北大学冶金与材料学科群体多年的学术研究成果，反映了冶金与材料工程最新的研究成果和学术思想。尤其是在"985 工程"二期建设过程中，东北大学材料与冶金学院承担了国家 I 类"现代冶金与材料过程工程科技创新平台"的建设任务，平台依托冶金工程和材料科学与工程两个国家一级重点学科、连轧过程与控制国家重点实验室、材料电磁过程教育部重点实验室、材料微结构控制教育部重点实验室、多金属共生矿生态化利用教育部重点实验室、材料先进制备技术教育部工程研究中心、特殊钢工艺与设备教育部工程研究中心、有色金属冶金过程教育部工程研究中心、国家环境与生态工业重点实验室等国家和省部级基地，通过学科方向汇聚了学科与基地的优秀人才，同时也为丛书的编撰提供了人力资源。丛书聘请中国工程院陆钟武院士和王国栋院士担任编委会学术顾问，国内知名学者担任编委，汇聚了优秀的作者队伍，其中有中国工程院院士、国务院学科评议组成员、国家杰出青年科学基金获得者、学科学术带头人等。在此，衷心感谢丛书的编委会成员、各位作者以及所有关心、支持和帮助编辑出版的同志们。

希望丛书的出版能起到积极的交流作用，能为广大冶金和材料科技工作者提供帮助。欢迎读者对丛书提出宝贵的意见和建议。

赫冀成　张廷安

2011 年 5 月

前　言

20 世纪 50 年代以来，随着现代冶金工艺的发展，冶金学的理论和研究方法发生了巨大的变化。具体而言，以传统冶金热力学为主要理论支柱的冶金基础理论，逐渐发展为描述冶金过程的反应机理和反应速率的现代冶金学。在此过程中，冶金动力学、反应工程学、传输原理、电磁冶金学、计算物理学等被广泛应用于冶金过程分析。随着 20 世纪 90 年代计算机硬件和软件技术的飞速发展，数值计算方法和并行计算技术与现代冶金学理论实现了有机的融合，从而在时间和空间上实现了对冶金过程的宏观、介观和微观尺度的数值再现，逐渐形成了一门独特的领域——计算冶金学。

计算冶金学作为冶金科学领域中的新兴学科，已经引起了国内外许多冶金学家的广泛关注。冶金领域的数值计算与模拟使人们看到了其在定量预测冶金反应器冶金效果及优化设备和工艺操作等方面的潜力，也使其成为现代冶金学者一个不可或缺的研究工具。计算冶金学主要涉及冶金对象的抽象和简化，数学模型的建立，数值求解方法的确定，验证和分析简化后冶金现象的合理性和准确性四个步骤。随着各种商业软件的普遍应用，计算冶金学在钢铁冶金领域得到了长足的发展，虽然冶金学者发表了大量的数值仿真方面的研究论文，但是目前尚没有系统介绍钢铁冶金长流程中高炉冶炼、钢包精炼、电磁冶金、金属凝固方面数值计算的著作。本课题组长期从事钢铁冶金工艺方面的数值仿真工作，本书即系统地介绍了我们多年来所取得的主要研究成果，希望本书的出版能够给广大的冶金工作者提供新的思路。

编入本书的各章节内容，大部分是作者主持和参与的科研工作，也介绍了部分国内外专家已发表的最新研究成果。本书共分为 8 章：第 1 章由赫冀成和王强撰写，主要介绍计算冶金学的发展；第 2 章由赫冀成和雷洪撰写，主要介绍数学模型中涉及的概念和常见解法；第 3 章由唐珏和储满生撰写，主要介绍回旋区模型、多流体高炉数学模型和高炉烟分析模型；第 4 章由耿佃桥撰写，主要介绍钢包真空精炼反应器内气液流动和混合；第 5 章由王强、李宏侠撰写，主要介绍钢包出钢过程漩涡的形成和防治；第 6 章由雷洪撰写，主要介绍中间包 RTD 曲线、通道式感应加热技术和夹杂物行为；第 7 章由张红伟撰写，主要介绍合金凝固路径、凝固宏观偏析以及凝固组织的预测；第 8 章由田溪岩撰写，主要介绍电磁制动下结晶器内传输过程。

　　本书由赫冀成教授、王强教授和雷洪教授担任主笔，负责书稿的组织、统稿和审定。陈士富和王连钰等同学参与了公式和文字的校对和排版等工作。在本书出版之际，对为本书的出版做出贡献的各位老师和同学表示深深的谢意。

　　感谢国家自然科学基金（U1560207、51574074、U1460108 和 U1808212）对作者工作持续多年的资助。在书稿准备与出版过程中，科学出版社的编辑人员也给予了大力的支持，在此一并表示感谢。

　　计算冶金学涉及多个学科和专业，由于作者的水平和专业知识所限，文中难免存在疏漏和不足之处，欢迎广大读者批评指正。

作　者

2019 年 5 月于东北大学

目　　录

第1章 绪 论

1.1 现代钢铁工业的发展

近年来，新能源、信息产业、新医药、生物育种、节能环保等新兴产业发展迅速，成为朝阳产业；而钢铁等传统产业似乎成了夕阳产业。但钢铁就像粮食一样，并不会由于新兴产业的发展而变得可有可无。相反，钢铁和粮食虽然不是新兴产业，却是常青产业。无论什么时候，钢铁材料永远是国民经济发展中最重要的基础原材料。

钢铁工业在经过表 1.1 所示的两次技术创新高潮[1]后，正式步入现代钢铁工业的成熟期。在世界钢铁工业近代发展上，美国、日本、欧洲曾经称雄多年。目前，中国已经成为世界最大的钢铁生产国和消费国。钢铁产业也朝着绿色制造、智能制造、满足超常制造的材料需求方向发展。

表 1.1 钢铁工业的创新高潮

	代表性技术	效果
第一次创新高潮 20 世纪 50～70 年代	(1) 转炉炼钢代替平炉炼钢	转炉炼钢投资少，冶炼速度快，冶炼品种多，冶炼质量改善，可以负能炼钢，生产效率高，经济效益好
	(2) 连铸取代模铸 + 初轧开坯	成材率提高 8%～10%，实现连续化的炼钢-轧钢工艺路线
	(3) 连续高速轧机取代横列式轧机	多机架串列式连续高速轧机节能、省地、安全、高质
第二次创新高潮 20 世纪 80～90 年代	(1) 纯净钢生产工艺	通过铁水预处理、炉外精炼、高效连铸等系列技术，使钢中的有害元素硫、磷、氧、氮、氢等降至下限，大幅度地提高钢材的性能
	(2) 控轧技术	保证了钢材的尺寸精度和质量性能
	(3) 短流程钢铁生产工艺	熔融还原、直接还原等新工艺，薄板坯连铸连轧与电炉(或转炉)相配合，可形成多种形式的短流程生产工艺，具有投资少、建设周期短、占地面积小、生产效率高、成本低、能耗低、污染少、产品质量好等优点

1.1.1 世界钢铁强国

18 世纪 60 年代，第一次技术革命引起的工业革命掀起了第一次现代化浪潮。

19 世纪 70 年代起，第二次技术革命掀起了第二次现代化浪潮，并一直延续到 20 世纪上半叶。全球钢铁产业格局在第二次工业革命以来的一百多年里发生了四次重大改变，全球钢产量由 1917 年的 8200 万吨[2]攀升到 2018 年的 18.09 亿吨，美国、日本和欧洲分别成为其中三个钢铁时代的代表[3]。

（1）在 19 世纪 60 年代，美国钢铁产业逐渐成为一个规模庞大的部门。1871 年，美国粗钢产量仅为 7.8 万吨。1886 年，美国粗钢产量达到 260 万吨，超过了英国，成为世界第一产钢大国[4]。19 世纪末至 20 世纪初，美国国内存在近千家钢铁厂。这些钢铁厂不但技术水平低，而且产能严重过剩。当时，J. P. 摩根银行推动了美国钢铁产业的整合，吞并了 785 家中小钢铁厂，控制了美国钢铁产量的 70%。1910 年，美国钢铁产量高达 2650 万吨，接近当时全球钢铁产量的一半，成为世界钢铁产业的霸主。这一地位一直保持到 20 世纪 70 年代。2018 年，美国的粗钢产量为 8670 万吨。

（2）在 20 世纪 70 年代，日本发达的海运业为钢铁工业提供了源源不断的进口铁矿石，钢铁产量不断攀升[4]。1951 年，日本粗钢产量不到 56 万吨。1969 年，日本超过西德成为当时世界上最大的钢铁出口国。1973 年，日本钢铁产量达到历史峰值 1.26 亿吨。此后，日本钢铁工业主要是淘汰老旧设备，加强技术改造和设备更新，升级产业结构，实现了从钢铁大国向钢铁强国的转变。1970 年，世界排名第六的八幡和世界排名第十的富士钢铁公司合并成立新日铁，钢产量达到 3295 万吨，成为当时世界最大的钢铁公司。这一地位一直保持到 1996 年。自 2010 年以后，日本粗钢产量连续 9 年超过 1 亿吨。2018 年，日本的粗钢产量达到 1.043 亿吨。

（3）在 20 世纪 90 年代，欧盟市场的统一和苏联、东欧的解体加快了欧洲区域的全球化进程。欧洲钢铁产业整合后，欧洲平均每个钢铁企业的粗钢生产能力由 1500 万吨上升到 2500 万吨。在这一时期，欧洲形成了卢森堡 Arbed 集团、法国 Usinor 集团、英国 Corus 集团等大型国际钢铁集团。1997 年，在世界十大钢厂中欧洲占据六席。进入 21 世纪以后，全球的钢铁企业国际化整合进入高潮。2002 年，欧洲三大钢铁制造商法国 Usinor、卢森堡 Arbed 和西班牙 Aceralia 合并成为 Arcelor 钢铁集团，钢产能达到 4600 万吨，成为当时世界最大的钢铁企业。2006 年 Arcelor 钢铁集团与 Mittal 钢铁公司合并，组建成 ArcelorMittal 钢铁集团，成为钢铁行业的巨无霸，钢产量占世界钢材市场份额的 10%[4]。2007 年，该公司钢产量为 1.164 亿吨，在全球钢产量中排名第一。2018 年，欧盟粗钢产量达到 1.681 亿吨。

这里需要注意的是印度钢铁工业的飞速发展。20 世纪 90 年代以来，在印度国内工业高速发展的推动下，印度钢铁产业迅速壮大。2015 年印度粗钢产量 8900 万吨，正式超越美国，成为世界第三大钢铁生产国；2017 年粗钢产量突破 1 亿吨；2018 年粗钢产量为 1.06 亿吨，首次超越日本，成为世界第二，但仅为中国粗钢产量的 11%。印度钢铁工业主要分布在沿海地区，以短流程（电弧炉＋感应炉）炼钢为主。其中，高炉、转炉长流程炼钢产能的比例为 40%，电弧炉炼钢和感应炉炼钢产能的比例均为 30%。

1.1.2 中国现代钢铁工业的成长

新中国成立以后，特别是改革开放以来，我国钢铁工业取得了举世瞩目的成就[5]。1936 年，钢产量仅 4 万余吨。1949 年为 15.8 万吨，居世界第 26 位，不到当时世界钢产量的 0.1%。1957 年，达到 535 万吨。1978 年，钢产量达到 3178 万吨，居世界第 4 位，占当年世界钢产量的 4.42%。1996 年，中国钢产量首次突破 1 亿吨，达到 1.01 亿吨[1]，占世界钢产量的 13.5%，跃居世界第一产钢大国。2000 年，中国钢产量达到 1.28 亿吨，占世界钢产量的 15.0%。2001~2007 年，钢产量年均增长率达 21%。2008 年，我国钢产量超过 5 亿吨，占世界钢产量的 37.6%，相当于第 2 名日本到第 9 名巴西钢产量的总和。2016 年我国钢产量达到 8.08 亿吨，占世界钢产量的 49.6%。2018 年，我国钢产量继续稳步上升，达到 9.28 亿吨。总之，中国钢产量突破 1 亿吨，如果从清末建立现代钢铁企业开始，用了一百多年；如果从新中国成立后算起，也用了 47 年。从 1 亿吨到 2 亿吨，用了 7 年时间。从 2 亿吨到 3 亿吨，只用了 2 年。而从 3 亿吨到 4 亿吨，则仅用了 1 年时间。之后，中国钢铁产能严重过剩，发展速度开始降下来。

作为资源和能源的消耗大国，钢铁工业的发展、产量的增加必然受到资源、能源和环境的限制。近年来，通过抑制钢铁工业低水平重复建设、淘汰落后产能、加快调整结构等措施，使中国钢铁工业走上了从钢铁大国向钢铁强国转变的道路。

1.2 计算冶金学的发展

计算冶金学（computational metallurgy）是将数值分析、冶金传输原理和反应工程、冶金热力学与动力学、并行计算理论等相关学科结合，依靠计算机，结合有限元方法或有限体积等方法，通过数值计算求取冶金问题数值解的科学。

1.2.1 原型和模型

原型（prototype）是指研究者在钢铁冶金流程中需要关心、研究的实际对象。模型（model）则是指为了达到某个特定目的而将原型的某一部分信息简缩、提炼而构造的原型替代物。按照模型替代原型的方式，模型可以分为物理模型（形象模型）和数学模型（抽象模型）。物理模型（physical model）是针对原型的关键几何尺寸，依据相似原理建立的与原型具有相同传输和反应机理的模型，在此模型中可以再现原型中的冶金现象或传输过程。数学模型（mathematical model）可以描述为，对钢铁冶金过程的一个特定对象，为了达到一个特定目的，根据冶金对象特有的内在规律，进行必要的简化和假设，运用适当的数学工具，得到描述冶金现象的数学表达。

1.2.2　过程解析与数学模型

初期的冶金学是以热力学为基础的。因为在实际工业装置中，化学反应速率还受到流体流动、传热和传质条件的限制，所以研究伴随有这三种传输现象下的冶金反应速率就形成了冶金过程动力学。动力学研究的丰富成果为冶金反应装置中过程的综合解析提供了必要条件。而计算机的发展又为求解过程解析所建立的数学模型提供了有效手段。因此，自 20 世纪 60 年代以来，冶金反应工程学就迅速发展起来。但是，无论是冶金过程动力学还是冶金反应工程学，数学模型都是它们的主要研究手段。如果对两者加以区别，前者的数学模型仅描述一个局部现象，而后者的数学模型则着眼于描述反应装置中的全过程。另外，如果说热力学和动力学是现象论的研究，而反应工程学则是装置论（或过程论）的研究，那么数学模型本身则可以说是方法论的研究。

各种冶金过程数学模型的研究已经取得了丰富的成果，达到了一个崭新的水平，并且在冶金生产中发挥着越来越大的作用。因此，了解、掌握并运用数学模型来研究冶金过程的原理和方法就显得越来越重要。

为了阐述方便，首先规定本书中一些术语的含义。

所谓过程是指实际生产中的一个相对独立的物质处理操作，如高炉过程、转炉过程等。组成过程的要素称为子过程。

子过程有时是指在建立数学模型时为了解析方便，根据过程的特征所划分的局部过程。例如，在底吹钢包装置中，可把整个炉内分成气液混合相上升域、表面流区域和下降循环流区域，以便于分别给予数学描述。子过程有时是从现象的物理本质出发，指过程中所包含的各类不同物理现象。例如，高炉内可以认为同时存在着气体与固体炉料在空间的不均匀运动、气-固相间的热交换、各种均相与非均相反应等子过程。

体系则是指过程中的某一部分，或者是某些子过程的集合体。过程是按生产操作自然划分的，而体系则是为了解析方便，在过程中人为指定的某一部分。有时也把整个过程作为研究的体系。

这里将系统看成一系列相关过程的组合。例如，在研究整个钢铁企业能源消耗时，它的对象便是由烧结、炼铁、炼钢、连铸、轧制等各过程组成的一个系统。

本书阐述的重点是针对实际冶金过程建立数学模型并进行数值模拟。

1.2.3　数学模型、数值模拟和数学模拟

冶金过程数学模型是针对冶金过程中某一特定对象，为了达到一个特定的目的，根据其特有的内在规律，做出必要的简化和假设，采用数学工具进行概括或近似的表述。它能够解释特定冶金对象的现实状态，也能预测冶金对象的未来状态，从而对冶金对象做出最优决策或控制。数学模型既源于现实又高于现实，不是实际冶金对象原型，而是一种模拟。在数值上可以作为公式应用，从而推广解决与原型类似的一类问题。

解析解（analytical solution）就是将数学模型的解采用一些严格的公式来表示。研究者可以利用这些公式来解答各自的问题。所谓的解析解实质上是一种包含分式、三角函数、指数、对数甚至无限级数等基本函数的解的形式。用来得到解析解的方法称为解析法（analytic technique，或 analytic method）。解析法通常是指利用常见的微积分技巧（如分离变量法等）来给出数学模型的封闭形式的函数（闭合解）。因此，对于任何一个独立变量，都可以将其代入解析函数中求得正确的相关变量。

数值解（numerical solution）是采用数值计算方法（如有限元、有限差分、数值逼近、插值等方法）得到冶金过程数学模型的解。在此过程中，冶金学者只能利用数值计算的结果，而不能随意给出自变量并求出计算值。当无法或难以通过微积分获取解析解时，这时便只能利用数值分析的方式来求得其数值解。目前，数值方法已经成为求解过程重要的媒介。在数值分析的过程中，首先会对原方程式加以简化，以方便后续的数值分析。例如，可将微分符号改为差分符号，然后再用传统的代数方法将原方程式改写成另一个方便求解的形式。这时的求解步骤就是将独立变量代入，求得相关变量的近似解。因此利用此方法所求得的相关变量是一个个分离的数值，不像解析解为一个连续的分布。当然，经过上述简化的数学处理后，数值解的正确性将不如解析解。

总之，数值解是在特定条件下通过近似计算得出的一个数值，而解析解为该函数的解析式。解析解能够给出解的具体函数形式，从解的函数表达式中可以算出任何对应值；数值解就是利用数值方法求出解，给出一系列对应的自变量的解。

钢铁冶金过程主要涉及多相流动、热量和质量传输、化学反应、钢的熔化和凝固等多种物理化学现象，而且这些现象往往互为因果、同时发生。这样造成描述这些冶金现象的数学模型异常复杂；由于认识的局限性，对于某些冶金现象，冶金学者还未掌握机理，相应的数学模型尚未建立或不完善；大多数冶金过程的数学模型过于复杂，通常无法找到解析解，只能给出特定条件下的数值解。在很多情况下，计算冶金学通常既需要建立数学模型，又需要确定合适的算法给出数

值解，因此，通常将数学模型和数值模拟统称为数学模拟。数学模拟的基本过程如图 1.1 所示。

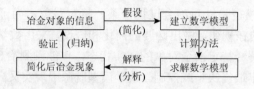

图 1.1　数学模拟的基本过程

1.2.4　数学模拟的意义和优越性

与现场实验和物理模拟实验不同，数学模拟实验不受实验材料、设备和场地的制约，可以随意地改变实验参数，获得实验过程详细的数据。数学模拟研究具有如下的特点。

（1）广泛性。可进行冶金生产中不能进行的，可能造成巨大经济损失或具有危险性的各种实际过程的研究。

（2）经济性。可以迅速、廉价地研究实际冶金过程。

（3）外推性。适宜的数学模型可以准确地模拟当前实际生产中不能实现的极端操作条件下的生产过程，并能够帮助确定临界操作条件。

（4）灵活性。可以比较和评价各种不同冶金操作与设计方案。

（5）再现性。由于数学模型的内容可以及时而任意地调整，就能够保证结果具有良好的再现性。

对现有冶金过程，通过数学模拟可以深刻了解冶金过程的性质和过程变量间的关系；探索改变冶金过程操作参数的效果，以提供优化手段；为改进反应装置设计提供依据；实现生产过程的自动控制。

对开发中的冶金过程，通过数学模拟可以估计过程的可行性；规划实验室规模的试验；为中间工厂试验、放大及鉴定提供参考和依据。

1.2.5　计算冶金的实施方法

通常，计算冶金过程可分为假设简化、建立数学模型、选择计算方法、求解数学模型、解释计算结果、分析简化后的冶金现象、将计算结果与实际冶金现象进行验证并归纳相关规律这样几个阶段，并通过这些阶段实现从数学模型到实际冶金对象的循环。在这些步骤中，建立数学模型和求解数学模型是计算冶金学的关键。

1. 数学模型建立方法

建立数学模型是一种数学的思考方法，是运用数学的语言和方法，通过抽象和简化来建立能够近似描述并解决实际问题的数学模型的一种强有力数学手段。建立数学模型的方法大致有两种：机理分析和测试分析。机理分析是根据对客观事物特性的认识，找出反映内部机理的数量规律。通过机理分析所建立的模型具有明确的物理或现实意义，如钢包和中间包的流场和温度场分析。测试分析是将研究对象看作一个"黑箱"系统，通过对系统输入、输出数据的测量和统计分析，按照一定的准则找出与数据拟合得最好的经验模型，如转炉炼钢的自动化控制模型、RH（Ruhrstahl Heraeus）脱碳的神经元控制模型。

通过过程解析建立数学模型，一般均需经过下述步骤：

（1）明确解析的目的、客观标准及操作条件。

（2）研究过程的物理特性，将它分解成若干子过程。

（3）研究各子过程之间的关系。

（4）对各种变量间的物理相关性给予正确而尽可能简洁的数学表达。

（5）根据某种物理化学或数学原理建立数学模型。

（6）对数学模型妥当性进行判断。

（7）对模型进行修改，最后使其对真实过程具有足够的仿真性。

上述各步骤间的关系可表示成图1.2。

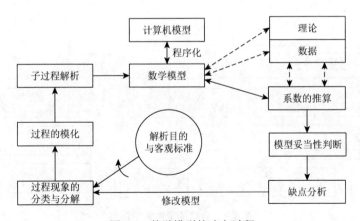

图1.2 数学模型的建立过程

2. 数学模型的分类

研究数学模型的分类有助于深刻理解各种数学模型的性质、用途和特点。数学模型可以从不同角度加以分类。

　　根据模型的经验成分，数学模型可分为理论模型、半经验模型和经验模型。

　　（1）理论模型，是依据基本物理定律推导而得的模型。它含有最少的臆测或经验处理成分，如热传导问题、电磁场计算、层流过程等。这类模型多以偏微分方程形式出现，与相应边界条件一起用数值法求解。由于对理论根据要求严格，应用范围受到限制。

　　（2）半经验模型，是主要依据物理定律而建立的模型。但同时又包括一定的经验假设。在这种模型中，由于缺少某些数据，或者由于模拟的过程过于复杂而难于求解，需提出一些经验假设。实际应用的大量数学模型均属于这一类。

　　（3）经验模型，是一种输入-输出型黑箱模型。它不是以物理定律为依据的，而是输入与输出变量间一种总的经验表达式。这种模型虽然不能反映过程内部的本质与特征，但对过程的自动控制往往很有效。

　　根据所依据的物理或数学原理，数学模型还可分为传输原理模型、统计原理模型。

　　（1）传输原理模型。这类模型是根据质量、动量及能量的传输理论建立的。上述的理论或半经验模型多属于这一类。

　　（2）统计原理模型。根据概率理论，如停留时间分布函数、响应函数等概念建立的模型，多与传输原理相结合，主要用于反应装置中混合过程的研究。

　　按模型的数学属性，数学模型可分为确定性模型和概率论模型。这种分类是与求解方法密切关联的。其具体分类可见图1.3。

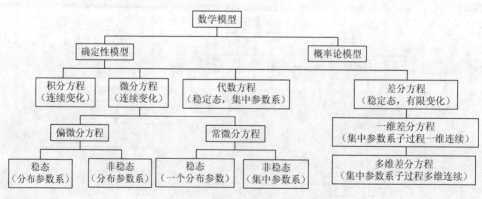

图1.3　数学模型的数学属性

3. 建立数学模型的注意事项

　　确定数学模型的结构是一项需要创造力和判断力的工作。任何数学模型都只不过是对一个复杂冶金过程作理想化的数学描述，即只能表述此过程的某些性质，因此在所得到的结果中并不含有被忽略了的那些因素的作用，但是这不等于说考虑的因素越多就越能逼近真实过程。因为这样一来会使模型变得十分复杂，不确定性参数也会增加，反而使那些重要因素变得模糊不清，丢掉了结果的可靠性。在满足精确性要求的前提下，数学模型越简单越好。

在建立数学模型的过程中，应当注意以下事项：

（1）所采用的数据的可靠性和应用范围，特别是动力学数据。

（2）计算技术的限制条件。不能求解的数学模型是没有意义的。

（3）要确定模型的外推范围。

（4）过程模化的合理性，即所有的假设必须保证不失去过程的主要本质和特性。

1.3　计算冶金学现状

计算冶金学通常是指利用计算机来处理冶金过程研究中所遇到的数学计算问题。在实际的冶金科学和工程技术中，常常会遇到大量复杂的数学计算问题。这些数学问题若采用一般的计算工具来解决将十分困难，但采用计算机来处理却比较容易。

冶金规律往往可以采用各种类型的数学方程式来表达。计算冶金的目的就是要寻找这些方程式的数值解。通常，这些计算会涉及庞大的运算量，简单的计算工具难以胜任。在计算机出现之前，科学研究和工程设计主要依赖实验或试验提供数据，计算仅处于辅助地位。随着现代计算机的迅猛发展，越来越多的复杂计算从不可能完成变为可能完成。利用计算机进行科学计算可以带来巨大的经济效益，同时也从根本上改变了冶金技术本身。以前，传统的冶金技术仅包括理论和试验两部分。使用计算机后，计算冶金已经成为同等重要的第三个组成部分。

1.3.1　计算机硬件的发展

1946 年 2 月 14 日，美国宾夕法尼亚大学建成了世界上第一台电子数字计算机 ENIAC（Electronic Numerical Integrator and Computer）。这台计算机使用了 18800 个真空管，用光屏管或汞延时电路作为存储器，输入与输出主要采用穿孔卡片或纸带。每秒能够完成 5000 次加法运算、400 次乘法运算。在软件上，通常使用机器语言或者汇编语言来编写应用程序。

20 世纪 50 年代中期，晶体管的出现使计算机生产技术得到了根本性的发展。由晶体管代替电子管作为计算机的基础器件，用磁芯或磁鼓作为存储器，使计算的整体性能有了很大程度的提高。同时，Fortran、Cobol、Algo160 等高级计算机语言也出现了。

20 世纪 60 年代中期，随着半导体工艺的发展，成功制造了集成电路。中小规模集成电路成为计算机的主要部件，主存储器也逐渐过渡到半导体存储器，缩小了计算机的体积，大大降低了计算机计算时的功耗。随着焊点和接插件的减少，计算机的可靠性得到了进一步的提高。在软件方面，出现了标准化的程序设计语言和人机会话式的 Basic 语言，其应用的领域也进一步扩大。

20 世纪 70 年代以后，随着大规模集成电路的出现并应用于计算机硬件生产，计算机的体积进一步缩小，性能进一步提高。在这样的背景下，1981 年 8 月 12 日，在美国纽约，IBM 推出了世界上第一台个人计算机 IBM 5150，其基本硬件配置为 16kB 内存、16 位 4.77MHz 的 Intel 8088 处理器。直到 2005 年，单核处理器采用提升处理器时钟频率和指令级并行能力的方式，来实现摩尔定律所描述的计算机性能的提升速度。2005 年以后，由于散热技术和硬件生产技术限制了处理器频率的继续提升，而提升指令级并行也遇到了瓶颈，因此硬件生产商通过向量化和多核技术来提升处理器的执行能力。近年来，时钟频率为 3G 的多核处理器和 4G 内存已经成为个人计算机的标准硬件配置。因此，并行计算已经不再局限于过去的高端应用环境，而是进入一个普通冶金工作者都可以参与的时代。

1.3.2　计算机软件的发展

应用于钢铁冶金行业的软件也越来越多。其中占统治地位的是各类商业软件。目前，钢铁冶金专业使用最为频繁的模拟软件有如下几种。

（1）ANSYS 软件。ANSYS 有限元软件包主要用于求解结构、流体、电磁场等问题[6-8]。此软件主要包括三个模块：前处理模块、计算分析模块和后处理模块。前处理模块提供了一个实体建模和网格剖分工具，用于生成有限元计算网格；计算分析模块包括结构、流体力学、电磁场、声场以及多物理场的耦合分析，可以模拟多种物理介质的相互作用；后处理模块可以将数值结果采取等值线、向量、粒子轨迹等图形方式表示出来。在冶金中，ANSYS 软件主要用于电磁冶金中的电磁场计算，有时也用于电磁场、流场和温度场等多物理场的耦合仿真。

（2）Fluent、STAR-CD 和 CFX 等流体软件。这些软件都是通用的计算流体力学软件，能够较好地解决冶金过程中的流体流动问题[9]。从应用上来讲，Fluent 具有较多的湍流模型、比较完备的辐射模型，并在欧拉多相流模型方面略有优势，但是在燃烧模型方面比 STAR-CD 逊色。

STAR-CD 是全球第一个采用完全非结构化网格生成技术和有限体积方法来研究工业领域中复杂流动的软件。它的优势是求解器效率高，同样的 SIMPLE 算法比 Fluent 更快地得到收敛解；网格生成工具软件包 Proam 软件利用"单元修整技术"能够针对复杂形状几何体简单快速地生成网格。由于 STAR-CD 十分重视在汽车行业的应用，因此擅长于动网格技术和燃烧模型。

CFX 在整体上使用了有限体积法，只是在插值时引入了有限元的思想。CFX 的特点是界面简单易用，对网格质量的要求低，CFX 的前后处理与求解器的接口好。CFX 软件的特点是仅有耦合算法，稳态计算只能基于时间推进方法求解，擅长于旋转机械的模拟。其使用的 CCL 语言比 Fluent 的 UDF 和 STAR-CD 的 Fortran 子程序简单。此软件的缺点是功能不强大，可选的模型也较少。

（3）ProCAST 软件。ProCAST 软件是基于有限元方法的铸造用专用软件，可以针对铸造过程的流动、传热和应力耦合作出模拟分析[10]。它主要由 8 个模块组成：有限元网格生成、传热分析、流动分析、应力分析、热辐射分析、显微组织分析、电磁感应分析、反向求解。ProCAST 的特色是拥有基本合金系统的热力学数据库。此数据库允许用户直接输入化学成分，然后自动产生诸如液相线温度、固相线温度、潜热、比热容和固相率的变化等热力学参数，可以模拟多种合金体系（从钢铁到钴基、铜基、铝基、镁基、镍基、钛基和锌基合金，以及非传统合金和聚合体）的凝固过程，能够模拟铸件填充、凝固和冷却等过程，也能够预测铸造缺陷和残余应力，并能适用于半固态成型、吹芯工艺、离心铸造、消失模铸造、连续铸造等特殊工艺。

（4）Thermo-Calc 和 FactSage 软件。这两个软件是冶金中最重要的化学热力学领域数据库和热力学计算软件[11-14]。上述软件将热力学模型和计算原理与计算机强大的数值计算和处理功能相结合，对不同状态下多元体系热力学函数、热力学平衡态相图、复杂体系多元多相平衡等进行评估和模拟计算，为冶金过程优化和材料设计等提供了理论依据。

瑞典皇家工学院将欧洲热化学数据科学组织（Scientific Group of Thermodata Europe）研制开发的 SGTE 数据库系统和 Thermo-Calc 计算软件相结合，开发了数据齐全、功能众多的热力学系统软件。Thermo-Calc 从吉布斯（Gibbs）自由能最小化原理出发，归纳整理了历史形成的热力学文献数据，可用于计算不同材料的各种热力学性质（不仅包括温度、压力和成分的影响，而且涵盖磁性贡献、化学/磁性有序、晶体结构/缺陷、表面张力、非晶形成、弹性变形、塑性变形、静电态、电位等信息）、热力学平衡、局部平衡、化学驱动力（热力学因子，即 Gibbs 自由能对成分的二阶导数）和各类稳定/亚稳相图（最多有 5 个独立变量）和多类型材料多组元体系的性质图。当遇到新的钢种设计或者工艺优化时，通过对钢的化学平衡进行计算，可加深对各种热处理过程中钢的组织特点的理解，从而指导材料设计工艺的优化。

FactSage 将加拿大蒙特利尔理工大学（Ecole Polytechnique de Montreal）原有的 FACT 软件和德国 GTT 公司的 ChemSage 软件相融合，形成了热化学数据库与多元多相平衡计算程序 ChemSage 为代表的综合性集成热力学计算软件。FactSage 可以使用的热力学数据包括数千种纯物质数据库，数百种金属溶液、氧化物液相与固相溶液、锍、熔盐、水溶液等溶液数据库；还可以使用国际上 SGTE 的合金溶液数据库，以及钢铁、轻金属和其他合金体系的数据库。FactSage 可进行多元多相平衡计算，还能进行相图、优势区图、电位-pH 图的计算与绘制，热力学优化等。

1.3.3　并行计算技术的发展

并行计算（parallel computing）是指同时使用多种计算资源来解决一个计算问题的过程，是提高计算机系统计算速度和处理能力的一种有效手段[15-20]。它的基本思想是利用多个处理器（或异构设备）来协同求解同一问题，即将被求解的问题分解成若干个部分，各部分均由一个独立的处理器同时计算。并行计算系统既可以是专门设计的包含多个处理器的超级计算机，也可以是以某种方式互连的若干台独立计算机构成的集群，还可以是由多核心处理器构成的计算机。并行计算可分为时间上的并行和空间上的并行。时间上的并行是指流水线技术，通过在同一时间启动两个或两个以上的操作，极大地提高计算性能。空间上的并行是指多个处理器并发地执行计算，达到同时计算同一个任务的不同部分或者单个处理器无法解决的大规模计算问题。

伴随着高性能、低成本多核计算服务器的普及，多种并行计算方法的不断涌现，冶金领域的大规模非稳态多场耦合计算已经成为现实[5]。例如，对于连铸结晶器内传输行为，已经由单一的流场计算，发展为流场、凝固、偏析的耦合计算；对于凝固过程，由宏观的固液两相模拟，发展为元胞自动机模拟、相场模拟和分子动力学模拟；模拟尺度由单一尺度模拟逐渐向跨尺度模拟转变。

总之，随着计算硬件和软件条件的迅猛发展，数学模拟手段越来越强大，计算冶金学的范围也越来越广，人们对冶金过程机理的认识也越来越深入。

参 考 文 献

[1]　霍咚梅, 肖邦国. 我国钢铁行业技术创新发展趋势及方向浅析[J]. 冶金经济与管理, 2015,（6）：4-6.

[2]　王建军. 世界钢铁产业整合的历程及其对我国的启示[J]. 创新, 2011, 5（1）：39-41.

[3]　罗光敏. 浅议目前世界钢铁产业基本特征[J]. 冶金管理, 2014,（12）：25-28.

[4]　郑玉春, 黄涛. 世界钢铁工业国际化发展趋势[J]. 冶金管理, 2011,（9）：4-17.

[5]　雷洪, 张红伟. 结晶器冶金过程模拟[M]. 北京：冶金工业出版社, 2014.

[6]　高耀东. 有限元理论及 ANSYS 应用[M]. 北京：电子工业出版社, 2016.

[7]　刘超. 有限元分析与 ANSYS 实践教程[M]. 北京：机械工业出版社, 2016.

[8]　CAD/CAM/CAE 技术联盟. ANSYS 15.0 有限元分析从入门到精通[M]. 北京：清华大学出版社, 2016.

[9]　王福军. 计算流体动力学分析——CFD 软件原理与应用[M]. 北京：清华大学出版社, 2004.

[10]　李日, 马军贤, 崔启玉. 铸造工艺仿真 ProCAST 从入门到精通[M]. 北京：中国水利水电出版社, 2010.

[11]　Andersson J，Helander T，Hoglund L，et al. Thermo-Calc & DICTRA，computational tools for materials science[J]. CALPHAD-Computer Coupling of Phase Diagrams and Thermochemistry，2002，26（2）：273-312.

[12]　Bale C W，Chartrand P，Degterov S A，et al. FactSage thermochemical software and databases[J]. Calphad，2002，26（2）：189-228.

[13]　Bale C W，Belisle E，Chartrand P，et al. FactSage thermochemical software and databases：Recent developments[J]. Calphad，2009，33（2）：295-311.

[14]　Bale C W，Belisle E，Chartrand P，et al. FactSage thermochemical software and databases，2010–2016[J]. Calphad，2016，54（9）：35-53.

[15]　李建江，薛巍，张武生，等. 并行计算机及编程基础[M]. 北京：清华大学出版社，2011.

[16]　陈国良，安虹，陈峻，等. 并行算法实践[M]. 北京：高等教育出版社，2004.

[17]　Jack Dongarra，Geoffrey Fox，Ken Kennedy，等. 并行计算综论[M]. 莫则尧，陈军，曹小林，等译. 北京：电子工业出版社，2005.

[18]　莫则尧，裴文兵. 科学计算应用程序探讨[J]. 物理，2009，38（8）：552-558.

[19]　雷洪，胡许冰. 多核并行高性能计算 OpenMP[M]. 北京：冶金工业出版社，2016.

[20]　雷洪. 多核异构并行计算 OpenMP 4.5 C/C++篇[M]. 北京：冶金工业出版社，2018.

第2章 数 学 模 型

复杂的冶金过程是难以直接给出数学描述的[1-6]。因此，首先必须对实际冶金过程进行一些合理的假设，从而使真实的冶金过程得到简化，称为过程的模型化（简称过程的模化）。所谓合理的假设，就是指模型化后的冶金过程不会失掉原冶金过程的主要性质和主要特点，可以等效于真实的冶金过程。去掉那些不影响冶金过程主要性质又难以进行数学处理的次要现象是为了方便地建立数学模型并且更加突显出冶金过程的本质，提出合理假设的前提是必须基于对冶金过程本质的深刻理解和掌握。

经过物理模化后的过程往往仍然十分复杂。为了方便，常常将一个冶金过程分解成若干个子过程，从各个子工程的解析入手建立数学模型。

数学模型的核心是一组控制方程[4-11]。控制方程是在子过程解析的基础上，根据物理学的守恒定律建立起来的一组质量、动量及能量衡算方程（也称平衡方程）。一组完整的衡算方程可以唯一地决定一个过程。

由于衡算方程是对物理量（质量、动量和能量）的收入与支出的平衡计算，因此，收入与支出项的计算，还必须有传输速度方程和化学反应速率方程。传输速度方程是建立在经验定律基础上的。质量、动量及热量的基本传输速度方程就是菲克（Fick）定律、牛顿（Newton）定律和傅里叶（Fourier）定律。化学反应的计算则是按照化学动力学的方法，采用经验公式，反应常数通常写成 Arrhenius 型的指数形式。

控制方程的求解当然还需要一组完整的边界条件和初始条件。此外，还常用到状态方程，这些可统称模型的条件方程。

数学模型的解，无论是解析解还是数值解[12-17]，都必须与模型实验或实测数据相比较，以验证模型的可靠性。一个令人满意的数学模型往往是经过反复比较和修正后才能得到的。

综上所述，计算冶金学建立数学模型的步骤一般可分为冶金过程的模型化、子过程的分解、公式化、求解、比较等多个过程，如图 2.1 所示。

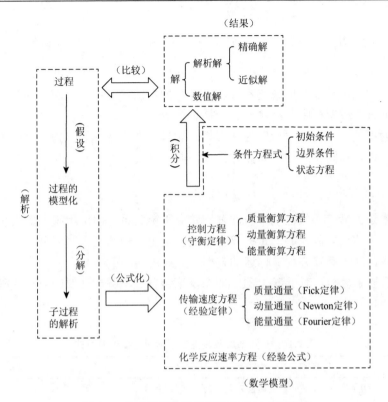

图 2.1   传输原理数学模型的建立与求解步骤

2.1   基 本 概 念

2.1.1   控制方程的数量

　　描述任何物理现象的独立方程式的数量必须等于未知物理量的数量，这样才能唯一地决定所描述的冶金过程。这些方程称为控制方程。通常，这些控制方程是基于质量、动量和能量的守恒（或守衡）关系来建立的[5-10]。

　　例如，在固定床、移动床、流化床以及回转窑等气-固反应装置中，描述流体通过料层流动过程需要考虑如下的衡算条件。

　1. 质量衡算

　　如果设流体相或固相的成分数量为 n_j（$j = f$、s，分别表示气相和固相），那么决定气相和固相中各成分浓度均需要 n_j 个质量衡算方程。通常，其中一个是总质量衡算方程，也称连续性方程。质量衡算方程式可以将质量（千克），也可以将千摩尔作为基准来建立。

2. 能量衡算

能量衡算方程建立在热力学第一定律基础上。在特定的情况下，与热能或内能相比，位能及动能可以忽略不计。这样，能量衡算方程可以简化为热量衡算方程。在冶金过程解析中，经常遇到的是热量衡算方程。

因为能量是标量，对于气相和固相，能量守恒原理都能单独成立。因此，分别列出流体相和固相的热量衡算方程式，便可以决定各相的温度。

3. 动量衡算

动量是矢量，必须在三个方向分别建立平衡关系，但可用统一的矢量表达式来描述。流体相和固相的动量衡算方程能够给出各相的三个速度分量。基于动力学的观点，动量衡算方程又称运动方程。

综合以上分析，对于气（液）-固系反应装置过程解析必要的方程式种类和数目如表 2.1 所示。

表 2.1　气-固系反应装置过程解析必要的方程式

衡算方程式（分别对气、固相）	方程数量
包含所有成分（n_j 个）的总质量衡算方程（连续性方程）	1
各成分的质量衡算方程	$n_j - 1$
热量衡算方程	1
动量衡算方程（运动方程）	3

2.1.2　衡算方程的形式

对于一个指定的过程或体系，根据守恒原理建立的质量、动量和能量衡算方程具有如下的统一形式

$$\begin{pmatrix} 体系内的 \\ 积累速率 \end{pmatrix} = \begin{pmatrix} 通过体系界 \\ 面流入速率 \end{pmatrix} - \begin{pmatrix} 通过体系界 \\ 面流出速率 \end{pmatrix} + \begin{pmatrix} 体系内的 \\ 生成速率 \end{pmatrix} - \begin{pmatrix} 体系内的 \\ 消失速率 \end{pmatrix}$$

$$(2.1)$$

由于质量、动量和能量的流入和流出可以分为依靠宏观流动而进行的对流型转移和分子水平的扩散型转移，因此，式（2.1）又可以写成下面的形式

$$\begin{pmatrix} 体系内的 \\ 积累速率 \end{pmatrix} = \begin{pmatrix} 对流的净 \\ 流入速率 \end{pmatrix} + \begin{pmatrix} 扩散的净 \\ 流入速率 \end{pmatrix} + \begin{pmatrix} 体系内净 \\ 生成速率 \end{pmatrix}$$

$$(2.2)$$

体系内某相的生成消失，一般是指因化学反应而产生的变化。必须注意的是，当存在异相间的传质与传热时，如果某一相是"生成"，则另一相便是"消失"。

质量与能量的衡算方程是标量式，而动量衡算方程是矢量式。根据牛顿第二定律，动量对时间的变化率是力，也是矢量。因此，对于动量，式（2.1）可写成

$$\begin{pmatrix} 作用于体系 \\ 的惯性力 \end{pmatrix} = \begin{pmatrix} 动量的 \\ 流入速率 \end{pmatrix} - \begin{pmatrix} 动量的 \\ 流出速率 \end{pmatrix} + \begin{pmatrix} 作用于体系 \\ 的外力和 \end{pmatrix} \qquad (2.3)$$

式（2.3）右侧最后一项根据牛顿第二定律也是十分容易理解的。即体系动量的增长率等于作用于体系的外力和。由于该式中右侧的第一、二两项都是作用于体系界面上的压力和黏性力的结果，故式（2.3）又可写成

$$\begin{pmatrix} 作用于体系 \\ 的惯性力 \end{pmatrix} = \begin{pmatrix} 作用于体系 \\ 表面的净压力 \end{pmatrix} + \begin{pmatrix} 作用于体系表 \\ 面的净黏性力 \end{pmatrix} + \begin{pmatrix} 作用于体系 \\ 的外力和 \end{pmatrix}$$

$$(2.4)$$

式（2.4）是牛顿第二定律。如果将其应用于连续流体（气体、液体）便可得到流体力学中的运动方程式（Navier-Stokes 方程）。如果将其应用于包含固体颗粒的填料床（固定床、移动床）中，对于流体相便会得到半理论半经验的压力损失方程——达西（Darcy）方程或 Ergun 方程；对于颗粒相便会得到应力平衡方程。

2.1.3 控制体

在建立衡算方程时，通常取体系内一个微小体积作为衡算对象，称为控制体。控制体的取法与大小可以根据过程或体系的特点与规模而定。若取体系的外形作为控制体，将得到宏观的总衡算方程。若取保持体系特点的微元作为控制体，将得到常微分或偏微分衡算方程。这样的衡算方程可以描述体系内部的变量分布。

对于宏观衡算，体系外形自然就是控制体。对于微观衡算，为了决定控制体形状，首先要选取坐标。通常选用的坐标系是正交曲线坐标系，常见的正交曲线坐标系有直角坐标系、圆柱坐标系和球坐标系。至于应当选取何种坐标系主要取决于体系的形状。显然，不适当地选取坐标系将会使数学模型变得复杂并难于求解。

坐标系确定之后，控制体的形状与选取应当与所选取的坐标系一致。图 2.2 给出了直角坐标系和圆柱坐标系中控制体的取法。

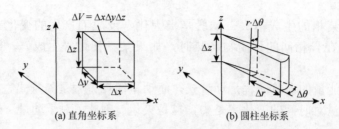

图 2.2　控制体的形状

2.1.4　矢量方向与坐标轴方向

在计算质量、动量和能量的传输速度时，经常会使用通量的概念。其定义是，在空间任意位置上，单位时间内通过垂直于运动方向上单位面积的物理量称为该物理量的通量，其单位是（物理量）/（平方米·秒）。可见，质量和能量虽然是标量，但它们的通量却是矢量。而动量本身是矢量，因此动量的通量是二阶张量[6, 11]。衡算方程的建立，必须注意这些矢量的方向与坐标轴方向的取法。在大多数的情况下，解析前体系内矢量的方向虽不明确，但坐标轴的方向可任意选定。为了得到统一的表达，建立方程之前，通常规定矢量的正方向与坐标轴正方向一致。

2.1.5　未知物理量的微小增量

从控制体入手建立衡算方程时，要考虑某未知物理量流入与流出的差，即该物理量的微小增量。下面举例说明流出位置上未知变量的近似数学表示。

1. 单变量表示的物理量的微小增量

在 x 附近的物理量 C 的变化，按 Taylor 级数展开，

$$C_{x+\Delta x} = C_x + \left.\frac{dC}{dx}\right|_x \Delta x + \frac{1}{2}\left.\frac{d^2C}{dx^2}\right|_x (\Delta x)^2 + \cdots \tag{2.5}$$

当取 Δx 充分小时，$(\Delta x)^2$ 以上的高次项可以忽略，则式（2.5）成为

$$C_{x+\Delta x} = C_x + \left.\frac{dC}{dx}\right|_x \Delta x \tag{2.6}$$

式（2.6）的近似意义可参见图 2.3。

2. 两个以上变量表示的物理量的微小增量

在冶金过程中，经常会遇到求多个变量表示的物理量的微小增量。例如，对流的摩尔通

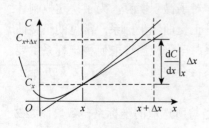

图 2.3　单变量的微小增量

量 uC 在 $(x+\Delta x)$ 处的值为

$$\left[u+\left(\frac{\partial u}{\partial x}\right)\Delta x\right]\left[C+\left(\frac{\partial C}{\partial x}\right)\Delta x\right]$$

$$=uC+\left[u\left(\frac{\partial C}{\partial x}\right)\Delta x+C\left(\frac{\partial u}{\partial x}\right)\Delta x\right]+\left(\frac{\partial u}{\partial x}\right)\left(\frac{\partial C}{\partial x}\right)(\Delta x)^2+\cdots \quad (2.7)$$

$$\approx uC+\left\{\frac{\partial(uC)}{\partial x}\right\}\Delta x$$

综上，令 $f=C$，则由式（2.6）可得函数 f 在 x 方向的增量，可表示为

$$f_{x+\Delta x}=f_x+\frac{\mathrm{d}f}{\mathrm{d}x}\bigg|_x\Delta x \quad (2.8\mathrm{a})$$

令 $f=uC$，则由式（2.7）可知复合函数 f 在 x 方向的增量，可表示为

$$f_{x+\Delta x}=f_x+\frac{\partial f}{\partial x}\bigg|_x\Delta x \quad (2.8\mathrm{b})$$

以上所得到的物理量的近似表示法会给衡算方程的建立带来方便。

2.1.6　通量矢量的微分衡算

将衡算方程写成矢量形式将会使数学模型变得简单方便。这时就要求能够较熟练地运用通量矢量的微分衡算。

对于一个微小控制体，设某一物理量的通量矢量为

$$\vec{u}=(u_x,u_y,u_z) \quad (2.9)$$

因对流或扩散体系该物理量的净流入速率 Q 的一般表达式可由下面的推导得到

$$Q=\left[u_x-\left(u_x+\frac{\partial u_x}{\partial x}\Delta x\right)\right]\Delta y\Delta z+\left[u_y-\left(u_y+\frac{\partial u_y}{\partial y}\Delta y\right)\right]\Delta x\Delta z+\left[u_z-\left(u_z+\frac{\partial u_z}{\partial z}\Delta z\right)\right]\Delta x\Delta y$$

$$=-\left(\frac{\partial u_x}{\partial x}+\frac{\partial u_y}{\partial y}+\frac{\partial u_z}{\partial z}\right)\Delta x\Delta y\Delta z$$

$$(2.10)$$

式中，$\dfrac{\partial u_x}{\partial x}+\dfrac{\partial u_y}{\partial y}+\dfrac{\partial u_z}{\partial z}$ 的数学意义是 $\vec{u}$ 的散度 $\mathrm{div}\vec{u}$。因此，式（2.10）可写为

$$Q=-(\mathrm{div}\vec{u})\Delta V \quad (2.11)$$

对于单位控制体积而言，

$$q=-\mathrm{div}\vec{u} \quad (2.12)$$

式（2.12）表明，单位体积某物理量的净流入速率等于该物理量的散度的负值。这是一条有用的结论。

2.1.7　传输速度项

物理量（质量、动量和热量）的传输可分为随着流体或固相宏观移动产生的对流型转移和由于分子水平的运动所引起的扩散型转移。两类不同性质的传输速度可分别表示如下。

（1）对流型通量（以 x 方向为例）

质量： $$G_x = ru_x \tag{2.13a}$$

热量： $$q_x = C_p \rho u_x T = C_p G_x T \tag{2.13b}$$

动量： $$p_x = (\rho u_x u_x, \rho u_y u_x, \rho u_z u_x) \tag{2.13c}$$

（2）扩散型通量（以 x 方向为例）

质量： $$N_x = -D\frac{\partial C}{\partial x} \quad （菲克定律） \tag{2.14a}$$

热量： $$q_x = -\lambda\frac{\partial T}{\partial x} \quad （傅里叶定律） \tag{2.14b}$$

动量： $$t_{yx} = -\mu\frac{\partial u_x}{\partial y} \quad （牛顿定律） \tag{2.14c}$$

三种物理量的传输具有相似的物理本质。深刻理解这一点有助于准确理解对传输过程的数学描述。

2.1.8　化学反应动力学项

质量衡算方程中物质的生成与消失速率，热量衡算方程中的反应热等都由化学反应速率方程式决定。

反应速率一般是以反应系单位容积内单位时间所消失（或生成）的某成分的摩尔数（或千摩尔数）来表示的。反应速率与反应物的浓度成比例，如 $a\mathrm{A} + b\mathrm{B} \longrightarrow c\mathrm{C}$ 的反应速率，可写作

$$R_\mathrm{A} = k_\mathrm{c} C_\mathrm{A}^a C_\mathrm{B}^b \tag{2.15}$$

反应级数 a、b 与反应速率常数 k_c 均由实验测得。但 k_c 是温度的函数，通常整理成 Arrhenius 型表达式。

$$k_\mathrm{c} = k_0 \mathrm{e}^{-E/RT} \tag{2.16}$$

式中，k_0 是频度因子；E 是活化能。

工业反应装置中的实际反应速率还要受反应物和生成物传质过程的约束。综合考虑这些因素所得到的表观反应速率称为综合反应速率，以 R_i^* 表示。

对于有 m 种成分参与的 n 个并列反应系统，若令 α_{ij} 表示第 i 个反应中 j 成分的化学当量系数，M_j 表示 j 成分的分子量，根据反应前后的物质守恒，可写出如下的当量方程式。

$$\begin{bmatrix} \alpha_{11} & \alpha_{12} & \cdots & \alpha_{1m} \\ \alpha_{21} & \alpha_{22} & \cdots & \alpha_{2m} \\ \vdots & \vdots & & \vdots \\ \alpha_{n1} & \alpha_{n2} & \cdots & \alpha_{nm} \end{bmatrix} \begin{bmatrix} M_1 \\ M_2 \\ \vdots \\ M_n \end{bmatrix} = 0 \qquad (2.17)$$

在式（2.17）中，规定 j 为生成物时，$\alpha_{ij} > 0$；j 为反应物时，$\alpha_{ij} < 0$。

对于所有反应，j 成分的总生成速率

$$r_j^* = \sum_{i=1}^{n} \alpha_{ij} R_j^* \qquad (2.18)$$

在多相反应系中，常需计算第 k 项的总生成（或消失）速率。若以 m 表示该相的成分数量，则该相的总生成速率为

$$r_k^* = \sum_{k=1}^{m} \sum_{i=1}^{n} \alpha_{ik} R_k^* \qquad (2.19)$$

2.1.9　边界条件与初始条件

微分方程的求解从原理上讲是通过积分而得到的。积分常数的个数取决于积分次数，即未知变量的微分阶数。因此，对一般形式的衡算方程而言，可依据下述原则确定其初始条件与边界条件：

（1）最多含有对时间的一阶导数。此时，需要有对时间的一个初始条件。

（2）对于距离，各坐标方向上最多含有二阶导数。因此，各方向最多需要两个边界条件。

（3）从原理上讲，这些边界条件应当根据与过程有关的物理学定律来确定或导出。具体而言，或者是过程变量在边界条件上处于平衡状态；或者是虽然有传输过程，但质量、动量或热量的通量在边界上处于平衡状态，即传输速度不变。将以上关系用数学形式加以表现，便成为给定数值的 Dirichlet 型边界条件和给定梯度的 Neumann 型边界条件。表 2.2 列出了质量、动量和热量衡算方程式边界条件的一般形式。

（4）坐标系的选择也要求有利于确定边界条件。例如，在圆管中的流体流动，在直角坐标系下的边界条件为 $x^2 + y^2 = R^2$：$u = 0$。而在圆柱坐标系下，则为 $r = R$：$u = 0$，显然后者会使计算大为简化。

表 2.2　边界条件的一般形式

	边界条件	表达形式
质量衡算	边界上浓度一定	$C = C_0$
	边界上质量通量连续	$[N_k]_{x=0^-} = [N_k]_{x=0^+}$
	边界两侧浓度具有某种函数关系	$[C_k]_{x=0^-} = f[C_k]_{x=0^+}$
	边界上质量通量可确定	$[N_k]_{x=0} = k(C_k - C_k^*)$
	边界上反应速率可确定	$[N_k]_{x=0} = R_k^*$
动量衡算	边界上速度一定	例如，固体-流体界面 $u = 0$
	边界上动量通量连续	例如，液-液界面切向动量连续
	边界两侧速度相等	$[u]_{x=0^-} = [u]_{x=0^+}$
	边界上动量通量可确定	例如，气-液面动量通量近似为零
热量衡算	边界上温度一定	$T = T_0$
	边界上热量通量连续	$[q]_{x=0^-} = [q]_{x=0^+}$
	边界两侧温度相等	$[T]_{x=0^-} = [T]_{x=0^+}$
	边界上热量通量可确定	$[q]_{x=0^-} = h(T - T^*)$
	边界上热量通量一定	$q = q_0$

2.1.10　因次和谐

物理方程重要的特征是它的因次和谐性，不仅方程两边的因次必须统一，而且各项之间的因次也必须一致。物理量的因次和谐性检验，是判断所建立的微分方程式是否正确的一个十分有效的手段。在因次和谐性检验中，通常采用国际单位制。

2.2　数学模型的分类

传输原理数学模型是根据过程现象的物理化学原理展开的。按照模型对现象内部过程描述的详细程度，可做出如表 2.3 的分类。在表 2.3 中，越是位于下方的数学模型对过程描述的详细程度越低，但这不意味着模型对真实过程的等效性差。有时，宏观模型比微观模型或多重梯度模型更能准确有效地表现过程。

表 2.3 传输原理数学模型对过程的描述水平

描述水平	应用范围	应用举例	典型系数
分子或原子程度	物理学基础理论	量子力学、统计力学、动力学理论	分布函数
微观程度	少数特定情况	层流传输过程、湍流统计力学	现象论系数：黏度、扩散系数、导热系数等
多重梯度	特定情况	层流及湍流传输现象、料床及多孔介质中的传输过程	各种"有效传输系数"
最大梯度	连续流动系统、平推流	层流及湍流传输现象、反应器设计	相间传输系数、动力学常数
宏观程度	应用广泛	古典力学和热力学、单元操作	相间传输系数、宏观力学常数、摩擦系数等

分子论的数学描述是最基础的过程表现方法。现象的各种性质均通过理论计算得到，如量子力学、平衡及非平衡统计力学以及古典力学中的解析方法。但这些方法目前还远不能用于工程目的。

微观模型将体系看成一个连续体，忽略分子间的相互作用，仅对质量、动量及能量建立若干微分衡算方程式。例如，在传输理论中根据守恒原理建立微分质量衡算方程、微分动量衡算方程及微分能量衡算方程。由于微观模型要求了解过程内部局部的变量（如速度）分布和确定性的现象论系数（如黏度、扩散系数、导热系数等），因此应用的局限性很大。目前，微观模型主要用于层流和传导传热等过程。

对于大多数实际工业过程，流体的局部特性（如速度、浓度等）是不可能计算和测定的。例如，湍流或者流体在料床和多孔介质中的混合和流动，这时微观的描述方法便不能适用。另外，在这些过程中对局部的微观描述又常常是不需要的。因此，可按照微观模型的方法建立相同形式的方程，但对于那些无法确定的传输系数需要引入相应的改良系数，称为有效系数。严格地讲，有效系数是一种经验系数。但在一系列情况下确定的有效系数可以用某种关系式表达，从而便于有条件地应用到其他场合。有关变量也可能采用某种平均值。这类模型称为多重梯度模型。最具代表性的例子就是用 Navier-Stokes 方程描述湍流过程。这时，方程中的速度采用时均速度，黏性系数采用有效黏度系数。这类有效系数还可以包括有效扩散系数、混合扩散系数以及有效导热系数等。在工业过程的研究中，这类模型的研究占据很大一部分。

多重梯度的描述能够较详细地反映内部过程，但仍较复杂。在有些情况下，仍然希望在某些假定的基础上获得形式更加简单、易于处理，同时又能满足模拟精度要求的数学模型。这时，对于过程变量在各坐标方向上的分布只考虑梯度最大的成分。在未被考虑的方向上各变量均取断面平均值。这就是最大梯度模型。

宏观模型则对过程进行了最大的简化，即完全不考虑过程内部变量的分布，而仅考虑物理量输入与输出间的平衡关系。这时的衡算对象（控制体）是整个过程。

显然，从数学属性来看，微观模型和多重梯度模型是多维模型。最大梯度模型和宏观模型分别是一维模型和零维模型。但表 2.3 的分类更能明确各类数学模型的物理本质并突出建立数学模型的基本思想。

2.3　微分方程的分类及数值解法

数学模型的核心是控制方程。而在多数情况下，往往不能直接给出描述过程所需的函数关系。但是根据数学模型所给的条件，通常可以列出含有待求物理量及其导数的关系式。这样的关系式就是在冶金学中常见的微分方程。所谓微分方程是指含有未知物理量及未知物理量的导数（或微分）的方程。

冶金过程中常见的微分方程可按图 2.4 进行分类。对于不同的微分方程，可以采用不同的数值解法。

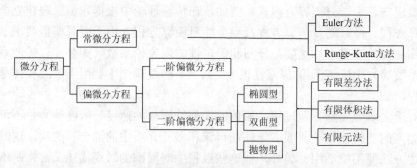

图 2.4　常见微分方程分类及数值解法

2.3.1　常微分方程

常微分方程是指自变量只有一个的微分方程，如计算颗粒轨迹的弹道方程、速度和位移的关系式。一般的 n 阶常微分方程具有如下形式：

$$F\left(x, \frac{\mathrm{d}y}{\mathrm{d}x}, \cdots, \frac{\mathrm{d}^n y}{\mathrm{d}x^n}\right) = 0 \tag{2.20}$$

其中，F 是 $x, \frac{\mathrm{d}y}{\mathrm{d}x}, \cdots, \frac{\mathrm{d}^n y}{\mathrm{d}x^n}$ 的已知函数。

对于常微分方程，可采用欧拉（Euler）方法进行求解[13]。常见的欧拉方法有三种计算公式。

以一阶线性常微分方程的初值问题为例，对于 $\dfrac{\mathrm{d}y}{\mathrm{d}x} = f(x, y)$，$(a \leqslant x \leqslant b)$，边

界条件为 $y(a) = y_0$。将 x 的定义域 $[a, b]$ 分为 n 等份，则步长 $h = \dfrac{b-a}{n}$。在解的存

在区间有 $n+1$ 个节点，它们分别是

$$a = x_0 < x_1 < x_2 < \cdots < x_i < x_{i+1} < \cdots < x_n = b$$

相应的 $y(x)$ 在节点上的近似值分别为 $y_0, y_1, y_2, \cdots, y_i, y_{i+1}, \cdots, y_n$。

如果用不同的差商公式代替微商，就可以得到不同的欧拉公式。

（1）如果差商公式为左矩形公式，可得

$$y_{i+1} = y_i + hf(x_i, y_i) \tag{2.21a}$$

这是一阶的单步显式格式，称为显式欧拉公式。

（2）如果差商公式为右矩形公式，可得

$$y_{i+1} = y_i + hf(x_{i+1}, y_{i+1}) \tag{2.21b}$$

这是一阶的单步隐式格式，称为隐式欧拉公式或后退欧拉公式。

（3）如果差商公式为梯形公式，可得

$$y_{i+1} = y_i + \frac{h}{2}[f(x_i, y_i) + f(x_{i+1}, y_{i+1})] \tag{2.21c}$$

这是二阶的单步隐式格式，称为梯形法。

求解常微分方程的另一种常用数值方法是 Runge-Kutta 方法[13]。经典的 Runge-Kutta 方法是一个四阶方法，其表达式如下：

$$y_{i+1} = y_i + \frac{h}{6}[K_1 + 2K_2 + 2K_3 + K_4] \tag{2.22a}$$

$$K_1 = f(x_i, y_i) \tag{2.22b}$$

$$K_2 = f\left(x_i + \frac{h}{2}, y_i + \frac{h}{2}K_1\right) \tag{2.22c}$$

$$K_3 = f\left(x_i + \frac{h}{2}, y_i + \frac{h}{2}K_2\right) \tag{2.22d}$$

$$K_4 = f(x_i + h, y_i + hK_3) \tag{2.22e}$$

2.3.2　偏微分方程

偏微分方程是指自变量至少为两个的微分方程。在冶金过程模拟中，常见的微分方程有描述流体流动的连续性方程、动量守恒方程和能量守恒方程。这些具有两个自变量的二阶线性方程的一般形式为

$$a_{11}u_{xx} + 2a_{12}u_{xy} + a_{22}u_{yy} + b_1u_x + b_2u_y + cu = f \tag{2.23}$$

其中，系数 a_{11}、a_{12}、a_{22}、b_1、b_2、c 和 f 都是连续可微的实函数。

令 $\Delta = a_{12}^2 - a_{11}a_{22}$，则根据区域中某点 (x_0, y_0) 处 Δ 值可以将二阶偏微分方程分为如下三种基本形式：

（1）$\Delta < 0$，二阶偏微分方程为椭圆型方程，过点 (x_0, y_0) 没有实的特征线。

（2）$\Delta = 0$，二阶偏微分方程为抛物型方程，过点 (x_0, y_0) 有一条实的特征线。

（3）$\Delta > 0$，二阶偏微分方程为双曲型方程，过点 (x_0, y_0) 有两条实的特征线。

如果在整个求解区域内，此微分方程均属于同一类型，则对应的物理问题可采用偏微分方程的类型来命名，如椭圆型问题、抛物型问题或双曲型问题。如果在同一个求解区域内此微分方程属于不同的类型，则此物理问题被称为混合问题。

求解偏微分方程的基本方法有有限差分法、有限体积法和有限元法。

有限差分法（finite difference method）是一种比较古老的经典计算方法，它曾经是求解各种复杂偏微分方程的最主要的数值求解方法。有限差分法的基本思想是采用有限个离散点构成的网格来取代连续的计算区域，利用在网格节点上离散变量函数来近似地表达在计算区域上连续变量的函数；采用差商来近似地表达出现在微分方程中的各阶导数。这样，原微分方程和定解条件就可以近似地表达为以建立在网格节点上的物理量的值为未知量的代数方程组（或称有限差分方程组）。求解此代数方程组即可以得到原问题在离散点上的近似解，然后基于离散解再利用插值方法就可以得到定解问题在整个区域上的近似解。总体而言，有限差分法数学概念直观，表达简单，容易得到二阶以上的计算精度。但是所得到的差分方程是对原微分方程的数学近似，基本没有反映冶金过程的物理特征，因此部分差分方程给出的结果可能出现某些不合理的现象。

有限元法（finite element method）是 20 世纪 60 年代出现的一种数值方法。它最先用于解决在固体力学中杆、板、壳等结构的受力和变形等经典问题。20 世纪 70 年代，有限元法被推广用于电磁学、流体力学和传热学的数值模拟。有限元法的基础是变分原理和加权余量法。其基本数学思想是将计算区域划分为有限个互不重叠且相互连接的单元；在每个单元内选择基函数，且将微分方程中的变量改写为由各变量或其导数的节点值与所选取的基函数组成的线性表达式，从而用单元基函数的线性组合来逼近单元中的真解。在整个计算区域上，总体的基函数可以看作由每个单元基函数组成，整个计算区域内的解可以视为由所有单元上的近似解构成。根据权函数和插值函数的不同，有限元法可以细分为多种计算格式。基于权函数，可以分为配置法、矩量法、最小二乘法和伽辽金法；基于计算单元网格的形状，可以分为三角形网格、四边形网格和多边形网格；基于插值函数的精度，可以分为线性插值函数和高次插值函数等。有限元法的优点是可以比较精确地模拟各种复杂曲线和曲面边界，网格的划分相对随意，可以统一地处理多种边界条件。但是在将有限元法应用于流体流动计算时遇到了一些困难。这是因为基于加权余量法推导的有限元离散方程仅仅是对原微分方程的数学近似，但目前无法对离散方程中各项给出合理的物理解释，还难以改进计算过程中出现的一些误差。

　　有限体积法（finite volume method）又称有限容积法、控制体积法。有限体积法的基本思想是将计算区域划分为一系列不重复且相互连接的控制体积，并保证在每个网格点周围有一个控制体积；将待解的微分方程对每个控制体积进行积分，就可以得到一组离散方程。其中的未知数就是网格点上的因变量的数值。为了求出控制体积的积分，必须假定因变量的值在网格点之间的变化规律。从积分区域的选取方法来看，有限体积法的基本思路容易理解，并能够给出直接的物理解释。离散方程的物理意义就是因变量在有限大小的控制体积中的守恒原理，如同微分方程表示因变量在无限小的控制体积中的守恒原理一样。有限体积法给出的离散方程，要求因变量的积分守恒能够在任意一组控制体积中得到满足，那么对于整个计算区域，因变量的积分守恒自然也能够得到满足。这是有限体积法最吸引研究者的优势。部分离散方法，如有限差分法，仅仅当网格极其细密时，离散方程才能满足积分守恒；而有限体积法即使在粗网格的情况下，也能显示出准确的积分守恒。有限体积法本身包含几何信息，因此可以处理复杂网格，但是其计算精度不超过二阶。

　　从离散方法角度上来讲，有限体积法可以看作是有限元法和有限差分法的混合体。有限元方法必须利用插值函数来设定未知物理量在网格点之间的变化规律，并将其作为近似解；而有限差分法仅重视未知物理量在网格点上的数值，而忽略未知物理量在网格点之间的变化规律。有限体积法则仅求解物理量在网格点上的值，这与有限差分法相类似；但有限体积法在对控制体积的积分过程时，必须设定未知物理量在网格点之间的分布，这明显具有有限元法的思想。

参 考 文 献

[1]　朱苗勇. 现代冶金工艺学（钢铁冶金卷）[M]. 北京：冶金工业出版社，2011.

[2]　奥斯特 F. 钢冶金学[M]. 倪瑞明，等译. 北京：冶金工业出版社，1997.

[3]　毛斌，张桂芳，李爱武. 连续铸钢用电磁搅拌的理论与技术[M]. 北京：冶金工业出版社，2012.

[4]　王建军，包燕平，曲英. 中间包冶金学[M]. 北京：冶金工业出版社，2001.

[5]　朱苗勇，萧泽强. 钢的精炼过程数学物理模拟[M]. 北京：冶金工业出版社，1998.

[6]　雷洪，张红伟. 结晶器冶金过程模拟[M]. 北京：冶金工业出版社，2014.

[7]　肖兴国，谢蕴国. 冶金反应工程学基础[M]. 北京：冶金工业出版社，2010.

[8]　张先棹. 冶金传输原理[M]. 北京：冶金工业出版社，1995.

[9]　苑中显，陈永昌. 工程传热学——基础理论与专题应用[M]. 北京：科学出版社，2012.

[10]　沈颐身，李保卫，吴懋林. 冶金传输原理基础[M]. 北京：冶金工业出版社，2000.

[11]　梁连科，车荫昌，杨怀，等. 冶金热力学及动力学[M]. 沈阳：东北工学院出版社，1990.

[12]　孙庆新，齐秉寅，张树功，等. 数值分析（上册）[M]. 沈阳：东北工学院出版社，1990.

[13] 孙庆新，齐秉寅，张树功，等. 数值分析（下册）[M]. 沈阳：东北工学院出版社，1990.

[14] 车向凯. 工程技术中常用的数学方法第五分册（数学物理方程）[M]. 沈阳：东北大学出版社，1994.

[15] 陶文铨. 数值传热学[M]. 西安：西安交通大学出版社，2001.

[16] 陶文铨. 计算传热学的近代进展[M]. 北京：科学出版社，2001.

[17] 黄克智，薛明德，陆明万. 张量分析[M]. 北京：清华大学出版社，2011.

第3章 高炉炼铁过程数学模拟

高炉炼铁过程是将含铁炉料冶炼得到铁水和炉渣的过程，全面解析炉内状态及冶炼机理对高炉低碳炼铁至关重要。本章应用高炉回旋区模型、多流体高炉数学模型、高炉㶲分析模型进行炼铁过程数学模拟，其计算流程如图 3.1 所示，主要是通过高炉回旋区模型计算输出风口回旋区及鼻子区性状参数，并将其作为全高炉模拟的初始条件，进而利用多流体高炉数学模型深刻解析高炉炉内状态和冶炼操作指标，最后建立高炉㶲分析模型，全面评价高炉炼铁有效能的转换和利用。

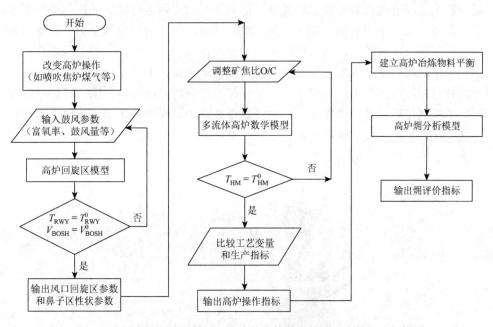

图 3.1 应用高炉回旋区模型、多流体高炉数学模型、高炉㶲分析模型
进行炼铁数学模拟的计算流程

3.1 高炉数学模型的发展历程及方向

以高炉-转炉为代表的传统长流程处于钢铁生产的主导地位，2012 年该流程粗钢产量占全球粗钢总产量的 69.6%，而我国高炉-转炉流程占全国粗钢总产量高达 89.9%[1]。在今后相当长的时期内，高炉-转炉仍是世界钢铁产业的主导流程[2]。另

外，钢铁工业占全球 CO_2 排放总量的 4%～5%，占所有工业的 15%左右。当前，钢铁工业发展的主题是高效、低碳和绿色。而高炉作为钢铁生产的最重要单元之一，生产了全世界 95%以上的生铁，其能量消耗和 CO_2 排放量均占整个钢铁工业的 70%左右[3]。因此，高炉是钢铁产业节能降耗的核心，高炉冶炼效率的提高对钢铁产业乃至整个社会的可持续发展都具有重要意义。

在高炉冶炼过程中，由炉顶加入炉料，从炉缸渣铁口排放铁水和炉渣；而从风口鼓入热风和喷吹煤粉，产生的煤气从炉顶逸出，因此可将高炉看作存在炉料下降和煤气上升两个逆向运动的反应器，炉内所有传输现象和反应都发生于炉料与煤气的逆向流运动中[4]。作为一个大滞后、多变量、强非线性分布的参数系统，高炉内多种多相物质共存，速度、温度、应力、浓度等多场交互耦合作用，诸多复杂物理化学反应同时发生，诸多现象难以准确描述，而且控制手段有限且作用的滞后时间长，因此高炉被公认为最复杂的冶金反应器[5]。图 3.2 给出了高炉内的复杂反应。随着现代测控技术的发展，冶金学者对实际运行高炉的炉体进行了解剖，获得了大量有用数据，加深了对高炉的理解，但目前仍很难全面掌握炉内各种复杂现象。大多数高炉至今仍以人工经验操作为主，与现代工业的智能化和自动化总体发展趋势不匹配。特别是，在当前高炉炼铁正追求低成本、超大型化、超高效率和绿色生产的大背景下，大量低碳冶炼新技术被提出和应用，如喷吹含氢物质富氢还原、使用含碳复合炉料低温炼铁、炉顶煤气循环等，炉内现象更趋于复杂化，冶炼过程的优化和控制也变得更加困难。图 3.3 表明应用低碳炼铁新技术将加剧高炉内反应的复杂性。

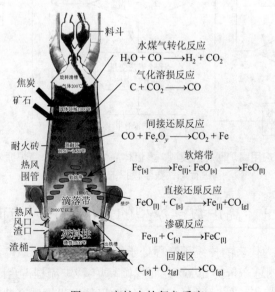

图 3.2 高炉内的复杂反应

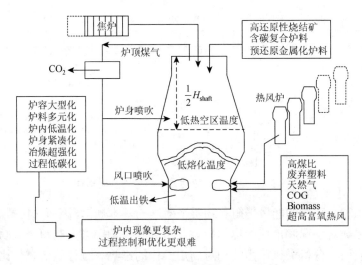

图 3.3　应用低碳炼铁新技术将加剧高炉内反应的复杂性

因此，为了更好地理解、优化和智能控制高炉炼铁过程，大量研究工作致力于开发高炉数学模型[6]。作为炼铁技术进步的核心内容之一，高炉数学模型可以科学、低成本模拟炉内现象，阐明其机理，消除"黑盒子"印象，同时有效应用于开发炼铁新技术，优化操作制度，制定改善冶炼指标的战略，最后与人工经验有机结合，促进实现高炉过程的智能化控制。纵观高炉数学模型的发展，根据使用功能可将其分为高炉过程数学模拟和人工智能专家系统；根据建模方法分为统计模型、机理模型和统计机理综合模型；按传热和传质现象的处理方法分为热化学模型、平衡理论模型和反应动力学模型；按所考虑的空间坐标维数分为一维、二维和三维模型；按考虑时间变量与否划分为稳态模型和非稳态模型；按模拟的领域大小分为局部模型和全高炉综合模型[5, 7]。

高炉炼铁技术在过去几十年里获得了巨大的进步。为了提高产量，降低能耗和减少环境负荷，一些新的技术被广泛运用，高炉的机能不断被扩大。随之而来，在这些操作下高炉内的现象更趋复杂。而建立在反应动力学和传输现象理论基础上的反应动力学高炉数学模型是一个有用的工具，可用于详细具体地分析理解炉内状态和精确地预测高炉操作性能。图 3.4 给出了全高炉反应动力学模型的发展历程。

最早获得发展的是高炉一维模型，且先有静态模型，随后逐渐发展为动态模型。鞭岩等在 20 世纪 60 年代末期开发的高炉静态一维模型是其中最完备最成功的[7]。鞭岩的模型考虑了炉内的主要化学反应和传热过程，给出了主要工艺变量沿高炉高度方向上的分布。后来，许多研究者仿效鞭岩的建模思想建立了一系列用于解决不同问题的高炉数学模型。这些早期的高炉模型很好地把握了对微

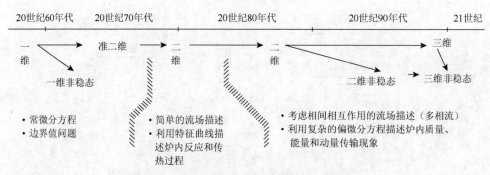

图 3.4　全高炉反应动力学模型的发展历程

元高炉体积和全高炉的能量平衡和物质平衡这一基本规律，因而在模拟高炉现象、分析操作参数对炉况和冶炼指标的影响、指导开停炉等方面获得了成功。一些模型已经被应用于分析鼓风压力波动对高炉操作的影响、预计最低燃料比、模拟高顶压操作等。但是对于高炉的一维模型来说，过程参数在半径方向被假设为均匀分布（而高炉的解剖和取样分析证实气体温度和炉内物质成分等在高炉半径方向上都是非常不均匀的）。另外在这些模型的建模过程中，炉内物质和能量的传输过程只能通过常微分方程来描述，再加上边界值设定等问题，这些早期一维模型的预测精度和应用范围都有所限制。

到了 20 世纪 80 年代，计算机技术的发展允许模型处理更大的矩阵，新建立的模型可以采用偏微分方程作为它们的控制方程。在此期间，大量的二维高炉模型被开发，其可以详细地描述炉内更复杂的现象。其中较为知名的有 Hatano 和 Kurita 模型，Yagi、Takeda 和 Omori 模型，Sugiyama 和 Sugata 的 BRIGHT 模型[6, 7]。二维模型主要用于评估操作条件的变化对高炉操作性能和炉况的影响，分析软熔带形状和性能的变化，以及被用于模拟和开发一些新的高炉炼铁技术。这对指导实际高炉操作和促进炼铁技术进步做出了积极贡献。

到 90 年代初，一个基本概念"多流体理论"被提出，即用多相流和相间双向相互作用来描述发生在炉下部的现象，而且炉内物质相应通过流动机理来加以区分。因此，除了最基本的物质三态（气、固、液）外，被炉内气流挟带的未燃煤粉被处理为一个独立的粉相[8]。在随后基于这个理论而发展的高炉数学模型中，根据物性的不同，液相又被划分为渣相和铁水相，而粉相分为静态滞留粉相和动态滞留粉相。这些模型都统称为"多流体高炉数学模型"[9-12]，这是较为复杂全面的高炉动力学模型。目前，多流体高炉数学模型能够较合理地处理二维和三维问题，并应用于低碳超高效率高炉炼铁技术的数学模拟评价[12-15]。

以上介绍的模型主要是基于计算流体力学（CFD）方法的研究成果。进入 21 世纪，鉴于离散元方法（DEM）能更合理地描述非连续相行为，再加上计算能力的提升和建模方法的进步，当前高炉数学模型的最新研究成果大多趋向于两种建模方法有机融合而形成的 DEM-CFD 数学模型[16]。DEM 模型主要基于牛顿第二定律创建，可相对更精确地呈现固相颗粒的行为。目前，DEM 方法已成功应用于高炉布料、回旋区固体运动、炉缸焦炭颗粒运动、炉内固相流动等方面的模拟，见图 3.5[17, 18]。该方法立足于单颗粒行为的模拟，且充分考虑不同颗粒间的相互作用。对于模拟高炉内的所有粒子行为而言，对计算设备的能力提出了极高要求，计算任务和收敛速度是一个需重点解决的难题。

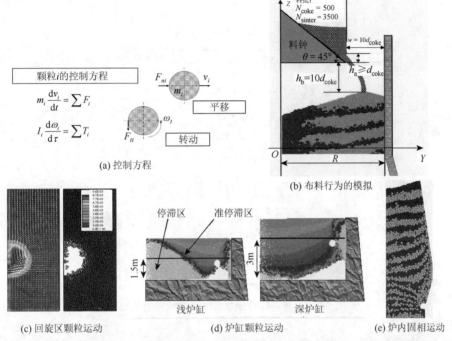

图 3.5　DEM 方法在高炉内颗粒行为解析的应用①

　　随着人类社会的不断进步和环境负荷的日益增重，钢铁工业对高炉炼铁提出了绿色、低碳的新要求，而高炉数学模型应更注重强调其实用性，针对新的低碳炼铁技术和特定用途进行模型简化，逐渐强化人机界面的友好性，逐步实现全高炉模型和专家系统的协同发展。在日后的研究应用中，高炉数学模型的发展方向是不断完善和革新高炉数学模型的建模内容和方法，如将 CFD 模型与 DEM 模型有机融合，公式化定量描述炉内未明现象，进一步阐明炉内复杂现象。

1. 强化数字化高炉的实用性

全高炉综合模型及专家系统均有各自的优点和不足。前者往往过于复杂和专

---

① 查阅本书所有彩图请扫描封底二维码。

业性，实用性受到很大限制。未来高炉数学模型的发展方向应包括：针对特定用途，简化模型；强化模型人机界面的友好性；强化全高炉模型和专家系统的有机结合。全高炉综合模型和专家系统的有机结合如图 3.6[16]所示。全高炉综合模型与布料、炉内应力推测、炉缸侵蚀推测等专家系统数学模型高度结合，优化高炉本体及炉缸炉底结构设计，实现高炉冶炼的高效、稳定顺行和长寿命。

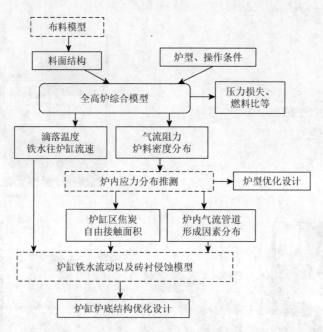

图 3.6　全高炉综合模型和专家系统的有机结合

2. 建模内容和方法的完善和革新

高炉数学模型的未来发展应扩展和丰富目前的建模体系、思想和方法，采用新理论，不断完善高炉数学模型，为数字化高炉的发展奠定基础。首先，对高炉内复杂的未明现象进行进一步阐明及定量描述，包括：含碳复合炉料在炉内的行为；粉相和液相静态滞留和动态滞留的区分，动静态两种滞留之间的物质传输机理和速率；炉内固体物料粉化而导致的粉相产生机理及速率；软熔带形成的机理和定量描述；铁水中微量元素的扩散机理和基于速度论的描述；液相和粉相之间的相互作用机理；生铁渗碳的机理和速率；死料柱更新的机理和速率，最终提高高炉数学模型的合理性和精确度。其次，运用粒子追踪法和随机过程理论来模拟实际操作中出现的炉况失常现象，如管道、悬料、滑料及风压波动，加强异常炉况的预测和控制。最后，强化 CFD 高炉模型和 DEM 高炉模型的高度结合，发挥两种建模方法的优点，气相、液相和粉相行为仍然采用 CFD 方法进行模拟解析，而固相以及液相流动采用 DEM 方法进行分析，以便更合理、全面地阐明高炉内的复杂现象。

3.2　高炉风口回旋区模型

风口回旋区是高炉的重要反应区，它在高炉冶炼中占有非常重要的地位，堪称高炉的"心脏"，直接影响高炉下部的煤气流分布、上部炉料的均衡下降以及整个高炉内的传热、传质过程。为了对低碳冶炼条件下回旋区内的变化进行全面把握，以便进行科学合理的操作，开发了高炉风口回旋区模型，这里以高炉风口喷吹焦炉煤气操作为例进行说明。利用本研究开发的风口回旋区模型定量阐述富氢气体喷吹量对风口回旋区的影响机理和变化规律，得出维持回旋区稳定的热补偿措施和下部调剂手段，同时得到的风口鼻子区条件用于多流体高炉数学模型的风口输入边界条件，进而参与全高炉的数学模拟计算。

3.2.1　模型的假设条件

（1）鼓风成分由 CO_2、O_2、N_2、H_2O 组成，富氢气体成分由 CH_4、CO、CO_2、H_2、H_2O、N_2 组成，富氢气体中的烷烃类气体折算到 CH_4 中。

（2）鼓风中的水蒸气与焦炭在回旋区发生水煤气反应，并且焦炉煤气与鼓风充分混合。

（3）焦炉煤气中的 CH_4 在风口鼻子区分解为 CO 和 H_2，同时伴随煤粉的燃烧反应、焦炭的溶损反应和燃烧反应等。

3.2.2　模型考虑的主要反应

基于风口回旋区模型的假设，图 3.7 给出了风口回旋区的主要反应。

（1）煤粉的反应

$$2C + O_2 == 2CO \tag{3.1}$$

$$C + O_2 == CO_2 \tag{3.2}$$

$$VM(pc) + \alpha_1 O_2 \longrightarrow \alpha_2 CO_2(g) + \alpha_3 H_2O(g) + \alpha_4 N_2(g) \tag{3.3}$$

$$VM(pc) + \alpha_5 CO_2(g) \longrightarrow \alpha_6 CO(g) + \alpha_7 H_2(g) + \alpha_8 N_2(g) \tag{3.4}$$

式中，VM(pc)是煤粉挥发分；$\alpha_1 \sim \alpha_8$ 由挥发分氧化反应的氧势决定。

（2）富氢气体的反应

在富氢气体中，主要考虑鼻子区 CH_4 的裂解反应。

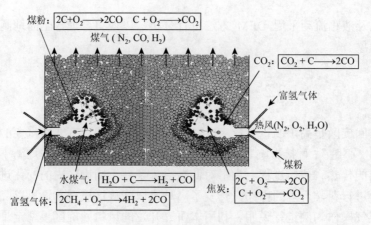

图 3.7　风口回旋区示意图

$$2CH_4 + O_2 \Longrightarrow 4H_2 + 2CO \tag{3.5}$$

（3）水煤气的反应

$$H_2O + C \Longrightarrow H_2 + CO \tag{3.6}$$

（4）CO_2 的反应

$$CO_2 + C \Longrightarrow 2CO \tag{3.7}$$

（5）焦炭的反应

$$C + O_2 \Longrightarrow CO_2 \tag{3.8}$$

$$2C + O_2 \Longrightarrow 2CO \tag{3.9}$$

因此，风口回旋区以至炉缸内煤气的最终成分以 CO、H_2 和 N_2 为主[5]。

3.2.3　模型的主要计算公式

风口回旋区模型的计算区域主要包括风口鼻子区（包括气相组成）、回旋区（气相组成、理论燃烧温度、形状），下面将分别介绍喷吹富氢气体后回旋区各项指标的主要计算公式。需要说明的是，公式中的鼓风气体成分是富氧和鼓风湿度折算后的成分。

1. 风口鼻子区计算公式

风口鼻子区的气相组成包括 CO、CO_2、H_2、H_2O、N_2 和 O_2，具体计算公式分别如下：

$$V_{N\text{-}CH_4} = 0 \tag{3.10}$$

$$V_{N\text{-}CO} = V_{E\text{-}CH_4} + V_{E\text{-}CO} \tag{3.11}$$

$$V_{N\text{-}CO_2} = V_{B\text{-}CO_2} + V_{E\text{-}CO_2} \tag{3.12}$$

$$V_{N\text{-}H_2} = 2V_{E\text{-}CH_4} + V_{E\text{-}H_2} \tag{3.13}$$

$$V_{N\text{-}H_2O} = V_{B\text{-}H_2O} + V_{E\text{-}H_2O} \tag{3.14}$$

$$V_{N\text{-}N_2} = V_{B\text{-}N_2} + V_{E\text{-}N_2} \tag{3.15}$$

$$V_{N\text{-}O_2} = -0.5 \times V_{E\text{-}CH_4} + V_{B\text{-}O_2} \tag{3.16}$$

式中，$V_{N\text{-}CH_4}$、$V_{N\text{-}CO}$、$V_{N\text{-}CO_2}$、$V_{N\text{-}H_2}$、$V_{N\text{-}H_2O}$、$V_{N\text{-}N_2}$、$V_{N\text{-}O_2}$ 分别是风口鼻子区 CH_4、CO、CO_2、H_2、H_2O、N_2、O_2 的体积流量，m^3/min；$V_{B\text{-}CO_2}$、$V_{B\text{-}O_2}$、$V_{B\text{-}N_2}$、$V_{B\text{-}H_2O}$ 分别是鼓风中 CO_2、O_2、N_2、H_2O 的体积流量，m^3/min；$V_{E\text{-}CH_4}$、$V_{E\text{-}CO}$、$V_{E\text{-}CO_2}$、$V_{E\text{-}H_2}$、$V_{E\text{-}H_2O}$、$V_{E\text{-}N_2}$ 分别是富氢气体中 CH_4、CO、CO_2、H_2、H_2O、N_2 的体积流量，m^3/min。

2. 回旋区计算公式

1）回旋区气相组成

风口回旋区的气相组成包括 CO、H_2、N_2。CO 主要来源包括：①喷吹煤粉和焦炭的燃烧反应；②CO_2 与焦炭的气化溶损反应；③CH_4 的裂解反应。H_2 主要来源包括：①富氢气体带入；②CH_4 的裂解反应。N_2 主要来源于鼓风带入，富氢气体带入得不多。各个气相成分具体计算公式如下：

$$V_{R\text{-}CO} = V_{N\text{-}CO} + 2 \times (V_{N\text{-}CO_2} + V_{N\text{-}O_2}) + V_{N\text{-}H_2O} + 22.4 \times P_{煤} \times (1 - A_{煤}) \times \frac{O_{煤}}{M_O} \tag{3.17}$$

$$V_{R\text{-}H_2} = V_{N\text{-}H_2} + V_{N\text{-}H_2O} + 11.2 \times P_{煤} \times (1 - A_{煤}) \times \frac{H_{煤}}{M_H} \tag{3.18}$$

$$V_{R\text{-}N_2} = V_{N\text{-}N_2} + 11.2 \times P_{煤} \times (1 - A_{煤}) \times \frac{N_{煤}}{M_N} \tag{3.19}$$

$$V_{bosh} = V_{R\text{-}CO} + V_{R\text{-}H_2} + V_{R\text{-}N_2} \tag{3.20}$$

式中，$V_{R\text{-}CO}$、$V_{R\text{-}H_2}$、$V_{R\text{-}N_2}$、V_{bosh} 分别是炉腹中 CO、H_2、N_2 的体积流量以及炉腹煤气量，m^3/min；$P_{煤}$ 是煤粉喷吹量，kg/min；$A_{煤}$ 是煤粉的灰分，%；$H_{煤}$、$O_{煤}$、$N_{煤}$ 是煤粉中 H、O、N 三种元素的含量，%；M_H、M_O、M_N 分别是煤粉中 H、O、N 三种元素的摩尔质量，g/mol。

2）回旋区形状公式

采用日本羽田野道春等[19]研究得出的公式进行中风口回旋区形状计算。根据鼓风穿透力、焦炭重力和回旋区壁（即死料堆焦炭层）的反力分析，得到回旋区

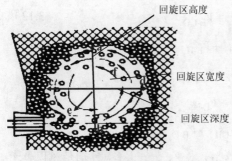

图 3.8　高炉风口回旋区形状模型

深度、宽度、高度以及体积。图 3.8 给出了高炉风口回旋区形状模型。

某钢厂根据高炉的实际生产条件，结合实验室和高炉实测数据，对原公式中的常数进行了修正[20]，修正后的公式如下：

回旋区深度 D_r：

$$D_r = 0.409 \times PF^{0.693} \times D_t \qquad (3.21)$$

回旋区宽度 W_r：

$$W_r = 2.631 \times \left(\frac{D_r}{D_t}\right)^{0.331} \times D_t \qquad (3.22)$$

回旋区高度 H_r：

$$\frac{4H_r^2 + D_r^2}{H_r \times D_t} = 8.780 \times \left(\frac{D_r}{D_t}\right)^{0.721} \qquad (3.23)$$

回旋区体积 V_r：

$$V_r = 0.53 \times D_r \times W_r \times H_r \qquad (3.24)$$

穿透因子 PF：

$$PF = \frac{\rho_0}{\rho_s \times D_p} \left(\frac{q_v}{S_t}\right)^2 \frac{T_r}{P_b \times 298} \qquad (3.25)$$

式中，D_t 是风口直径，m；PF 是穿透因子；ρ_0 是炉腹煤气密度，kg/m³；ρ_s 是焦炭真密度，kg/m³；q_v 是鼻子区体积流量，m³/s；T_r 是理论燃烧温度，K；P_b 是鼓风压强，kPa；D_p 是风口焦粒度，mm；S_t 是风口总面积，m²。

3. 温度计算公式

回旋区温度的计算以拉姆定理为基础，推理得到富氢条件下的风口鼻子区温度和回旋区理论燃烧温度。

1）风口鼻子区温度计算

图 3.9 给出了高炉风口喷吹富氢气体后，风口鼻子区气体温度的计算流程，其中，h_{blast} 是鼓风带来的热，$h_{addedgas}$ 是富氢气体带来的热，$V_N(i)$ 是风口鼻子区各气体的体积流量，$h_g(i)$ 风口鼻子区各气体的标准摩尔生成焓，$a_g(j)$、$b_g(j)$、

$c_g(j)$ 分别是风口鼻子区各气体摩尔定压热容 $C_{p,m}(j)=a_g(j)t^2+b_g(j)t+c_g(j)$ 在对应温度下的系数，t_{nose} 是风口鼻子区温度。

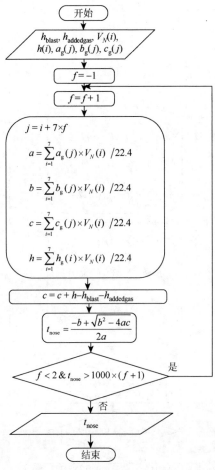

图 3.9　风口鼻子区气体温度的计算流程

2）理论燃烧温度计算

图 3.10 给出了高炉风口喷吹富氢气体后理论燃烧温度的计算流程，其中，h_{pc} 是煤粉喷吹带来的热，$V_{rwy}(i)$ 是回旋区各气体的体积流量，$N_{rash}(i)$ 是回旋区焦炭和煤粉的灰分中各组分物质的量，$h_s(i)$ 是回旋区焦炭和煤粉的灰分中各组分的标准摩尔生成焓，$a_s(j)$、$b_s(j)$、$c_s(j)$ 分别是回旋区焦炭和煤粉的灰分中各组分的摩尔定压热容 $C_{p,m}(j)=a_s(j)t^2+b_s(j)t+c_s(j)$ 在对应温度下的系数，h_{coke} 是回旋区参与燃烧反应的焦炭带来的热，$t_{raceway}$ 和 t_{coke} 分别是理论燃烧温度和焦炭温度。

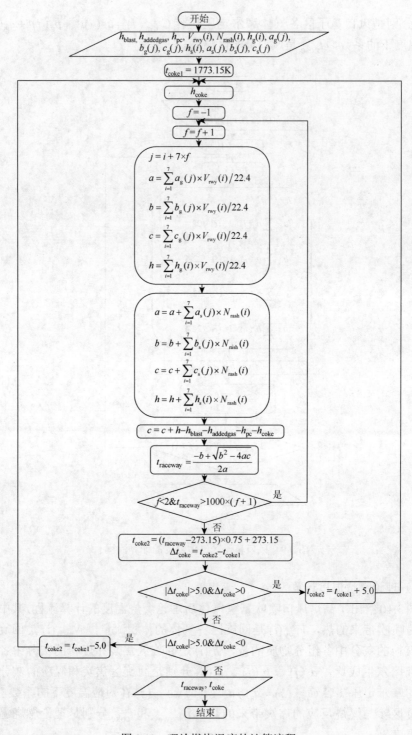

图 3.10 理论燃烧温度的计算流程

3.2.4　模型的创建

基于高炉风口回旋区的反应机理、回旋区质量平衡和热量平衡,创建了高炉风口回旋区数学模型。图 3.11 是模型的计算流程图,其中,T_{rwy}^0、V_{bosh}^0 分别是喷吹前的回旋区理论燃烧温度和炉腹煤气流量;T_{rwy}、V_{bosh} 分别是喷吹富氢气体后的回旋区理论燃烧温度和炉腹煤气流量;ε 是绝对误差限,根据计算精度的要求取不同的误差值。

为了便于计算,利用 VB 程序编制了高炉风口回旋区模型,该模型在原有仅能计算喷吹单一富氢气体模型的基础上进行了改进,可以用于计算多种富氢气体混合喷吹、富氢气体和固体颗粒介质混合喷吹后回旋区各项指标的变化。模型主要包括初始条件输入界面(鼓风条件、还原气喷吹条件、焦炭条件、煤粉喷吹条件)和计算结果输出界面(鼻子区、回旋区)。

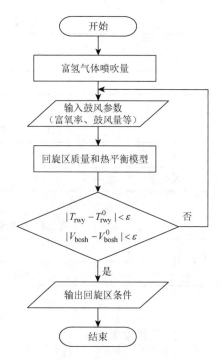

图 3.11　高炉喷吹富氢气体风口回旋区模型计算步骤

3.2.5　喷吹焦炉煤气高炉风口回旋区模拟

1. 模拟条件

焦炉煤气含氢量为 60.70%,低位发热值为 $17.65MJ/m^3$,喷吹温度为 25℃,其具体化学成分列于表 3.1。表 3.2 是风口及基准鼓风条件,风口直径为 125mm,鼓风温度为 1150℃。表 3.3 是焦炭的化学成分,固定碳含量为 85.83%。表 3.4 给出了喷吹煤粉成分(元素分析),该煤粉为无烟煤,其碳含量为 81.54%,低位发热值为 32.5MJ/kg,初始喷吹量为 9.0kg/s,喷吹温度为 25℃。

表 3.1　焦炉煤气化学成分(体积分数,%)

H_2	N_2	CO	CO_2	CH_4
60.70	3.77	6.67	2.23	26.63

表 3.2　风口及基准鼓风条件

风口直径/mm	风口个数	鼓风温度/℃	鼓风压强/kPa	鼓风流量/(m³/min)	富氧率/%	鼓风湿度/(g/m³)
125	30	1150	334	4119	3.0	2.3

表 3.3　焦炭的化学成分（质量分数，%）

C	CaO	SiO₂	MgO	Al₂O₃	Fe₂O₃	挥发分
85.83	0.74	6.20	0.15	4.84	1.19	1.05

表 3.4　煤粉化学成分（质量分数，%）

C	H	N	O	CaO	SiO₂	MgO	Al₂O₃	Fe₂O₃
81.54	4.22	1.61	3.72	0.64	4.11	0.11	3.24	0.81

2. 模拟方案

在送风条件、喷煤条件以及焦炭条件与高炉生产实际保持一致的情况下，利用所创建的风口回旋区数学模型，分别计算焦炉煤气喷吹量为 $0m^3/s$、$3.96m^3/s$、$7.93m^3/s$、$11.89m^3/s$（简称 Base、COI3.96、COI7.93、COI11.89）四种操作下回旋区特性指标的变化，其中 $0m^3/s$ 是实际高炉无焦炉煤气喷吹的常规操作。

3. 热补偿前焦炉煤气喷吹对回旋区的影响

图 3.12 是热补偿前焦炉煤气喷吹量对理论燃烧温度和炉腹煤气量的影响，其中未喷吹焦炉煤气时，风口回旋区温度为 2171.83℃，炉腹煤气量为 $5409.95m^3/min$。随着焦炉煤气喷吹量的增加，风口回旋区理论燃烧温度逐渐下降，而炉腹煤气量逐渐增加。每增加 $1m^3/s$ 的焦炉煤气喷吹量，理论燃烧温度约降低 33.42℃，炉腹煤气量增加 $77.32m^3/min$。理论燃烧温度降低的原因主要有两个：一是焦炉煤气以冷状态（25℃）喷入炉内，单位喷吹气体（鼓风加上喷入的焦炉煤气）带入的显热明显降低；二是焦炉煤气中 CH_4 裂解消耗大量的热量造成理论燃烧温度降低。炉腹煤气量增加的主要原因是热风喷吹条件不变，焦炉煤气喷吹量逐渐增加。由于炉腹煤气量及风口回旋区理论燃烧温度的变化将直接影响高炉下部的煤气流分布、上部炉料的均衡下降以及整个高炉内的传热、传质过程，因此维持风口回旋区理论燃烧温度和炉腹煤气量与高炉常规操作一致，保持良好的炉缸热状态和维持稳定的风口回旋区条件，需要采取措施给予热补偿。

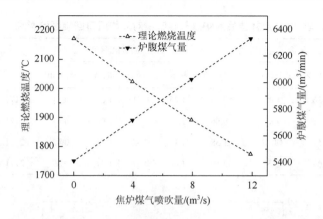

图 3.12 热补偿前焦炉煤气喷吹量对理论燃烧温度和炉腹煤气量的影响

4. 热补偿后焦炉煤气喷吹对回旋区的影响

由于某企业受风温条件和喷煤条件的限制，在保持鼓风温度、鼓风湿度以及喷煤量与未喷吹焦炉煤气操作相同的情况下，通过降低鼓风流量和提高富氧率对喷吹焦炉煤气后的风口回旋区进行热补偿。表 3.5 表明，每增加 $1m^3/s$ 的焦炉煤气喷吹量，鼓风流量约降低 $94.95m^3/min$，富氧率增加 1.36%。

表 3.5 热补偿后的鼓风流量和富氧率

条件	基准值	COI3.96	COI7.93	COI11.89
鼓风流量/(m^3/min)	4119.00	3742.70	3366.50	2990.10
富氧率/%	3.00	7.32	12.60	19.22

热补偿后，随着焦炉煤气喷吹量的增加，风口回旋区各项指标均发生变化。表 3.6 和图 3.13 是热补偿后回旋区气相组成随焦炉煤气喷吹量的变化。随着焦炉煤气喷吹量的增加，回旋区内 H_2 浓度增加，主要原因是焦炉煤气中含有大量的 H_2 和 CH_4 以及其他烃类物质（分解会产生 H_2），因此喷吹后，H_2 的浓度升高。回旋区内 CO 浓度增加的主要原因是随着喷吹量的增加，富氧量也增加，回旋区的燃烧加强，大量的煤粉和焦炭参与燃烧反应，从而增加了回旋区的 CO 浓度。另外，焦炉煤气成分本身含有少量的 CO 和 CO_2，CO_2 的溶损反应增加了 CO 浓度，CH_4 在风口处分解也相应增加了回旋区的 CO 浓度。回旋区内 N_2 浓度减少的主要原因是富氧增加，鼓风中 N_2 所占比例相应减少，进而影响回旋区内 N_2 浓度。每增加 $1m^3/s$ 的焦炉煤气喷吹量，炉腹煤气中总还原气量增加 2.04%。

表 3.6　热补偿后焦炉煤气喷吹量对高炉风口回旋区的影响

煤气喷吹量	回旋区气相组成			回旋区形状				理论燃烧温度/℃	炉腹煤气量/(m³/min)
	$\phi(CO)$ /%	$\phi(H_2)$ /%	$\phi(N_2)$ /%	深/m	宽/m	高/m	体积/m³		
基准值	37.36	4.90	57.74	1.25	0.71	1.08	0.51	2171.83	5409.95
COI3.96	40.45	9.89	49.66	1.19	0.69	1.06	0.47	2171.97	5409.71
COI7.93	43.54	14.88	41.58	1.13	0.68	1.03	0.42	2171.58	5410.19
COI11.89	46.63	19.87	33.50	1.08	0.67	1.01	0.39	2171.84	5409.95

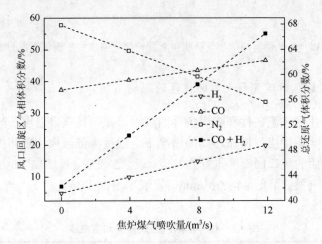

图 3.13　热补偿后回旋区气相组成随焦炉煤气喷吹量的变化

图 3.14 是热补偿后焦炉煤气喷吹量对回旋区形状的影响。随着焦炉煤气喷吹

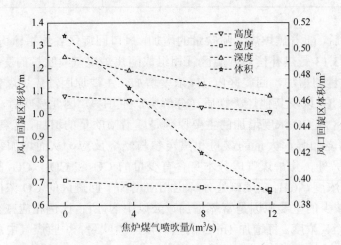

图 3.14　热补偿后焦炉煤气喷吹量对回旋区形状的影响

量的增加，回旋区深、宽、高以及体积均出现了不同程度的下降。每增加 $1m^3$/s 的焦炉煤气喷吹量，风口回旋区体积缩小 1.98%。这将会造成高炉边缘气流发展，进而影响高炉下部煤气流的均衡分布，以及整个高炉炉料的均衡下降，需要采取一定的措施。

3.3　多流体高炉数学模型

3.3.1　模型的框架

多流体高炉数学模型[8, 9, 11, 21]基于各物质的运动机理将炉内的气相、固相（包括焦炭和含铁炉料）、铁水、熔渣和粉相（粉煤和粉矿）分别视为具有单独流动机理的独立相，每一相由一个或多个组元构成，每个组元又有其独立的组成和物理属性，具体见表 3.7。

表 3.7　多流体高炉数学模型考虑的相和物质

相		物质
气相		CO, CO_2, O_2, H_2, H_2O, N_2, SiO, CH_4
固相	铁矿石	Fe_2O_3, Fe_3O_4, FeO, Fe, CaO, Al_2O_3, MgO, SiO_2, H_2O
	烧结矿	Fe_2O_3, Fe_3O_4, FeO, Fe, CaO, Al_2O_3, MgO, SiO_2, H_2O
	球团矿	Fe_2O_3, Fe_3O_4, FeO, Fe, CaO, Al_2O_3, MgO, SiO_2, H_2O
	焦炭	C, SiC, SiO_2, Al_2O_3, CaO, MgO, H_2O
铁水		Fe, C, Si
熔渣		FeO, SiO_2, Al_2O_3, CaO, MgO
粉相	煤粉或废弃塑料	C, SiO_2, Al_2O_3, CaO, MgO, 挥发分
	粉矿	Fe_2O_3, Fe_3O_4, FeO, Fe, CaO, Al_2O_3, MgO, SiO_2

多流体高炉数学模型以冶金过程传输现象理论、冶金反应动力学、多相流理论和冶金物理化学作为其框架，同时考虑了多相之间的相互作用，如图 3.15 所示。其中，实箭头代表完全相互作用（动量、质量和能量），点箭头代表质量的传递。该模型认为气相和固相与其他各相之间发生质量、动量、能量的交换，不连续相

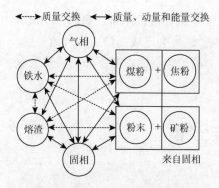

图 3.15　多流体高炉数学模型中各相
之间相互作用图

（液相和粉相）之间不进行动量交换，但它们通过化学反应和物理变化（相变）可以进行质量和能量的交换。

多流体高炉数学模型由化学物质守恒方程、热量守恒方程、动量守恒方程、连续方程和化学反应及相变速率方程组成，其中所有相的行为都可以用这些方程统一描述。由于相间同时相互作用，所有方程都考虑了相间质量、能量和动量的交换，这些方程要同时求解。该模型通过大量偏微分方程对炉内气、固、粉、液各相之间的质量、能量和动量相互作用进行数学描述，对高炉冶炼过程进行高精度的数学模拟。

因此，整个模型由一系列强烈耦合的偏微分方程构成，而所有守恒控制方程都可用一个统一化的形式描述。

$$\frac{\partial}{\partial x}(\varepsilon_i \rho_i u_i \psi) + \frac{1}{r}\frac{\partial}{\partial r}(r\varepsilon_i \rho_i v_i \psi) - \frac{\partial}{\partial x}\left(\varepsilon_i \Gamma_\psi \frac{\partial \psi}{\partial x}\right) - \frac{1}{r}\frac{\partial}{\partial r}\left(r\varepsilon_i \Gamma_\psi \frac{\partial \psi}{\partial r}\right) = S_\psi$$

（3.26）

式（3.26）采用不考虑切向角度的二维柱坐标系，x 表示沿高炉高度方向，r 表示沿高炉半径方向，下标 i 代表要考虑的各相（即气相、固相、铁水、熔渣和粉相），变量 ψ 代表要求解的变量。通过改变 ψ，控制方程可以分别代表质量、动量、焓及物质成分的守恒方程。ε_i 代表相 i 的体积分数，表观速度用 $\varepsilon_i \vec{U_i}$ 表示，轴向速度及径向速度分别用 $\vec{u_i}$ 和 $\vec{v_i}$ 表示，且 $\vec{U_i} = \vec{u_i} + \vec{v_i}$，$\Gamma_\psi$ 代表有效扩散系数，它随所要求解的独立变量不同而具有不同的意义。如果将各个成分的质量分数作为因变量，用式（3.26）同样可以计算出各相的成分。运动方程中不同相间的相互作用力、压力梯度和重力，质量守恒方程中的各化学物质的化学反应和相变反应速率，热量守恒方程中的反应热和不同相间的热交换都要考虑源项 S_ψ。

1. 多流体高炉数学模型考虑的质量传输

表 3.8 给出了多流体高炉数学模型考虑的主要反应。这些化学反应可分为如下几个部分：回旋区的燃烧、熔渣中 Fe_wO 直接还原、铁氧化物间接还原、焦炭气化溶损、水煤气转变和水煤气反应、Si 迁移以及渗 C 反应等。

表 3.8　多流体高炉数学模型考虑的主要反应

n	反应式	i	反应名称
1_i	$3Fe_2O_3(i) + CO(g) \longrightarrow 2Fe_3O_4(i) + CO_2(g)$	osp, fo	CO 间接还原赤铁矿
2_i	$\dfrac{w}{4w-3}Fe_3O_4(i) + CO(g) \longrightarrow \dfrac{3}{4w-3}Fe_wO(i) + CO_2(g)$	osp, fo	CO 间接还原磁铁矿
3_i	$Fe_wO(i) + CO(g) \longrightarrow wFe(i) + CO_2(g)$	osp, fo	CO 间接还原浮氏体
4_i	$3Fe_2O_3(i) + H_2(g) \longrightarrow 2Fe_3O_4(i) + H_2O(g)$	osp, fo	H_2 间接还原赤铁矿
5_i	$\dfrac{w}{4w-3}Fe_3O_4(i) + H_2(g) \longrightarrow \dfrac{3}{4w-3}Fe_wO(i) + H_2O(g)$	osp, fo	H_2 间接还原磁铁矿
6_i	$Fe_wO(i) + H_2(g) \longrightarrow wFe(i) + H_2O(g)$	osp, fo	H_2 间接还原浮氏体
7_i	$Fe_wO(slg) + C(i) \longrightarrow wFe(hm) + CO(g)$	coke	直接还原
8_i	$C(i) + 0.5O_2(g) \longrightarrow CO(g)$	coke, pc, CCB	不完全燃烧
9_i	$C(i) + O_2(g) \longrightarrow CO_2(g)$	coke, pc, CCB	完全燃烧
10_i	$2C(i) + CO_2(g) \longrightarrow 2CO(g)$	coke, pc, CCB	气化溶损反应
11_i	$C(i) + H_2O(g) \longrightarrow CO(g) + H_2(g)$	coke, pc, CCB	水煤气生成
12	$CO_2(g) + H_2(g) \rightleftharpoons CO(g) + H_2O(g)$		水煤气转化
13	$VM(pc) + \alpha_1O_2 \longrightarrow \alpha_2CO_2(g) + \alpha_3H_2O(g) + \alpha_4N_2(g)$		挥发分燃烧
14	$VM(pc) + \alpha_5CO_2(g) \longrightarrow \alpha_6CO(g) + \alpha_7H_2(g) + \alpha_8N_2(g)$		挥发分溶损
15	$SiO_2(coke) + C(coke) \rightleftharpoons SiO(g) + CO(g)$		SiO_2 还原
16	$SiO_2(coke) + 3C(coke) \rightleftharpoons SiC(coke) + 2CO(g)$		SiC 生成
17	$SiC(coke) + CO(g) \rightleftharpoons SiO(g) + 2C(coke)$		SiC 气化
18	$SiO_2(slg) + C(coke) \longrightarrow SiO(g) + CO(g)$		炉渣硅气化
19	$SiO(g) + C(hm) \longrightarrow Si(hm) + CO(g)$		SiO 还原
20	$CH_4(g) + 0.5O_2(g) \longrightarrow CO(g) + 2H_2(g)$		天然气燃烧
21	$2FeO_x(CCB) + C(CCB) \longrightarrow 2FeO_{\left(x - \frac{1+2K}{2+2K}\right)}(CCB) + \dfrac{1}{1+K}CO(g) + \dfrac{K}{1+K}CO_2(g)$		CCB 还原
22_i	$Fe(i) \longrightarrow Fe(hm)$	osp, CCB, fo	金属铁熔化
23_i	$Fe_wO(i) \longrightarrow Fe_wO(slg)$	osp, CCB, fo	浮氏体熔化

续表

n	反应式	i	反应名称
24_i	$SiO_2(i) \longrightarrow SiO_2(slg)$	osp, CCB, fo, coke, pc	SiO_2 熔化
25_i	$Al_2O_3(i) \longrightarrow Al_2O_3(slg)$	osp, CCB, fo, coke, pc	Al_2O_3 熔化
26_i	$CaO(i) \longrightarrow CaO(slg)$	osp, CCB, fo, coke, pc	石灰熔化
27_i	$MgO(i) \longrightarrow MgO(slg)$	osp, CCB, fo, coke, pc	MgO 熔化
28_i	$Gangue(i) \longrightarrow Gangue(slg)$	osp, CCB, fo, coke, pc	脉石熔化
29_i	$C(i) \longrightarrow C(hm)$	coke, CCB	渗碳
30_i	$H_2O(i) \longrightarrow H_2O(g)$	osp, CCB, coke	水蒸发

注：osp 表示铁矿石、烧结矿，球团；fo 表示粉末、矿粉；pc 表示煤粉、焦粉；CCB 表示热压含碳球团；coke 表示焦炭；hm 表示铁水

　　回旋区的燃烧反应主要包括富氢气体、焦炭、煤粉等的燃烧反应，以及煤粉中挥发分的气化反应，其中挥发分物质被处理为 C、H、O、N 的混合物，挥发分物质与 O_2 或 CO_2 反应，反应速率由反应物的湍流扩散速率控制。

　　熔渣中 Fe_wO 直接还原是焦炭还原 Fe_wO 的反应，这是一个强吸热反应，在模型中用二级速率方程描述；铁氧化物的间接还原是 CO 和 H_2 还原铁矿石反应，在多流体高炉数学模型中，该反应用三界面未反应核模型描述。

　　C 的气化溶损反应是指焦炭中的 C 与气相中的 CO_2 反应生成 CO，该反应的开始温度高于 900℃，是一个强吸热反应，主要发生于回旋区及高炉下部的高温段，其反应速率用二级速率方程描述。

　　水煤气转变反应是一个均相可逆气相反应，在 500～700℃ 的温度区间发生，其反应速率由二级速率方程描述。水煤气反应是 C 与 H_2O 的反应，该反应发生于 900℃ 以上的高温，其反应速率用扩散和动力学方法进行混合控制。

　　Si 以脉石和灰分中 SiO_2 的形式进入高炉，部分被还原为 SiC 或 SiO。SiO 气体既不会在冷却时再氧化，也不会在与熔渣接触后进一步被还原。焦炭中 SiO_2 和 SiC 的还原是完全可逆的。渣中 SiO_2 的还原以及 SiO 与铁水中 C 的还原反应是不可逆的。

　　渗 C 反应是由于铁水中 C 未达到饱和而引起焦炭中的 C 向铁水中转移的反应。模型认为渗碳反应速率主要取决于铁水中实际 C 浓度与平衡值之间的偏差。

　　熔化反应是指 Fe_wO、Fe 以及脉石中各成分在实际温度超过它们的熔化温度时发生的反应。另外，蒸发主要是指固体料中水的蒸发。在气体饱和的情况下多流体高炉数学模型还考虑了水蒸气的凝结反应。该过程由边界层扩散控制。

此外，模型还考虑了粉化造成的固相向粉相的质量传输。模型分别描述了液相（铁水相、熔渣相）及粉相的动态滞留与静态滞留现象。由于 K、Na、S、P 等反应的研究成果尚不完善，炉内反应行为的动力学描述不是很明确，模型中尚未考虑这些复杂的反应。

2. 多流体高炉数学模型考虑的动量传输

不同相间的动量交换构成动量方程的源项。不同的相 j 和相 i 之间产生动量交换，主要是由于速度差的存在。在多流体高炉数学模型中，动量的传输量通过式（3.27）计算：

$$\vec{F}_i^j = f_{i\text{-}j}(\vec{U}_i - \vec{U}_j) \tag{3.27}$$

式中，$\vec{F}_i^j$ 是相 j 和相 i 之间的动量传输量，N/m^3；$\vec{U}_i$、$\vec{U}_j$ 分别是相 i 和相 j 的速度，m/s；$f_{i\text{-}j}$ 是相间动量传输系数。模型针对不同体系采用不同方法进行计算，概括于表 3.9 [8-12]。

表 3.9　多流体高炉数学模型中不同体系动量传输的估算方法

体系	模型中表示	估算方法
气-固	$\vec{F}_g^s$	Ergun 方程
气-液	$\vec{F}_g^{hm}$，$\vec{F}_g^{slg}$	单液滴拽力方程
气-粉	$\vec{F}_g^{pc}$，$\vec{F}_g^f$	单颗粒拽力方程
固-液	$\vec{F}_{hm}^s$，$\vec{F}_{slg}^s$	Kozeny-Carman 方程
固-粉	$\vec{F}_{pc}^s$，$\vec{F}_f^s$	Fanning 方程
液-粉	—	未考虑

3. 多流体高炉数学模型考虑的能量传输

能量方程的源相包括反应热和相间的对流换热，其中反应热可通过反应量进行计算，而相间的对流换热量则通过式（3.28）计算：

$$\dot{E}_i^j = h_{i\text{-}j}A_{i\text{-}j}(T_i - T_j) \tag{3.28}$$

式中，$\dot{E}_i^j$ 是相 j 和相 i 之间的对流换热量，W/m^3；T_i、T_j 分别是相 i 和相 j 的温度，K；$A_{i\text{-}j}$ 是相 j 和相 i 之间的界面接触面积，m^2；$h_{i\text{-}j}$ 是对流换热系数，W/(m^2·K)。模型中针对不同的体系采用不同的计算方法，具体列于表 3.10 中。

表 3.10　　多流体高炉数学模型中不同体系对流换热量的估算方法

体系	模型中表示	估算方法
气-固	$\dot{E}_g^s$	Ranz 方程
气-液	$\dot{E}_g^{hm}$，$\dot{E}_g^{slg}$	Mackey-Warner 关系式
气-粉	$\dot{E}_g^{pc}$，$\dot{E}_g^f$	Ranz-Marshall 方程
固-液	$\dot{E}_{hm}^g$，$\dot{E}_{slg}^s$	Eckert-Drale 方程
固-粉	$\dot{E}_s^f$，$\dot{E}_f^s$	Emulsion 模型
液-粉	—	未考虑

3.3.2　模型的求解

　　多流体高炉数学模型采用 Fortran 语言编程，由 Visual Fortran 程序进行编译。求解计算使用了 IBM Z Pro Z30（9228）计算工作站。数学模拟的计算区域由炉墙、料面、中心轴和渣面围成。首先，利用边界自适应坐标体系（BFC）法对所研究的高炉区域进行网格化处理，如图 3.16 所示。其次，利用控制单元体方法对整个网格内的所有方程进行离散化。最后，采用 SIMPLE 算法[22]和迭代矩阵法对所有离散方程进行同时求解。

　　在进行模拟计算时，设定的边界条件列于表 3.11，包括：①在风口处，速度、气相组成、温度、气相体积分数和粉相体积分数的确定取决于操作条件。对于液相和固相，风口被视为炉墙边界。②没有原料穿过中心轴和炉墙边界。对于和炉墙平行的速度，在应用滑动条件的同时还考虑摩擦力对竖直炉墙处固体料速度的影响。通过炉墙的热损失作为边界条件考虑进能量守恒方程。③除了垂直于中心轴的径向速度外，其他所有因变量的梯度都设为 0。只有液相可以穿过炉渣区域，对于其他相来说，渣面被视为炉墙。渣面温度为渣面处铁水和熔渣温度的平均

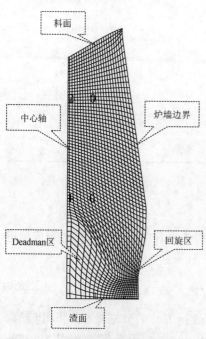

图 3.16　多流体高炉数学模型对高炉的
　　　　　BFC 网格化处理

值。④在炉料表面，固体料的成分和温度也是指定的，并且认为在这个表面其他变量没有梯度。

表 3.11　多流体模型中边界条件的设定

边界	相	边界条件（ϕ: 变量）
中心轴	固相、气相、铁水、熔渣和粉相	运动方程：grad ϕ = 0 能量方程：grad ϕ = 0 相组成方程：grad ϕ = 0
底部（渣面）	固相、气相、粉相	运动方程：质量流量 = 0 能量方程：传导 相组成方程：grad ϕ = 0
	铁水/熔渣	运动方程：grad ϕ = 0 能量方程：grad ϕ = 0 相组成方程：grad ϕ = 0
炉墙	固相、气相、铁水、熔渣和粉相	运动方程：质量流量 = 0 能量方程：整体传热系数（炉墙热损失） 相组成方程：grad ϕ = 0
料面	固相	运动方程：grad ϕ = 0 能量方程：显热 相组成方程：输入组成
	气相/煤粉	运动方程：grad ϕ = 0 能量方程：grad ϕ = 0 相组成方程：grad ϕ = 0
风口	气相/煤粉	运动方程：各相物质组成方程：质量输入 能量方程：显热

多流体高炉数学模型的模拟计算过程见图 3.17，可分为三部分：①原始数据输入部分，包括操作参数初始值的设定、高炉几何构造数据的输入、数学网格的生成以及几何信息的估算；②数学模型核心部分，包括对所有方程进行循环迭代求解；③计算结果输出部分，包括对计算结果进行保存并用于后期的数据处理，其中炉内工艺变量的多维分布用 Tecplot7.0 软件进行可视化处理，得到变量的分布云图。

3.3.3　模型有效性的验证

多流体高炉数学模型是以新日铁钢铁公司实际高炉为对象进行了模型验证试验[16, 23]。将该高炉生产的数据与高炉数学模型的计算结果相对照，考察了高炉数学模型的有效性和合理性，并对模型程序进行多次有效修正和改进。表 3.12 是实际操作参数和模型预测的结果之间的比较。可见，多流体高炉数学模型能较准确地预测高炉的性能指标。图 3.18 是模型预测的炉内温度分布与实际测量值的对比[9, 16, 21]。

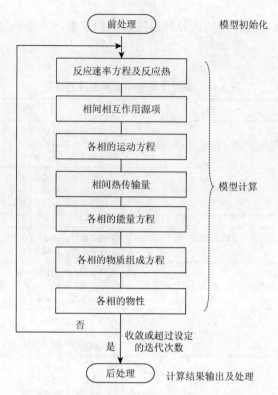

图 3.17　多流体高炉数学模型的模拟计算过程

可见，模型基本上预测了炉内温度分布走向，模型预测值与实际测量值显示了良好的一致性。因此，可将多流体高炉数学模型应用于低碳炼铁新技术的研发。

表 3.12　实际操作参数和模型预测的结果比较

条件	生铁产量/(kg/s)	焦比/(kg/t)	渣量/(kg/t)	炉顶煤气温度/℃	煤气利用率/%
测量值	106.5	313.0	261.0	240.0	50.6
计算值	107.0	310.2	254.9	255.7	53.0
误差	0.5	0.9	2.3	6.5	4.7

3.3.4　喷吹焦炉煤气多流体高炉数学模拟

1. 模拟条件

模拟利用多流体高炉数学模型模拟高炉喷吹焦炉煤气后工艺变量和操作指标的变化。以国内某钢厂实际运行的高炉为研究对象，该高炉有效炉容 2580m³，炉

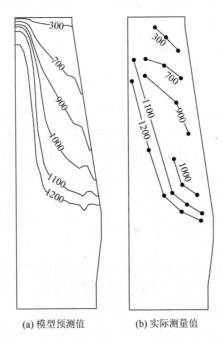

(a) 模型预测值　　　　　　(b) 实际测量值

图 3.18　多流体高炉数学模型预测的炉内温度分布与实际测量值的对比（℃）

缸直径 11.5m，有效高度 29.4m。本研究中，含铁炉料的化学成分见表 3.13，其品位为 59.49%，碱度为 1.54。模拟过程中四种操作工艺的其他初始条件如表 3.14 所示，其中基准值操作是高炉常规操作，作为其他三种操作的参考。

表 3.13　含铁炉料的化学成分（质量分数，%）

FeO	Fe_2O_3	CaO	SiO_2	MgO	MnO	Al_2O_3	FeS
1.91	82.75	7.38	4.79	2.34	0.04	0.71	0.08

表 3.14　四种计算方案的初始条件

条件	Base	COI3.96	COI7.93	COI11.89
焦炉煤气量/(m³/t)	0.00	58.89	110.08	152.34
鼓风温度/℃	1150.00	1150.00	1150.00	1150.00
鼓风量/(m³/t)	1111.47	927.57	778.84	638.51
富氧率/%	3.00	7.32	12.60	19.22
煤粉喷吹量/(kg/t)	145.70	133.80	124.90	115.30
理论燃烧温度/℃	2171.83	2171.85	2171.70	2171.84
炉腹煤气量/(m³/min)	5409.95	5409.97	5409.93	5409.95

2. 模拟方案

首先,利用多流体高炉数学模型计算出未喷吹焦炉煤气操作下炉缸渣面处铁水温度的平均值。这个温度与未喷吹条件下得到的回旋区温度和炉腹煤气流量作为其他操作模拟计算的参考标准。其次,各喷吹方案的鼻子区条件作为多流体高炉数学模型风口区域的边界条件参与模拟计算。最后,为了便于比较以及提供统一的评价标准,在计算过程中通过适当调整各操作加料时的矿焦比 w_O/w_C 来保证模型预测的铁水温度与未喷吹焦炉煤气操作下的参考值基本一致,即 1587℃。

3. 喷吹焦炉煤气对炉内状况的影响

图3.19和图3.20分别是喷吹焦炉煤气对炉内温度分布和高炉沿高度方向平均温度分布的影响,其中, 1200~1400℃的温度区间是软熔带。随着焦炉煤气喷吹量的增加,高炉上部温度水平降低,炉墙处降低最明显,软熔带位置下降且变窄。这是因为焦炉煤气喷吹后,富氧量增加,回旋区 C 的大量燃烧为固体炉料的下降提供了更大的空间,单位时间内固体原料的入炉量增加,炉料预热和还原消耗了更多热量,高炉上部温度水平降低。

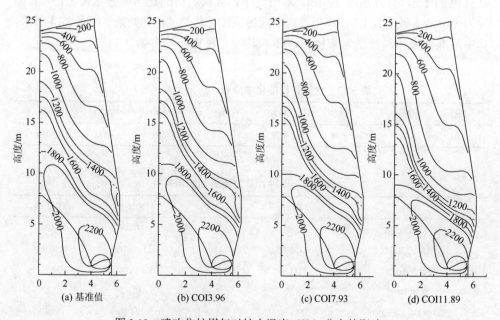

图 3.19　喷吹焦炉煤气对炉内温度（℃）分布的影响

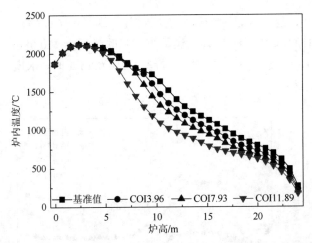

图 3.20　喷吹焦炉煤气对高炉沿高度方向平均温度分布的影响

图 3.21 是喷吹焦炉煤气对炉内 H_2 浓度分布的影响。随着焦炉煤气喷吹量的增加，整个炉内 H_2 的浓度显著增加。这是由于焦炉煤气中含有大量的 H_2、CH_4 以及其他烃类物质，这些物质分解会产生 H_2。

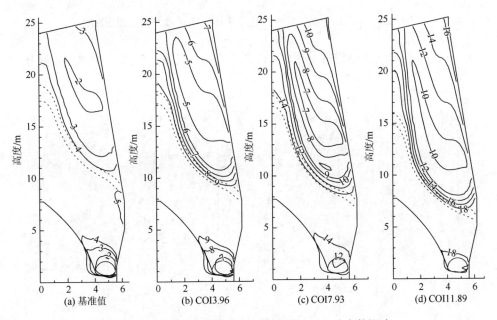

图 3.21　喷吹焦炉煤气对炉内 H_2 浓度（%）分布的影响

图 3.22 是喷吹焦炉煤气对高炉沿高度方向 H_2 浓度（摩尔分数）平均分布的影响。当焦炉煤气喷吹量达到一定程度后，高炉下部区域 H_2 浓度较高，向上流动的过程中，由于间接还原反应的消耗，H_2 浓度逐渐降低，但是到了炉身上部 H_2

浓度又有所增加，这主要是因为炉身上部水分与煤气中 CO 发生了水煤气转换反应，一部分的 H_2O 又转变成 H_2。当焦炉煤气喷吹量低于 110.08m³/t 时，水煤气转变反应生成的 H_2 浓度增幅不大；喷吹量超过 110.08m³/t 时，水煤气转变反应生成的 H_2 浓度增幅较大。

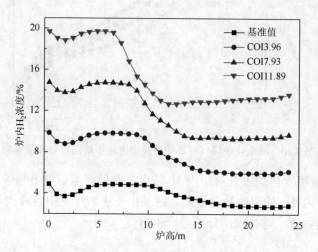

图 3.22　喷吹焦炉煤气对高炉沿高度方向 H_2 浓度平均分布的影响

图 3.23 是喷吹焦炉煤气对炉内 CO 浓度分布的影响。随着焦炉煤气喷吹量的

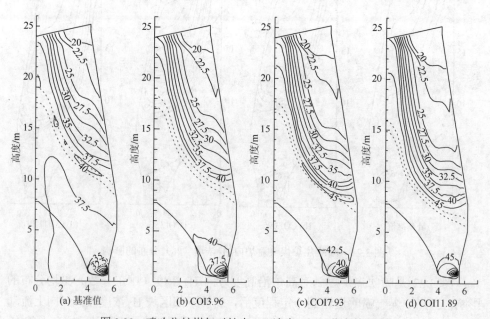

图 3.23　喷吹焦炉煤气对炉内 CO 浓度（%）分布的影响

增加,回旋区内 CO 浓度大幅增加,这是因为高炉喷吹焦炉煤气后,富氧量增加,回旋区 C 的剧烈燃烧提高了该区域 CO 的浓度。高炉喷吹焦炉煤气后,炉料下降速度加快,高炉上部更多的 CO 参与了炉料的间接还原,造成该区域 CO 浓度降低,炉墙处最明显。

图 3.24 是喷吹焦炉煤气对 H_2 还原 FeO 反应速率的影响。随着焦炉煤气喷吹量的增加,H_2 还原 FeO 反应速率加快,主要原因是富氢后炉内 H_2 浓度增大,加速了 FeO 的还原。

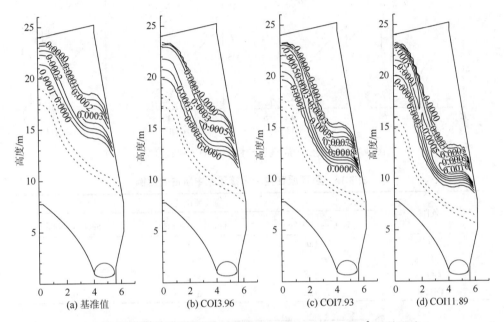

图 3.24　喷吹焦炉煤气对 H_2 还原 FeO 反应速率 $[mol/(m^3 \cdot s)]$ 的影响

图 3.25 是喷吹焦炉煤气后含铁炉料的还原程度分布图。随着焦炉煤气喷吹量的增加,炉内还原气氛加强,含铁炉料还原速度加快。基准值操作中,在到达软熔带之前,含铁炉料的还原度达到 75% 左右;COI11.89 操作中,含铁炉料还原度在 90% 以上,局部区域接近 99%。

表 3.15 和图 3.26 给出了含铁炉料还原度随着焦炉煤气喷吹量增加的原因。随着焦炉煤气喷吹量的增加,氢对磁铁矿与浮氏体的还原比例明显增加,基于 H_2 的还原速度高于 CO,这进一步提高了含铁炉料的还原速度,使其在熔化前达到了更高的还原度。

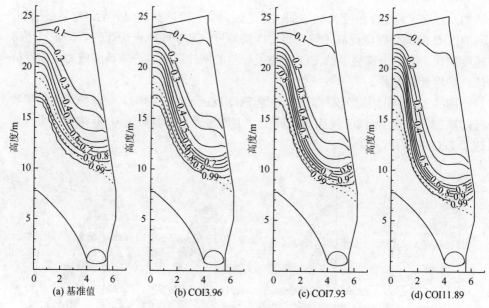

图 3.25　喷吹焦炉煤气后含铁炉料的还原程度分布图

表 3.15　氢还原在整个间接还原中所占的比例

条件	氢还原比例/%		
	$Fe_2O_3 \longrightarrow Fe_3O_4$	$Fe_3O_4 \longrightarrow FeO$	$FeO \longrightarrow Fe$
基准值	1.0	23.0	47.6
COI3.96	2.5	39.2	60.3
COI7.93	4.5	51.2	66.6
COI11.89	7.3	60.8	70.7

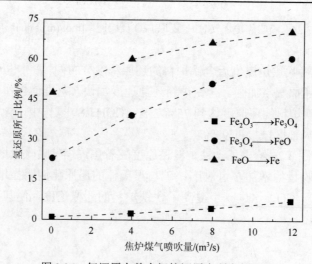

图 3.26　氢还原在整个间接还原中所占的比例

4. 喷吹焦炉煤气对操作指标的影响

随着焦炉煤气喷吹量的增加，高炉主要操作指标的变化如表 3.16 所示。图 3.27 是喷吹焦炉煤气对矿焦比的影响。与未喷吹焦炉煤气操作相比，随着焦炉煤气喷吹量的增加，矿焦比增加，当焦炉煤气喷吹量为 11.89m³/s，增幅达 16.48%，主要原因是高炉喷吹焦炉煤气后，炉内还原气氛加强，含铁炉料还原速度加快，有更多的氢参与含铁炉料的间接还原，减少了焦炭的消耗，促使矿焦比增加。

表 3.16　多流体高炉数学模型计算的主要操作指标

条件	Base	COI3.96	COI7.93	COI11.89
矿焦比 (w_O/w_C)	4.49	4.76	4.98	5.23
固体炉料流量/(kg/s)	120.11	129.94	138.46	149.14
生铁产量/(t/d)	5336.50	5810.30	6224.40	6743.40
焦比/(kg/t)	354.30	335.70	321.20	306.50
煤比/(kg/t)	145.70	133.80	124.90	115.30
焦炉煤气比/(kg/t)	0.00	22.40	41.70	57.60
固体还原剂的总消耗量/(kg/t)	500.00	469.50	446.10	421.80
全部还原剂的总消耗量/(kg/t)	500.00	491.90	487.80	479.40
压力损失 Δp/atm	0.35	0.31	0.28	0.24
高炉 C 的净排放量/(kg/t)	383.22	357.07	336.92	315.99
CO 的利用率/%	52.38	56.46	60.03	64.03
H_2 的利用率/%	41.30	33.05	28.40	24.63
还原气的利用率/%	51.23	52.41	52.86	53.35

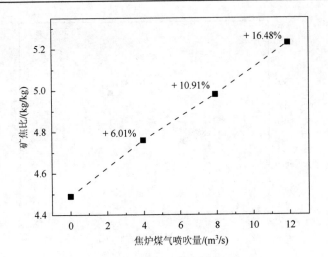

图 3.27　喷吹焦炉煤气对矿焦比的影响

　　图 3.28 是喷吹焦炉煤气对固体炉料流量的影响。与未喷吹焦炉煤气操作相比，随着焦炉煤气喷吹量的增加，固体炉料流量逐渐提高，当喷吹量为 11.89m³/s，增幅达 24.17%。固体炉料流量随焦炉煤气喷吹量增加的原因是富氢条件下回旋区采取了加大富氧操作，C 燃烧加强，这为固体炉料下降提供了更大的空间，促使固体炉料流量增加；此外，富氢后炉内还原气氛的加强以及含铁炉料还原速度的加快也是加速固体炉料下降原因。

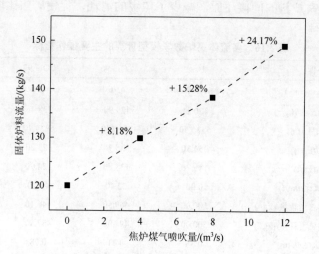

图 3.28　喷吹焦炉煤气对固体炉料流量的影响

　　图 3.29 是喷吹焦炉煤气对生铁产量的影响。与高炉常规操作相比，随着焦炉煤气喷吹量的增加，后三种操作生铁产量分别增加 8.88%、16.64% 和 26.36%，增

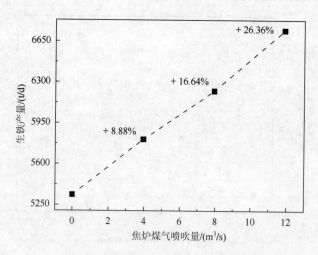

图 3.29　喷吹焦炉煤气对生铁产量的影响

产显著,这主要归因于以下两点:①喷吹焦炉煤气后炉内还原气氛加强,H_2浓度大幅度增加,而且 H_2 还原速度高于 CO,加速了炉料还原,减少了炉料在炉内的停留时间,促进产量增加;②喷吹焦炉煤气后富氧增加,回旋区 C 燃烧加强,这为炉料下降提供了更大的空间,炉料下降速度加快,产量增加。

图 3.30 是喷吹焦炉煤气对还原剂消耗量的影响。随着焦炉煤气喷吹量的增加,煤比、焦比、固体还原剂消耗量以及全部还原剂消耗量均出现了不同程度的下降;与未喷吹焦炉煤气操作相比,当焦炉煤气喷吹量为 11.89m³/s 时,煤比、焦比、固体还原剂消耗量以及全部还原剂消耗量的降幅分别为 20.9%、13.5%、15.6% 和 4.1%。煤比降低的原因是模拟过程中煤粉喷吹量保持不变而生铁产量大幅提高。焦比降低的原因有两个:①焦炉煤气喷吹代替了部分 C 的燃烧;②直接还原、溶解损失、Si 迁移消耗的碳减少。

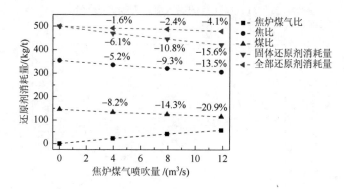

图 3.30   喷吹焦炉煤气对还原剂消耗量的影响

图 3.31 是喷吹焦炉煤气对压力损失的影响。与常规操作相比,随着焦炉煤气喷吹量的增加,压力损失逐渐降低。当焦炉煤气喷吹量达到 11.89m³/s 时,压力损失降低幅度达 31.43%,说明高炉喷吹焦炉煤气后料柱的透气性得到了改善,炉料顺行下降。压力损失降低的原因主要有两点:①由于 H_2 的扩散速度高于 CO,故喷吹焦炉煤气后炉内还原气扩散速度加快;②喷吹焦炉煤气后软熔带变薄,这进一步改善了高炉的透气性。

图 3.32 是喷吹焦炉煤气对高炉 C 素净排放量的影响。随着焦炉煤气喷吹量的增加,高炉 C 素净排放量呈大幅降低趋势。与未喷吹焦炉煤气操作相比,后三种模拟方案中高炉 C 素净排放量降幅分别为 6.83%、12.08% 和 17.54%。高炉 C 素净排放量降低的原因是焦炉煤气中含有大量的 H_2 和 CH_4,喷入高炉后,造成焦比降低,同时更多的 H 参与间接还原,而且还原产物是 H_2O。可见,高炉喷吹焦炉煤气可以大幅度降低高炉 C 排放,是实现低碳高炉的一种有效的方法。

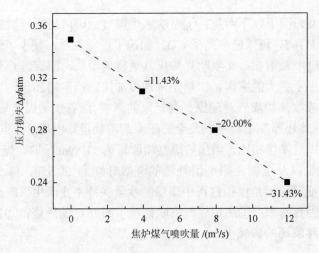

图 3.31　喷吹焦炉煤气对压力损失的影响

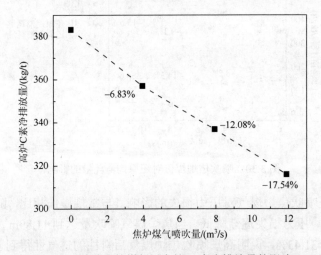

图 3.32　喷吹焦炉煤气对高炉 C 素净排放量的影响

　　图 3.33 是喷吹焦炉煤气对还原气利用率的影响。与未喷吹焦炉煤气操作相比，随着焦炉煤气喷吹量的增加，CO 利用率得到了提高，而 H_2 利用率却降低了，还原气的整体利用率变化不大。这是由于高炉内发生了水煤气置换反应，使得 H_2 促进了 CO 的间接还原，从而提高了 CO 利用率，同时 H_2 利用率降低。

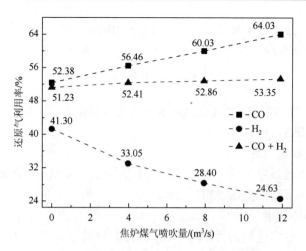

图 3.33　喷吹焦炉煤气对还原气利用率的影响

3.4　高炉㶲分析模型

3.4.1　㶲分析方法

㶲概念及其理论的重要意义，主要不是在于计算物流或能流在某个状态的㶲值，而是用来研究实际过程的㶲变。本研究采用《能量系统㶲分析技术导则》（GB/T 14909—2005）来计算物质的㶲值，其中基准态温度为 25℃，基准态压力为标准大气压。

1. 物理㶲计算

1）热量㶲

系统所传递的热量在给定环境条件下用可逆方式所能做出的最大有用功即为热量㶲。

$$E_q = \int_{T_0}^{T}\left(1 - \frac{T_0}{T}\right)\delta Q \tag{3.29}$$

式中，T_0 是基准态温度，K；T 是体系的温度，K；Q 是过程中传输的热，J。

2）理想气体温度㶲和压力㶲

当气体的温度不同于基准态温度时，由于温度的不平衡所具有的㶲即为温度㶲。1mol 气体的温度㶲为

$$E_{x,T} = \int_{T_0}^{T} c_p \mathrm{d}T - T_0 \int_{T_0}^{T} c_p \frac{\mathrm{d}T}{T} \tag{3.30}$$

式中，T 是气体的温度，K；T_0 是基准态温度，K；c_p 是气体的摩尔定压热容，J/(mol·K)。

当气体的压力不同于环境压力时,由于压力的不平衡所具有的㶲即为压力㶲。1mol 气体的压力㶲为

$$E_{x,p} = RT_0 \ln \frac{p}{p_0} \tag{3.31}$$

式中,R 是摩尔气体常量,8.314J/(mol·K);T_0 是基准态温度,K;p 是气体的压强,Pa;p_0 是环境压强,Pa。

3)水蒸气和水的㶲

水蒸气和水是最常用的一种工质,其㶲焓图已详细地制成图表,只需按给定的压力和温度,采用内插法求得。

4)高温固体的㶲

将固体定压热容近似为常数时,1kg 固体的物理㶲为

$$E_x = c_p(T - T_0) - T_0 c_p \ln \frac{T}{T_0} \tag{3.32}$$

式中,T 是固体的温度,K;T_0 是基准态温度,K;c_p 是固体的质量定压热容,J/(kg·K)。

5)潜热㶲

当物质在发生熔化或汽化等相变时,会存在一定的相变潜热。潜热㶲即为该过程中物质㶲的变化。1kg 物质潜热㶲为

$$E_x = r\left(1 - \frac{T_0}{T}\right) \tag{3.33}$$

式中,T 是物质的温度,K;T_0 是基准态温度,K;r 是物质的质量相变潜热,J/kg。

2. 化学㶲

1)元素和化合物的㶲

一些元素和化合物的化学㶲,可由《能量系统㶲分析技术导则》中已知元素的数据,借助稳定单质生成化合物的㶲反应平衡方程式求得。例如,化合物 $A_aB_bC_c$ 由元素或稳定单质 A、B、C 所生成,单位摩尔化合物的化学㶲(标态):

$$E_{A_aB_bC_c} = n_a(E_A)_n + n_b(E_B)_n + n_c(E_C)_n + (\Delta H_f^\ominus)_{A_aB_bC_c} \tag{3.34}$$

式中,$(\Delta H_f^\ominus)_{A_aB_bC_c}$ 是化合物 $A_aB_bC_c$ 的标准生成自由焓,J/mol;n_a、n_b、n_c 是生成 1mol $A_aB_bC_c$ 时化学反应式的系数;$(E_A)_n$、$(E_B)_n$、$(E_C)_n$ 分别是 A、B、C 的化学㶲,J/mol。

2)混合物的㶲

$$E_{x,ch,m} = \sum \phi_i^m E_{x,ch,i} + RT_0 \sum \phi_i^m \ln \phi_i^m \tag{3.35}$$

式中,ϕ_i^m 是混合物各组分的摩尔成分,%;$E_{x,ch,i}$ 为混合物各组分在 p_0、T_0 下的化学㶲,J/mol;T_0 是基准态温度,K;R 是摩尔气体常量,8.314J/(mol·K)。

3）燃料的㶲

气体燃料㶲：

$$E_{x,f} = 0.95Q_H \tag{3.36}$$

液体燃料㶲：

$$E_{x,f} = 0.975Q_H \tag{3.37}$$

固体燃料㶲：

$$E_{x,f} = Q_L + rW \tag{3.38}$$

式中，Q_H 是燃料的标准高热值，J/kg；Q_L 是燃料的低发热值，J/kg；r 是水的汽化潜热，2.438×10^6J/kg；W 是燃料中水分的质量分数，%。

3. 㶲损失

将系统内能量传递与转换过程中由不可逆性引起的㶲消耗称为内部㶲损失，以 $E_{xL,in}$ 表示。由于能量系统与环境之间的相互作用（如排气、排烟、排放废弃物等），一部分㶲散失到环境中，这部分㶲的散失称为外部㶲损失，以 $E_{xL,out}$ 表示。一般来说，在一个能量系统中都会存在多种内部㶲损失和外部㶲损失，总㶲损 E_{xL} 为

$$E_{xL} = \sum E_{xL,in,i} + \sum E_{xL,out,i} \tag{3.39}$$

燃料通过氧化反应释放出化学能，是一种典型的不可逆过程，将产生熵变，使燃烧产物的㶲值低于燃烧前燃料和参与燃烧的空气的㶲值，从而引起㶲的损失，称为绝热燃烧过程㶲损失。在燃料及空气均未预热情况下，绝热燃烧过程㶲损失为

$$E_{xL} = T_0 \Delta S + Q_L \frac{T_0}{T_{ad} - T_0} \ln \frac{T_{ad}}{T_0} \tag{3.40}$$

式中，T_0 是基准态温度，K；ΔS 是反应熵，J/K；Q_L 是燃料的低发热量，J/kg；T_{ad} 是绝热燃烧温度，K。

物质实际的加热或冷却过程，是在有限温差下进行的传热过程。有温差的传热是不可逆过程，即使没有热量损失，也必然会产生㶲损失。传热造成的㶲损失为

$$dE_{xL} = T_0 dQ \frac{T_H - T_L}{T_H T_L} \tag{3.41}$$

式中，T_0 是基准态温度，K；T_H、T_L 分别是高温、低温物体的温度，K；Q 是高低温物体间的传热量，J。

此外，还有化学反应㶲损失和绝热混合过程㶲损失。由于化学反应的不可逆性引起的㶲损失是反应所固有的，称为化学反应过程㶲损失。当纯物质与其他物

质混合成为均匀的混合物时，虽然不发生化学反应，无焓的增减，但会发生㶲的损失称为绝热混合过程㶲损失。

4. 㶲平衡

能量守恒是一个普遍的定律，能量的收支应保持平衡。但是，㶲只是能量中的可用能部分，它的收支一般是不平衡的，在实际的转换过程中，一部分可用能将转变为无用能，㶲将减少。这并不违反能量守恒定律，㶲平衡是㶲与㶲损失之和保持平衡。

设穿过系统边界的输入㶲为 $E_{x,in}$，输出㶲为 $E_{x,out}$，内部㶲损失为 $E_{xL,in}$，㶲在系统内部的积存量为 ΔE_x，则它们之间的平衡关系为

$$E_{x,in} = E_{x,out} + E_{xL,in} + \Delta E_x \tag{3.42}$$

输出㶲又分为两部分：一部分是排放到外界的无效㶲，即外部㶲损失 $E_{xL,out}$；另一部分是输出㶲中的有效部分，即有效输出㶲 $E_{x,ef}$。对于稳定流动系统，内部㶲的积累量为零。此时，㶲平衡关系又可以写成：

$$E_{x,in} = E_{x,ef} + E_{xL,out} + E_{xL,in} \tag{3.43}$$

5. 㶲评价

1）热力学完善度

用能过程的特性主要表现为过程的不可逆性。过程中输出的㶲与输入的㶲之比称为过程的热力学完善度，也称普遍㶲效率。过程的㶲损失越小，它的不可逆性也越小，表明该过程的普遍㶲效率越高。

$$\varepsilon = \frac{E_{x,out}}{E_{x,in}} = 1 - \frac{E_{xL,in}}{E_{x,in}} \tag{3.44}$$

2）㶲效率

系统中有效输出㶲与支付㶲之比称为该系统的㶲效率。

$$\eta_e = \frac{E_{x,ef}}{E_{x,in}} \tag{3.45}$$

3）㶲损系数

系统内某环节的㶲损失与支出㶲之比，称为此环节的㶲损系数 (λ_i)，它能揭示过程中㶲损失的部位和程度，与㶲效率相辅相成。由于㶲损失有内部㶲损和外部㶲损之分，㶲损系数也相应地有内部㶲损系数 $\lambda_{in,i}$ 和外部㶲损系数 $\lambda_{out,i}$。

$$\lambda_i = \frac{E_{xL,i}}{E_{x,in}} = \frac{E_{xL,in,i}}{E_{x,in}} + \frac{E_{xL,out,i}}{E_{x,in}} \tag{3.46}$$

3.4.2　㶲分析模型

根据㶲计算准则、㶲计算公式、㶲平衡公式以及㶲分析的评价指标,编制了高炉喷吹焦炉煤气㶲计算分析模型。图 3.34 给出了需要考虑的高炉㶲项及高炉㶲平衡。

为了便于计算,利用 VB 程序编制了高炉㶲分析计算软件,该模型为黑箱模型,即只考虑了高炉的㶲输入项和㶲输出项,没有考虑高炉内各个环节具体的㶲变化。模型的输入㶲项包括含铁炉料化学㶲、焦炭化学㶲、煤粉化学㶲、热风物理㶲和化学㶲、焦炉煤气物理㶲和化学㶲,输出㶲项包括铁水物理㶲和化学㶲、炉渣物理㶲和化学㶲、炉顶煤气物理㶲和化学㶲、水蒸气物理㶲和化学㶲、冷却水物理㶲、炉体散热㶲、热风围管散热㶲、传热㶲损失以及内部㶲损失。

图 3.34 是含铁炉料㶲计算模型。富氢计算过程中,含铁炉料常温入炉(25℃),故㶲计算仅考虑含铁炉料的化学㶲。

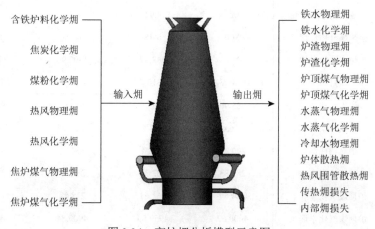

图 3.34　高炉㶲分析模型示意图

3.4.3　喷吹焦炉煤气高炉㶲平衡及㶲评价

1. 喷吹焦炉煤气高炉㶲平衡

焦炉煤气喷吹量分别为 $0m^3/s$、$3.96m^3/s$、$7.93m^3/s$、$11.89m^3/s$ 四种操作时的高炉㶲平衡计算结果列于表 3.17。图 3.35 是喷吹焦炉煤气对高炉㶲输入的影响。由图中基准值操作方案可知,常规高炉的㶲来源主要包括含铁炉料化学㶲、焦炭化学㶲、煤粉化学㶲以及热风物理㶲。喷吹焦炉煤气以后,焦炉煤气的化学㶲也成为高炉主要㶲来源之一。由图中各喷吹方案的变化趋势可知，与未喷吹焦炉煤气操作相比，喷吹焦炉煤气后，焦炭化学㶲、煤粉化学㶲以及热风物理㶲均大幅度降低，焦炉煤气化学㶲大幅增加，而且增加的幅度低于前三者降低幅度之和，这主要归因于以下几个方面：①随着焦炉煤气喷吹量的增加，焦比降低，进而造成焦炭化学㶲大幅度降低；②随着焦炉煤气喷吹量的增加，煤粉喷吹量保持不变，而生铁产量增加，进而造成煤比降低，煤粉化学㶲也大幅度降低；③随着焦炉煤气喷吹量的增加，鼓风流量降低，热风物理㶲也降低。

表 3.17　高炉的㶲平衡（MJ/t）

条件		基准值	COI3.96	COI7.93	COI11.89
输入	含铁炉料化学㶲	309.57	310.77	311.58	312.28
	焦炭化学㶲	10215.21	9678.94	9260.87	8837.04
	煤粉化学㶲	4648.88	4269.19	3985.21	3678.90
	热风物理㶲	1262.69	1072.12	890.91	733.85
	热风化学㶲	4.27	4.93	6.43	8.99
	焦炉煤气物理㶲	0.00	6.46	11.93	16.52
	焦炉煤气化学㶲	0.00	968.37	1807.96	2503.57
	总计	16440.62	16310.78	16274.89	16091.15
输出	铁水物理㶲	965.90	963.70	961.88	964.53
	铁水化学㶲	7956.42	7937.77	7923.68	7907.54
	炉渣物理㶲	360.30	362.58	364.79	371.32
	炉渣化学㶲	281.83	282.34	280.45	282.82
	炉顶煤气物理㶲	324.59	261.61	218.82	181.41
	炉顶煤气化学㶲	4600.67	4759.83	4905.84	4967.52
	水蒸气物理㶲	7.21	8.72	9.26	8.87
	水蒸气化学㶲	13.08	18.19	21.33	22.60
	冷却水物理㶲	2.41	2.09	1.85	1.53
	炉体散热㶲	7.86	6.81	6.02	4.97
	热风围管散热㶲	84.76	72.33	60.45	50.15
	传热㶲损失	228.75	198.25	175.37	144.87
	内部㶲损失	1606.84	1436.56	1345.15	1183.02
	总计	16440.62	16310.78	16274.89	16091.15

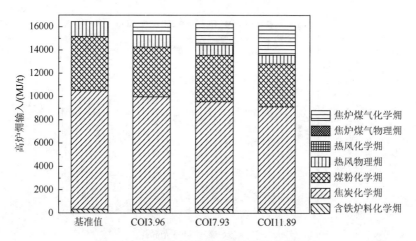

图 3.35 喷吹焦炉煤气对高炉㶲输入的影响

图 3.36 是喷吹焦炉煤气对高炉㶲输出的影响。高炉的㶲输出主要包括铁水㶲（物理㶲和化学㶲）、炉顶煤气化学㶲以及内部㶲损失。与未喷吹焦炉煤气操作相比，随着焦炉煤气喷吹量的增加，㶲输出的变化主要体现在以下几个方面：①铁水物理㶲相对稳定，变化不大，而铁水化学㶲逐渐降低，这归因于铁水中 Si 含量的降低。②炉渣物理㶲和化学㶲变化不大，这是因为随着焦炉煤气喷吹量的增加，炉渣的化学成分和吨铁渣量变化不大。③炉顶煤气物理㶲降低，这归因于吨铁炉顶煤气流量以及炉顶煤气温度的降低；炉顶煤气化学㶲增加，与未喷吹焦炉煤气操作相比，当焦炉煤气喷吹量为 $11.89m^3/s$ 时，增加了 366.85MJ/t。图 3.37 是喷吹焦炉煤气对吨铁炉顶煤气成分的影响，随着焦炉煤气喷吹量的增加，炉顶煤气中 H_2 含量大幅增加，CO 含量降低，但是 H_2 含量增加的幅度高于 CO 降低

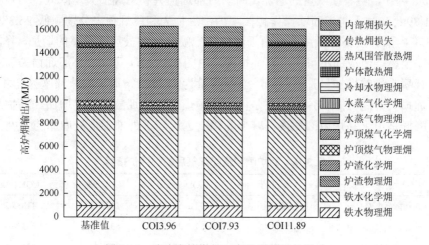

图 3.36 喷吹焦炉煤气对高炉㶲输出的影响

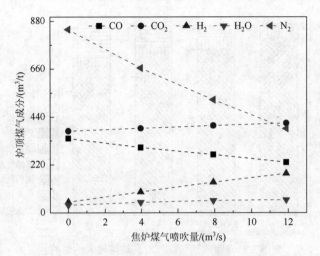

图 3.37 喷吹焦炉煤气对吨铁炉顶煤气成分的影响

的幅度，故炉顶煤气化学㶲增加。④由于炉墙处的温度随焦炉煤气喷吹量的增加而降低，冷却水物理㶲、炉体散热㶲以及热风围管散热㶲均降低。⑤高炉内部因不可逆反应和传热而损失的㶲显著减少，这归因于焦炉煤气的大量喷吹以及高富氧操作降低了由不完全燃烧造成的不可逆过程㶲损失。

2. 喷吹焦炉煤气高炉㶲评价

为了便于比较 4 种操作下的高炉㶲利用效率，利用高炉㶲分析数学模型，以铁水㶲为目的㶲进行计算，得到焦炉煤气喷吹对高炉㶲评价指标的影响，计算结果列于表 3.18。图 3.38 是喷吹焦炉煤气对高炉㶲损失的影响。由图 3.38（a）和（c）可知，随着喷吹量的增加，高炉内部㶲损失和总㶲损失均降低，当喷吹量为 $11.89m^3/s$ 时，与未喷吹操作相比，内部㶲损失和总㶲损失分别降低 26.38% 和 3.98%；内部㶲损失降低主要是由于焦炉煤气喷吹量和鼓风富氧率的增加，降低了由不完全燃烧造成的不可逆过程㶲损失。由图 3.38（b）可知，外部㶲损失随着焦炉煤气喷吹量的增加呈升高趋势，当喷吹量为 $11.89m^3/s$ 时，与未喷吹操作相比，外部㶲损失升高 2.11%，这主要是由于炉顶煤气化学㶲的大幅度增加。高炉总㶲损失降低是由于高炉内部㶲损失减少的幅度远远高于外部㶲损失增加的幅度。

表 3.18 高炉喷吹焦炉煤气后的㶲评价指标

条件	基准值	COI3.96	COI7.93	COI11.89
内部㶲损失/(MJ/t)	1606.84	1436.56	1345.15	1183.02
外部㶲损失/(MJ/t)	5911.46	5972.75	6044.18	6036.06
总㶲损失/(MJ/t)	7518.30	7409.31	7389.33	7219.08

续表

条件	基准值	COI3.96	COI7.93	COI11.89
吨铁支付㶲/(MJ/t)	16131.05	16000.01	15963.31	15778.87
吨铁收益㶲/(MJ/t)	8612.75	8590.70	8573.98	8559.79
热力学完善度/%	90.23	91.19	91.73	92.65
㶲效率/%	53.39	53.69	53.71	54.25
内部㶲损失率/%	21.37	19.39	18.20	16.39
外部㶲损失率/%	78.63	80.61	81.80	83.61
内部㶲损失系数/%	9.96	8.98	8.43	7.50
外部㶲损失系数/%	36.65	37.33	37.86	38.25

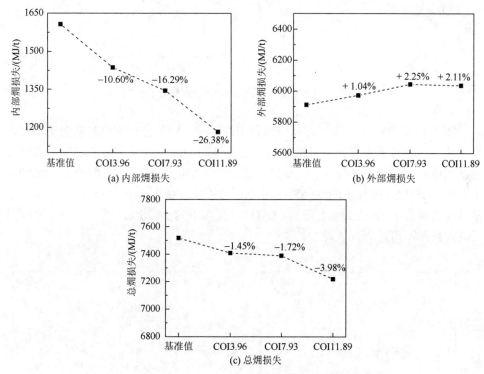

图 3.38　喷吹焦炉煤气对高炉㶲损失的影响

图 3.39 是喷吹焦炉煤气对高炉㶲损失分布的影响。随着焦炉煤气喷吹量的增加，㶲损失中的内部㶲损失率逐渐降低，外部㶲损失率逐渐升高，因此，喷吹焦炉煤气对于减少高炉内部㶲损失更为明显。从内部和外部㶲损失系数也可以得出同样的结果。

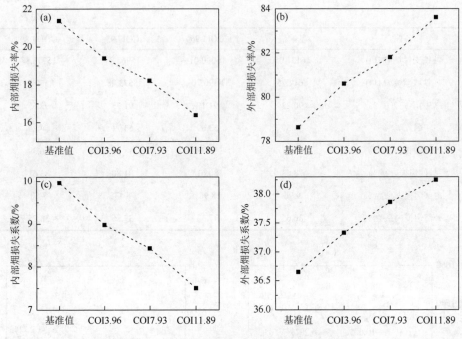

图 3.39　喷吹焦炉煤气对高炉㶲损失分布的影响

　　图 3.40 是喷吹焦炉煤气对高炉㶲利用的影响。随着焦炉煤气喷吹量的增加，高炉热力学完善度呈现出上升的趋势，主要是因为高炉内部不可逆㶲损失减少，能量利用的质量得到了提高，使得高炉热力学完善度增加，由未喷吹时的 90.23% 上升到 COI11.89 操作下的 92.65%，上升了 2.42%。由图 3.39（b）可知，㶲效率从基准值操作下的 53.39% 上升到 COI11.89 操作下的 54.25%，㶲效率上升的原因是高炉内部不可逆㶲损失减少。

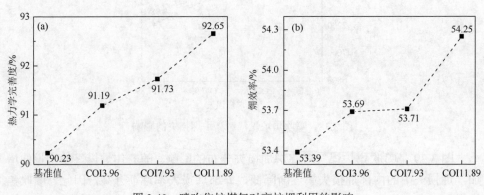

图 3.40　喷吹焦炉煤气对高炉㶲利用的影响

3.5　小　　结

本章建立了高炉喷吹焦炉煤气风口回旋区数学模型，并定量地阐述喷吹不同量焦炉煤气对高炉风口回旋区的影响机理，结果表明，保持高炉原有条件不变，焦炉煤气通过风口直接喷入高炉后，回旋区温度降低，炉腹煤气流量增加；为了保持良好的炉缸热状态和维持稳定的风口回旋区条件，可通过降低鼓风流量和加大富氧措施对回旋区进行热补偿；热补偿后，每增加 $1m^3/s$ 的焦炉煤气喷吹量，鼓风流量约降低 $94.95m^3/min$，富氧率增加 1.36%。

应用多流体高炉数学模型对高炉喷吹焦炉煤气低碳炼铁新技术进行了数学模拟研究与评价，结果表明，热补偿后，高炉上部温度水平降低，还原气浓度增加，CO 利用率升高，H_2 利用率降低，H_2 在间接还原中所占的比例逐渐增加，炉料还原速度加快；软熔带位置下降、厚度变薄以及压力损失大幅降低，高炉透气性得到改善；当焦炉煤气喷吹 $11.89m^3/s$ 时，生铁产量增幅 26.36%，利用系数大幅提高；焦比、全部还原剂消耗量以及高炉 C 素净排放量降幅分别为 13.5%、4.1% 以及 17.5%。

建立高炉喷吹焦炉煤气操作的㶲模型，并进行㶲评价，结果表明，热补偿后，高炉内部㶲损失呈降低趋势，外部㶲损失呈增加趋势，总㶲损失呈降低趋势；与未喷吹焦炉煤气操作相比，当焦炉煤气喷吹 $11.89m^3/s$ 时，高炉的热力学完善度上升了 2.42%，㶲效率提升了 0.86%，炉顶煤气的化学㶲增加了 $366.85MJ/t$。

针对喷吹焦炉煤气后高炉上部温度水平降低的问题，可考虑炉料热装操作和炉身循环喷吹预热炉顶煤气操作；针对炉顶煤气化学㶲增加和 H_2 利用率低的问题，应加强炉顶煤气的回收利用，可考虑炉顶煤气循环喷吹操作。

参 考 文 献

[1]　World steel association. World steel in figures 2013[R]. 2013, 1-11.

[2]　Ariyama T, Sato M. Optimization of ironmaking process for reducing CO_2 emission in the integrated steel works [J]. ISIJ International, 2006, 46（12）: 1736-1744.

[3]　徐匡迪. 低碳经济与钢铁工业[J]. 钢铁, 2010, 45（3）: 1-12.

[4]　朱苗勇. 现代冶金工艺学（钢铁冶金卷）[M]. 北京: 冶金工业出版社, 2011.

[5]　Chu M S, Yagi J, Shen F M. Modelling on Blast Furnace Process and Innovative Ironmaking Technologies[M]. Shenyang: Northeastern University Press, 2006.

[6]　毕学工. 高炉过程数学模型及计算机控制[M]. 北京: 冶金工业出版社, 1996.

[7]　Omori Y. Blast Furnace Phenomena and Modeling[M]. London: Elsevier Applied Science, 1987.

[8]　Yagi J. Mathematical modeling of the flow of four fluids in a packed bed[J]. ISIJ International, 1993, 33（6）: 619-639.

[9]　Austin P R, Nogami H, Yagi J. A mathematical model for blast furnace reaction analysis based on the four fluid model[J]. ISIJ International, 1997, 37（8）: 748-755.

[10]　Castro J A，Nogami H，Yagi J. Transient mathematical model of blast furnace based on multi-fluid concept，with application to high PCI operation[J]. ISIJ International，2000，40（7）：637-646.

[11]　Pintowantoro S，Nogami H，Yagi J. Numerical analysis of static hold up of fine particles in blast furnace[J]. ISIJ International，2004，42（2）：304-309.

[12]　Chu M S. Study on super high efficiency operations of blast furnace based on multi-fluid model[D]. Sendai：Tohoku University，2004.

[13]　Chu M S，Nogami H，Yagi J. Numerical analysis on injection of hydrogen bearing materials into blast furnace[J]. ISIJ International，2004，44（3）：801-808.

[14]　Chu M S，Nogami H，Yagi J. Numerical analysis on charging carbon composite agglomerates into blast furnace[J]. ISIJ International，2004，44（5）：510-517.

[15]　Chu M S，Nogami H，Yagi J. Numerical analysis on blast furnace performance under operation with top gas recycling and carbon composite agglomerates charging[J]. ISIJ International，2004，44（12）：2159-2167.

[16]　Yagi J. Mathematical model of blast furnace progress and application to new technology development[A]. 6th International Congress on the Science and Technology of Ironmaking-ICSTI[C]. Rio de Janeiro，RJ Brazil，2012，1660-1674.

[17]　Dong X F，Yu A B，Yagi J，et al. Modelling of multiphase in a blast furnace: Recent development and future work[J]. ISIJ International，2007，47（11）：1553-1570.

[18]　Zuo Z Y，Zhu H P，Yu A B，et al. Numerical investigation of the Transient multiphase flow in an ironmaking blast furnace[J]. ISIJ International，2010，50（4）：515-523.

[19]　羽田野道春，福田充一郎，竹内正幸. レースウェイ形成に関する冷間模型実験[J]. 鉄と鋼，1976，62（1）：25-32.

[20]　张立国，刘德军，张磊，等. 高炉风口直径和风口焦炭粒度对高炉影响规律的研究[J]. 鞍钢技术，2006，（1）：7-10.

[21]　Castro J A，Nogami H，Yagi J. Three dimensional multiphase mathematical modeling of the blast furnace based on multifluid model[J]. ISIJ International，2002，42（1）：44-52.

[22]　Patankar S. Numerical Heat Transfer and Fluid Flow[M]. New York：McGRAW-Hill，1980，41-74.

[23]　储满生，郭宪臻，沈峰满，等. 高炉数学模型的进展[J]. 中国冶金，2007，17（4）：10-14.

第4章 钢液的真空精炼

近几十年来，随着航天航空、石油、汽车、电力电子以及国防工业等现代工业的不断发展，市场对钢材化学成分的控制范围不仅要求其越来越窄，而且对超纯净钢（超低碳、超低氮、超低氢、超低硫）的需求量也不断扩大。超纯净钢开发已成为衡量一个国家钢铁生产水平的重要标准之一。这就要求钢铁企业在尽可能降低钢中杂质的同时，提高劳动生产率以降低生产成本，而炉外精炼使得超纯净钢的大规模、低成本生产成为可能[1-3]。

自20世纪60年代，传统的炼钢方法发生了根本性的变化。在炼钢过程中，除将原材料熔化为液态外，还需要完成脱碳、脱氧、脱硫、脱气、去除夹杂、调整温度和成分等任务。完成每项任务需具备相应的冶金热力学和动力学条件，但这些条件并不相同，甚至互相矛盾。与此同时，把多项冶金任务分配到不同设备中进行成为一种新的趋势。即由单一设备初炼及精炼的一步炼钢法，发展为由传统炼钢设备初炼，然后在炉外精炼的二步炼钢法。所谓炉外精炼，就是将去除杂质（气体、夹杂、有害元素），调整钢水成分和温度等常规炼钢炉中需要完成的精炼任务，部分或者全部转移到钢包或其他容器中进行。因此，炉外精炼也称二次精炼。这样，既可以保留常规炼钢设备的某些优势，如高功率电炉熔化废钢的优势及氧气转炉脱碳的优势等，又可以拓宽初炼炉原材料的使用范围，从而达到提高初炼炉效率、降低生产成本的目标[4, 5]。

炉外精炼在整个流程中具有重要地位，一方面通过炉外精炼可以提高钢的纯净度，进行微合金化，均匀化钢液成分和温度；另一方面，连铸机要求炼钢设备能够按时按量提供满足成分和温度要求的钢水，而炉外精炼作为一个缓冲环节，可以实现连铸机的连续运行，从而改善炼钢设备和连铸机的配合，实现钢厂连铸比的提高[6, 7]。炉外精炼技术的主要特点如下[4]：

（1）改善了冶金反应热力学条件。对于反应产物为气体的脱碳、脱气反应，通过降低气相压力，提高真空度，可促进反应进行。

（2）多数炉外精炼设备均采用不同搅拌方式强化熔池搅拌，加速混匀，提高熔池传质速率和化学反应速率。

（3）各种炉外精炼设备均采用各种搅拌或喷粉工艺，通过钢渣乳化、颗粒气泡上浮、碰撞、聚合，增加渣-金反应面积，提高反应速率。

（4）多数炉外精炼设备配备了不同的加热功能，可以精确控制反应温度，并通过在线检测设施，对精炼过程实现计算机智能化控制以保证终点命中率和控制精度，提高产品质量的稳定性。

炉外精炼技术发展至今，为了满足不同用户对钢产品的需求，已经出现四十余种炉外精炼方法，这些精炼方式都是渣洗、真空处理、搅拌、加热和喷吹五种基本手段的不同组合[1,4]。当前发达国家的大型钢铁联合企业均配有炉外精炼装置。日本在 20 世纪 70 年代为了降低炼钢成本，提高钢的纯净度，率先将炉外精炼技术应用于特殊钢生产中，随后西欧的钢铁企业也加入到使用这项技术的行列中。早在 1985 年日本的炉外精炼比已达到 65.9%，1989 年上升到 73.4%，特殊钢的炉外精炼比达到 94%。到 1990 年为止世界各主要工业国家拥有 1000 多台（套）炉外精炼设备。而在近 20 年，日本、欧美等先进钢铁生产国家或地区的炉外精炼比已经达到 90% 以上，其中真空精炼比超过 50%，并且某些钢厂已达到 100%。我国早在 20 世纪 50 年代末就在炼钢生产中采用钢包静态脱气等初步精炼技术，但并没有精炼装备。国内一些特钢企业（大冶、武钢等）在 60 年代中期至 70 年代引进了一批真空精炼设备。80 年代我国自行研制开发的炉外精炼设备也逐渐投入使用。截至 2000 年，我国炉外精炼的处理能力已达全国钢产量的 20% 左右。进入 21 世纪以来，为了满足市场上对洁净钢产品日益增长的需求，国内各钢铁企业普遍重视炉外精炼工艺，并努力完善炉外精炼设施。现在以炉外精炼技术为核心的"初炼（电炉或转炉）→精炼→连铸的三位一体"短流程工艺已广泛应用于国内各钢铁企业。

4.1　钢液真空精炼技术的发展历史

为适应多种精炼的需求，真空精炼已发展出具有不同冶金功能的多种类型[8,9]。通过真空精炼可大幅度提高钢的纯净度，改善钢种质量。特别是在生产超低碳深冲钢等钢种过程中，真空精炼工序更是必不可少。目前，国内外大型钢铁企业均配有真空精炼设施，真空精炼工艺日趋成熟[10]。

RH 循环脱气是一种常见的钢液真空精炼处理工艺。1957 年，德国 Ruhrstahl 公司和 Heraeus 公司共同开发了 RH 真空精炼技术，并在 1959 年正式投入工业生产。RH 精炼设备主体是一个真空槽，通常称为真空室，真空室下部有上升管和下降管，插入钢包钢液中，通过在真空室内抽真空，并在上升管中通入气体，上升管中与气体混合的钢液在气泡浮力作用下向上流动进入真空室，在真空室内进行脱碳和脱气反应，然后钢液在重力作用下沿下降管流回大包，经过多次连续循环，实现精炼钢液的目的。作为一种重要的炉外精炼方法，RH 具有处理周期短、生产能力大、精炼效果好、易操作等优点，在炼钢生产中得到了广泛应用[4,5]。

吹氩精炼装置内气液两相流动行为非常复杂，如在 RH 精炼装置内，氩气由位于上升管侧壁的喷嘴进入 RH 装置浸渍管，侧吹气体能够进入钢液一段距离，然后气体水平速度逐渐衰减，气泡以上浮为主，钢液在上浮气泡的作用下向上运动，从而实现循环流动。如何通过数值模拟方法描述侧吹气体行为是较为困难的。如图 4.1 所示，为描述侧吹气体行为，特别是非稳态力对气体行为的影响，首先对水平侧吹气体行为进行研究，并应用水平侧吹气体行为公式来建立气液两相流动的数学模型，应用该模型研究 RH 装置及精炼钢包内的钢液流场，并且在该模型基础上，结合示踪剂传输方程，建立示踪剂浓度扩散模型，研究 RH 装置及精炼钢包内的钢液混合行为，并对双底吹精炼钢包进行优化。

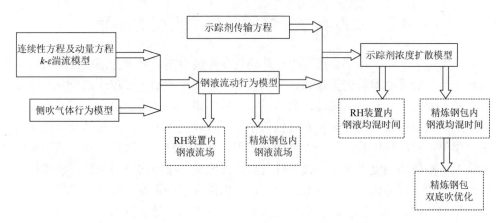

图 4.1　RH 及 VD 精炼装置内钢液流场及混合模型示意框图

40 多年来，RH 精炼装备由单一的脱气设备发展成包括真空脱气、脱碳、吹氧脱碳、喷粉脱硫、温度补偿、均匀温度和成分等多种功能的炉外精炼设备，而且在生产超低碳钢方面表现出显著的优越性，成为现代化钢厂中重要的炉外精炼装置之一。

RH 吹氧技术的发展经历了 RH-O、RH-OB、RH-KTB、RH-MFB 等阶段[11]。目前，RH 技术已在欧美以及日本等发达国家和地区得到普遍推广，新日铁大分厂、川崎水岛厂已全部实现了 RH 真空精炼，截止到 2001 年，全世界已有 165 台 RH 设备投入生产。我国自 20 世纪 80 年代末加快引进 RH 技术的步伐，目前国内各大钢厂如宝钢、武钢、鞍钢、莱钢、唐钢等均引进了 RH 技术。随着钢材纯净度的日益提高，要求真空处理的钢种逐渐增多，RH 真空精炼技术将得到进一步发展[12, 13]。

除 RH 真空精炼工艺外，真空（钢包）脱气（vacuum degasser，VD）法也是一种重要的真空精炼工艺。在高真空度作用下，二者均具有良好的脱气、脱碳功能。

但二者结构和操作工艺有所不同，且真空脱气特征、性能、生产成本和投资也不同。

此外，北京科技大学提出了单浸渍管真空精炼装置[14-16]，将 RH 原有的真空室改造为一个内径扩大的浸渍管，依靠钢包底部透气元件的偏心吹氩驱动钢液的循环流动。此项技术已在太钢 80t 单嘴精炼炉、武钢 250t 单嘴精炼炉进行工业化生产试验，可用于冶炼超低碳钢、IF 钢、轴承钢、不锈钢等[17]钢种。在日本，新日铁公司八幡制铁厂将原 180t RH 精炼装置[18]改造成单浸渍管精炼炉，生产实践表明，单浸渍管精炼装置的脱碳能力优于相同吨位 RH 脱碳能力，经过 15~20min 处理可以使钢液中碳含量从 0.2% 降到 10×10^{-6}，甚至降低到 4×10^{-6} 而没有任何停滞[17, 19]。

4.2 钢液真空精炼流场数学模型的演变

在实际生产中，由于直接对生产现场进行在线观测研究十分困难，多数冶金过程中所需的重要参数仍无法通过在线获得，因此预测冶金过程中的重要参数具有非常重要的实际意义。目前，数值模拟已成为研究冶金传输过程、开发新工艺和新产品的最重要手段之一。数值模拟是基于计算流体力学、传热学及冶金反应工程学等学科，应用数值方法求解微分方程，从而获得工艺过程中各参数的变化规律及各参数间的定量关系，具有耗费少、速度快、给出的资料完整、能模拟真实或理想的条件等优点。通过数值模拟，可以提高对冶金反应过程基本现象、反应机理的认识，为工艺设计及优化提供参考，并可以通过获得的过程中参数的变化规律实现对工艺过程的自动控制。由于真空精炼装置内的钢液流动及混合行为对脱碳、脱气及脱氧夹杂物去除的动力学过程有很大影响，本章重点介绍 RH 及 VD 真空精炼装置内钢液流动及混合行为。

RH 精炼装置内的流动是在抽真空的条件下，钢液在气泡浮力作用下向上流动，经过真空室、下降管和钢包实现循环流动。RH 精炼装置内的气液两相区（上升管和真空室的部分区域）流场为典型的多相流。由于 RH 精炼装置的特点，目前尚无有效方法获得实际 RH 精炼装置内真实流体的流态，因而数值模拟成为研究 RH 精炼装置内流场的常用手段。与其他精炼方式如钢包底吹氩相比较，水平侧吹射流的气泡行为和气液两相区流场更加复杂，因而研究者对于 RH 精炼装置内的流场模拟经历了一个由简单到复杂的过程。

在早期，Nakanishi 等[20]及 Shirabe 和 Szekely[21]通过忽略真空室及浸渍管部分，并指定上升管和下降管下端钢液速度作为出口和入口的边界条件，分别计算了 RH 精炼钢包内的二维流场。随后其他研究者[22-24]也采用这种方法计算了 RH 精炼钢包内的三维流场。此方法的缺陷在于没有将真空室、浸渍管和钢包作为一个整体，因而流场的计算结果显示，在钢包内上升管与下降管之间存在短路流。

随后，朱苗勇等[25]利用 Castillejos 和 Brimacombe[26]提出的底吹钢包含气率实验关系式，计算了 RH 装置内气液两相区的含气率分布，从而获得了包括真空室、钢包、上升管和下降管在内的整个 RH 装置内的流场。结果表明，计算的循环流量与水模型实验吻合较好，并且钢包内上升管与下降管之间并不存在短路流。这种采用底吹钢包含气率实验关系式的方法也被其他研究者应用于 RH 精炼装置内的流场计算[27, 28]。该模型虽然可以准确地估算吹入氩气所做浮力功的大小，但根据钢包底吹含气率实验关系式计算所得的含气率分布是事先规定的，缺乏通用性，并且采用底吹模型模拟侧吹情况，与实际情况差别较大。

为了能够使模拟结果更加符合实际，研究者开始进一步研究如何更准确地模拟气液两相区结构。2000 年，Park 等[29]在 Themelis 等[30]提出的基于动量守恒的侧吹气体的运动轨迹及含气率分布模型基础上，提出了一个均相数学模型。该模型通过描述气体侧吹行为，可以给出一个较为合理的含气率分布。

2005 年，Li 和 Tsukihashi[31]应用水平滑移速度将氩气导入 RH 精炼装置，并采用含气率守恒方程计算了 RH 精炼装置内含气率分布和气液两相的流动行为。与利用底吹钢包含气率实验关系式所得结果[25,27,28]相比较，该模型得到的气液两相区结构更加合理。

近期，Miki 和 Thomas[32]采用 VOF（volume of fluid）方法模拟了包括真空室、浸渍管和钢包整个 RH 装置内的流动行为。但该模型缺陷在于无法考虑到气液两相的相对速度，因而同样无法准确描述气液两相区结构。

2006 年，Wei 和 Hu[33]应用相间滑移模型（interphase slip model）计算了 RH 精炼装置内的流场，模拟结果显示上升管中的氩气泡存在"贴壁效应"，即气泡在上升过程中紧贴上升管侧壁，无法到达上升管中心，这是由相间滑移模型无法考虑虚拟质量力的影响造成的。在喷嘴附近区域，气液相对速度变化很大，数值实验表明虚拟质量力不能忽略[32]。如果要描述 RH 精炼装置内上升管喷嘴处气液相对速度剧烈变化这一现象，则需要极细的网格并耗费大量的计算时间，这在目前的计算条件下很难做到。

与 RH 真空精炼工艺相比较，VD 底吹钢包精炼装置内钢液流动及混合行为研究更为广泛，本书不做赘述。

4.3　真空精炼装置内钢液流动及混合数学模型

在 RH 真空精炼过程中，真空室熔池及氩气泡表面是发生脱碳和脱气反应的重要区域[31,33]；而且上升管及真空室内的气液两相区湍流流动剧烈，对脱氧夹杂物的碰撞长大行为也具有较大影响[32]。因此，气液两相区流场及含气率分布不但对脱碳脱气过程影响较大，对夹杂物去除过程也具有明显影响。如前所述，由于存在一个水平侧吹过程，其特点与钢包底吹存在较大区别。因而将钢包底吹含气率分布模型应用于 RH 过程存在一定误差。例如，多数模型可以模拟 RH 装置内的钢液流场，但无法合理描述气液两相区，特别是喷嘴附近的含气率及流场分布[25, 27, 31]。以下部分将介绍一种可以合理描述 RH 装置内流场及气液两相区含气率分布的三维数学模型，在此基础上应用示踪剂浓度扩散模型研究 RH 精炼过程的混合特性。

4.3.1   基本假设

为了描述 RH 装置内气液两相流动行为，在数值模拟中作如下假设[5, 25, 27, 31, 34-40]：

（1）气液两相均为黏性不可压缩牛顿流体，并且两相流动为稳态。

（2）忽略钢包顶渣对流场的影响，认为真空室和钢包内液面水平。

（3）不考虑气泡在上升过程中的变形，假定气泡为球形并且忽略气泡间的聚合及破裂作用。

（4）Iguchi 等实验研究表明气液两相换热仅发生在喷嘴附近[39, 40]，因而假定 RH 装置内气液两相流动为等温绝热过程。

4.3.2   控制方程

Manninen 和 Taivassalo 于 1996 年[41]提出了代数滑移混合模型（algebraic slip mixture model），该模型在近十年来被广泛应用于多相流的数值模拟[42-50]。代数滑移混合模型允许各相具有不同速度场并可以互相穿插，混合相的密度和黏度为各相密度和黏度的体积加权和，在每个单元体积内各相体积分数之和为 1。模型包括混合相的连续方程、动量方程和分散相的体积守恒方程。本质上讲，代数滑移混合模型是一种简化的多相流模型，可较好地模拟气泡流[42-45]、沉降[46, 47, 50]、旋风分离器[48]等多相流现象。

连续方程：

$$\frac{\partial \rho_m}{\partial t} + \nabla \cdot (\rho_m \vec{u}_m) = 0 \tag{4.1}$$

式中，ρ_m 是体积平均密度；$\vec{u}_m$ 是质量平均速度。

$$\rho_m = \alpha_g \rho_g + \alpha_l \rho_l \tag{4.2}$$

式中，ρ_g 是气相密度；ρ_l 是液相密度；α_g 是气相体积分数；α_l 是液相体积分数。

$$\vec{u}_m = \frac{\alpha_g \rho_g \vec{u}_g + \alpha_l \rho_l \vec{u}_l}{\rho_m} \tag{4.3}$$

式中，$\vec{u}_g$ 是气相速度；$\vec{u}_l$ 是液相速度。

含气率守恒公式：

$$\frac{\partial(\alpha_g\rho_g)}{\partial t} + \nabla\cdot(\alpha_g\rho_g\vec{u}_m) = -\nabla\cdot(\alpha_g\rho_g\vec{u}_{D,g}) \tag{4.4}$$

$$\alpha_g + \alpha_1 = 1 \tag{4.5}$$

式中，$\vec{u}_{D,g}$ 是气相漂移速度。

$$\vec{u}_{D,g} = \vec{u}_g - \vec{u}_m = \vec{u}_{g,1}\frac{\alpha_1\rho_1}{\alpha_g\rho_g + \alpha_1\rho_1} \tag{4.6}$$

式中，$\vec{u}_{g,1}$ 是相对滑移速度。

$$\vec{u}_{g,1} = -\vec{u}_{1,g} = \vec{u}_g - \vec{u}_1 \tag{4.7}$$

动量方程：

$$\frac{\partial(\rho_m\vec{u}_m)}{\partial t} + \nabla\cdot(\rho_m\vec{u}_m\vec{u}_m) = -\nabla p + \nabla\cdot[(\mu_m + \mu_{Tm})(\nabla\vec{u}_m + (\nabla\vec{u}_m)^T)] \\ + \rho_m\vec{g} + \nabla\cdot[-\rho_g\alpha_g\vec{u}_{D,g}\vec{u}_{D,g}] \tag{4.8}$$

式中，μ_{Tm} 是湍流黏度，可根据 k-ε 湍流模型计算；$\vec{g}$ 是重力加速度；μ_m 是混合相黏度。

$$\mu_m = \alpha_g\mu_g + \alpha_1\mu_1 \tag{4.9}$$

湍动能方程：

$$\frac{\partial(\rho_m k)}{\partial t} + \nabla\cdot(\rho_m\vec{u}_m k) = \nabla\cdot\left[\frac{\mu_{Tm}}{\sigma_k}(\nabla k)\right] + G_{k,m} - \rho_m\varepsilon \tag{4.10}$$

式中，σ_k 是湍流常数；$G_{k,m}$ 可表示如下：

$$G_{k,m} = \rho_m C_\mu\frac{k^2}{\varepsilon}(\nabla\vec{u}_m + (\nabla\vec{u}_m)^T):\nabla\vec{u}_m \tag{4.11}$$

湍动能耗散率方程：

$$\frac{\partial(\rho_m\varepsilon)}{\partial t} + \nabla\cdot(\rho_m\vec{u}_m\varepsilon) = \nabla\cdot\left[\frac{\mu_{Tm}}{\sigma_\varepsilon}(\nabla\varepsilon)\right] + \frac{\varepsilon}{k}(C_{1\varepsilon}G_{k,m} - C_{2\varepsilon}\rho_m\varepsilon) \tag{4.12}$$

上述湍流模型中的常数取值分别为：$\sigma_k = 1.0$，$\sigma_\varepsilon = 1.3$，$C_{1\varepsilon} = 1.44$，$C_{2\varepsilon} = 1.92$，$C_\mu = 0.99$。

示踪剂浓度扩散模型[51-53]：

$$\frac{\partial(\rho_m C)}{\partial t} + \nabla\cdot(\rho_m\vec{u}_m C) = \nabla\cdot\left[\frac{\mu_{eff}}{Sc}(\nabla C)\right] \tag{4.13}$$

式中，C 是示踪剂的无量纲浓度；Sc 是湍流施密特数。

4.3.3　计算区域及边界条件

对 RH 装置模型采用结构化网格划分，整个区域包含约 600000 个网格单元，并经网格无关性检查，对计算结果没有影响。网格如图 4.2 所示，为了能够更好地模拟气液两相区结构，对上升管与真空室网格进行了加密。此外，对于钢包内上升管与下降管间狭窄区域的网格也进行了加密。

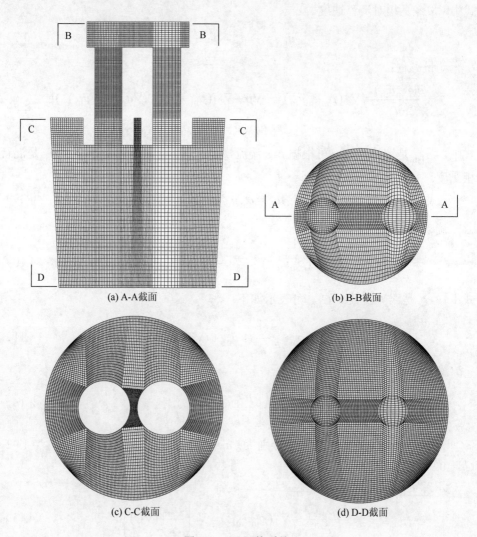

(a) A-A截面　　　(b) B-B截面

(c) C-C截面　　　(d) D-D截面

图 4.2　RH 网格系统

流场边界条件如下：对于所有壁面均采用无滑移边界条件，即在壁面边界上速度的三个分量均设为零，并且压力及含气率的法向梯度设为零；采用壁面函数处理近壁区节点；对于钢包及真空室内的钢液表面采用对称面边界条件；当气泡到达自由液面时以上浮速度脱离。

示踪剂浓度扩散模型的初始条件和边界条件如下：初始时刻在 RH 真空室液面中心加入示踪剂且其他位置示踪剂浓度为零，混合过程中壁面及自由液面处示踪剂浓度梯度为零。为了监测混合过程，在钢包内不同位置同时监测示踪剂浓度随时间的变化，并取所有监测点中示踪剂浓度变化不超过稳定值±5%所需的最长时间为均混时间。

采用有限容积法求解控制方程[54]。收敛标准为离散方程残差小于 10^{-5} 且钢液及溶质的流入流出差小于 0.1%。采用商业 CFD 软件 CFX5.7 求解模型方程，相关计算参数如表 4.1 所示。

表 4.1 RH 计算参数

类型	提升气量 /(NL/min)	气体密度 /(kg/m³)	液体密度 /(kg/m³)	液体黏度 /(Pa·s)	表面张力 /(N/m)	温度/K
水模型	5~50	1.28	1000	0.00085	0.07	298
原型	100~1000	1.783	7000	0.0060	1.5	1873

4.3.4 侧吹气体运动行为模型

在图 4.3 所示的坐标系中，坐标原点位于 RH 钢包底部左侧。由局部放大图可以看出，气泡通过位于上升管侧壁的喷嘴进入 RH 装置内，然后沿其运动方向速度逐渐减小，同时钢液在抽吸作用下向上运动。在代数滑移混合模型中假设气液两相仅存在曳力，即忽略虚拟质量力等非稳态力的假设[41]。然而，前人研究表明[38,55]，当气液两相存在较大速度差时，虚拟质量力不能忽略。因此以下部分将对水平侧吹气体行为进行研究。

在非旋转参考坐标系下，气液两相区内气泡的作用力平衡方程可表示为[56]

$$m_g \frac{d\vec{u}_g}{dt} = \vec{F}_D + \vec{F}_P + \vec{F}_{VM} + \vec{F}_B + \vec{F}_g \tag{4.14}$$

式（4.14）左端为气泡受力之和，右端第一项为黏性曳力，可表示为

$$\vec{F}_D = \frac{1}{2} A_g \rho_g C_D |\vec{u}_l - \vec{u}_g| (\vec{u}_l - \vec{u}_g) \tag{4.15}$$

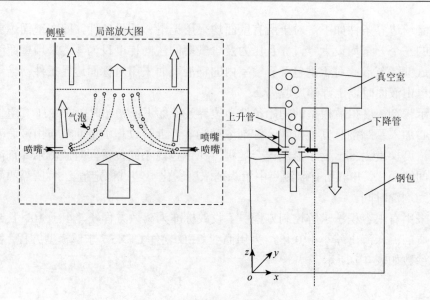

图 4.3　RH 真空精炼装置示意图

式中，A_g 是单个气泡在运动方向上的投影面积（m^2），可表示为

$$A_g = \frac{\pi}{4} d_g^2 \tag{4.16}$$

右端第二项为由液相加速造成气泡周围产生压力梯度引起的作用力，可表示为

$$\vec{F}_P = V_g \rho_l \frac{d\vec{u}_l}{dt} \tag{4.17}$$

其中，V_g 是单个气泡体积，可表示为

$$V_g = \frac{\pi}{6} d_g^3 \tag{4.18}$$

式中，d_g 是气泡直径。

右端第三项为虚拟质量力（或称附加质量力），是由气泡加速运动带动周围液体运动所需的额外力，在液相密度远大于气体密度条件下虚拟质量力显得十分重要，可表示为

$$\vec{F}_{VM} = C_{VM} \rho_l V_g \left(\frac{d\vec{u}_l}{dt} - \frac{d\vec{u}_g}{dt} \right) \tag{4.19}$$

式中，C_{VM} 是虚拟质量系数，取 $0.5^{[56, 57]}$。

右端第四项为气泡所受浮力：

$$\vec{F}_B = -\rho_l V_g \vec{g} \tag{4.20}$$

右端第五项为气泡所受重力：

$$\vec{F}_g = \rho_g V_g \vec{g} \tag{4.21}$$

由于假定气泡为球形，因此应用与标准曳力曲线吻合较好的 Schiller-Nauman 关系式计算曳力系数，该关系式近年来被广泛应用于气液两相流动的数值模拟[44, 58]，可表示如下[56]：

$$C_D = \begin{cases} \dfrac{24}{Re_b}(1 + 0.15Re_b^{0.687}) & Re_b \leqslant 1000 \\ 0.44 & Re_b > 1000 \end{cases} \tag{4.22}$$

式中，Re_b 是气泡雷诺数。

$$Re_b = \frac{d_g \rho_l |\vec{u}_g - \vec{u}_l|}{\mu_l} \tag{4.23}$$

Tatsuoka 等[59]实验结果表明在高真空度（133Pa）的条件下，熔池中的气泡在上升过程中发生膨胀的主要位置在自由液面附近。因此，假定气泡直径为常数是合理的，在计算中气泡直径可采用基于实验数据回归的表达式[60]：

$$d_g = 0.091\left(\frac{\sigma}{\rho_l}\right)^{0.5} u_{g0}^{0.44} \tag{4.24}$$

式中，σ 是表面张力；u_{g0} 是气体在喷嘴出口处的速度。

假定以液相为参照系，则气泡相对于液相的速度等于气泡在静止液体中的速度。因此，气泡作用力平衡方程可改写为如下形式：

$$m_g \frac{d\vec{u}_{g,l}}{dt} = -\frac{1}{2} A_g \rho_g C_D |\vec{u}_{g,l}| \vec{u}_{g,l} - C_{VM} \rho_l V_g \frac{d\vec{u}_{g,l}}{dt} - \rho_l V_g \vec{g} + \rho_g V_g \vec{g} \tag{4.25}$$

在水平方向：

$$\left(m_g + \frac{1}{2} V_g \rho_l\right) \frac{du_{g,l}^r}{dt} = -\frac{1}{2} A_g \rho_g C_D (u_{g,l}^r)^2 \tag{4.26}$$

引入以下变量：

$$A^* = m_g + \frac{1}{2} V_g \rho_l \tag{4.27}$$

$$B^* = \frac{1}{2} A_g \rho_g C_D \tag{4.28}$$

水平方向速度可表示为

$$u_{g,l}^r = \frac{dr}{dt} \tag{4.29}$$

因此在水平方向下式成立：

$$\frac{\mathrm{d}u_{\mathrm{g},1}^{r}}{\mathrm{d}r} = -\frac{B^{*}}{A^{*}} \cdot u_{\mathrm{g},1}^{r} \tag{4.30}$$

在 $r = 0$ 处的边界条件为 $u_{\mathrm{g},1}^{r}\big|_{r=0} = u_{\mathrm{g1},0}^{r}$，对式（4.30）积分可得水平滑移速度的表达式：

$$u_{\mathrm{g},1}^{r} = u_{\mathrm{g1},0}^{r} \cdot \exp\left(-\frac{B^{*}}{A^{*}} \cdot r\right) = u_{\mathrm{g1},0}^{r} \cdot \exp\left(-\frac{3C_{\mathrm{D}}\rho_{1}}{2d_{\mathrm{g}}(2\rho_{\mathrm{g}} + \rho_{1})} \cdot r\right) \tag{4.31}$$

由于壁面为无滑移壁面，因而气相滑移速度即为气相初始速度：

$$u_{\mathrm{g},1}^{r} = u_{\mathrm{g}0} \cdot \exp\left(-\frac{3C_{\mathrm{D}}\rho_{1}}{2d_{\mathrm{g}}(2\rho_{\mathrm{g}} + \rho_{1})} \cdot r\right) \tag{4.32}$$

式中，r 是距离喷嘴出口处的水平距离。

在竖直方向：

$$\left(m_{\mathrm{g}} + \frac{1}{2}V_{\mathrm{g}}\rho_{1}\right)\frac{\mathrm{d}u_{\mathrm{g},1}^{z}}{\mathrm{d}t} = -\frac{1}{2}A_{\mathrm{g}}\rho_{\mathrm{g}}C_{\mathrm{D}}u_{\mathrm{g},1}^{z}{}^{2} + \rho_{1}V_{\mathrm{g}}g - \rho_{\mathrm{g}}V_{\mathrm{g}}g \tag{4.33}$$

竖直方向速度可表示为 $u_{\mathrm{g},1}^{z} = \dfrac{\mathrm{d}z}{\mathrm{d}t}$，代入式（4.33）可得

$$\frac{\mathrm{d}u_{\mathrm{g},1}^{z}}{\mathrm{d}z} = m^{*}u_{\mathrm{g},1}^{z} + n^{*}\frac{1}{u_{\mathrm{g},1}^{z}} \tag{4.34}$$

式中，$m^{*} = -\dfrac{B^{*}}{A^{*}}$，$n^{*} = \dfrac{(\rho_{1} - \rho_{\mathrm{g}})V_{\mathrm{g}}}{A^{*}}$。

式（4.34）为 Bernoulli 方程，因此引入变量 $U^{*} = u_{\mathrm{g},1}^{z}{}^{2}$ 后可将式（4.34）转化为线性微分方程：

$$\frac{1}{2} \cdot \frac{\mathrm{d}U^{*}}{\mathrm{d}z} = m^{*}U^{*} + n^{*} \tag{4.35}$$

由于 $z = z_{0}$ 时，$u_{\mathrm{g},1}^{z}\big|_{z=0} = 0$。因此，上式的边界条件为 $z = z_{0}$ 时，$U^{*}\big|_{z=z_{0}} = 0$，积分式可得

$$U^{*} = -\frac{n^{*}}{m^{*}}[1 - \exp(m^{*} \cdot (z - z_{0}))] \tag{4.36}$$

将 U^{*}、m^{*} 和 n^{*} 的表达式代入上式可得

$$u_{\mathrm{g},1}^{z} = \sqrt{\frac{4(\rho_{1} - \rho_{\mathrm{g}})gd_{\mathrm{g}}}{3\rho_{1}C_{\mathrm{D}}}\left[1 - \exp\left(-\frac{3C_{\mathrm{D}}\rho_{1}}{2d_{\mathrm{g}}(2\rho_{\mathrm{g}} + \rho_{1})} \cdot (z - z_{0})\right)\right]} \tag{4.37}$$

式中，z_{0} 是喷嘴高度；$(z - z_{0})$ 是至喷嘴出口处的竖直距离。

气泡上浮速度可表示为

$$u_T = \sqrt{\frac{4(\rho_1 - \rho_g)gd_g}{3\rho_1 C_D}} \tag{4.38}$$

当气相水平滑移速度减小到上浮速度的 10% 时，气泡水平方向的运动已不明显，运动以上浮为主。因此当气相水平滑移速度为 $0.1u_T$ 时所能达到的水平距离定义为气体穿透深度，由式（4.32）与式（4.38）推导可得水平气体穿透深度的表达式：

$$L_P = \frac{2d_g(2\rho_g + \rho_1)}{3C_D\,\rho_1} \ln\left[5u_{g0}\sqrt{\frac{3\rho_1 C_D}{(\rho_1 - \rho_g)gd_g}}\right] \tag{4.39}$$

Hoefele 和 Brimacombe[36]根据实验结果提出了侧吹气体穿透深度的表达式：

$$L_P = 10.7\left[\frac{\rho_g u_{g0}^2}{(\rho_1 - \rho_g)gd_o}\right]^{0.46}\left(\frac{\rho_g}{\rho_1}\right)^{0.35} \tag{4.40}$$

式中，d_o 是喷嘴出口内径。

韩旭[37]于 1995 年提出了一个侧吹气体穿透深度的表达式：

$$L_P = 3.765\left[\frac{\rho_g u_{g0}^2}{(\rho_1 - \rho_g)gd_o}\right]^{0.32} \tag{4.41}$$

图 4.4 为不同吹气量条件下在空气-水和氩气-钢液体系中的无量纲气体穿透深度。根据式（4.39）计算所得的气体穿透深度在韩旭模型与 Hoefele 和 Brimacombe 模型之间，说明气体穿透深度公式是合理的，且该理论推导公式与实验回归公式吻合较好。此外，图 4.4 还表明在吹气量较大的条件下，气体具有较大的穿透深度，这说明吹气量对气液两相区的含气率分布具有重要影响。

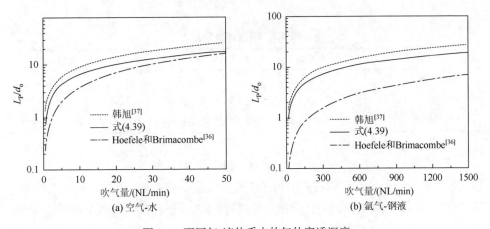

图 4.4　不同气-液体系中的气体穿透深度

4.4　VD 钢包精炼装置内钢液流动行为数值模拟

4.4.1　不同底吹方式对 VD 装置内钢液流场的影响

钢包精炼过程中的脱气脱碳反应以及温度和成分的均匀化都与钢包内钢液的混合有直接关系，底吹钢包内的混合现象成为一个重要的研究课题[61-67]。在实际生产中存在多种钢包底吹方式，如中心底吹、偏心底吹及双孔底吹等。研究结果表明[63]，偏心底吹可以获得最短的均混时间。然而在偏心底吹条件下钢包内液面钢液流速较大，易发生卷渣，研究表明[68, 69]卷渣是钢液中大尺寸夹杂物的来源之一。当在钢包精炼过程中进行脱氧及合金化操作时，为避免发生钢渣卷混，钢包液面流速不能过高。基于此，以下部分首先讨论图 4.5 所示的中心底吹、偏心底吹、双孔底吹及三孔底吹等方式下的流场。与此同时，由于双孔底吹在实际生产中得到了广泛的应用，双孔底吹钢包内的混合现象也成为一个重要的研究课题[63-67]，同时介绍双孔底吹钢包内的参数优化（表 4.2）。此外，由于数学模型、网格划分及边界条件与 RH 装置内流场模型基本一致，因而此处不再赘述。

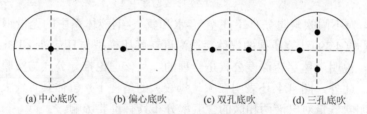

(a) 中心底吹　　　(b) 偏心底吹　　　(c) 双孔底吹　　　(d) 三孔底吹

图 4.5　不同底吹位置布置示意图

表 4.2　钢包计算参数

项目	数值	项目	数值
钢包内径（上）	4000mm	底吹气量	400NL/min
钢包内径（下）	3600mm	钢液黏度	0.0062Pa·s
钢包高	3700mm	钢液密度	7020kg/m³

图 4.6（a）是中心底吹条件下的钢包内流场，在吹入氩气的作用下，位于底吹位置上方的钢液向上运动形成气液两相流股，随着高度的不断增加，整个气液两相区流股也逐渐扩大，当钢液到达顶部后向周围扩散，然后沿钢包侧壁流回钢包底部，形成了以钢包轴线为对称轴的对称循环流场，并且位于底吹位置上方的钢液流速远大于其他位置的钢液流速。图 4.6（b）为偏心底吹条件下的钢包内流场，与中心底

吹不同，由于水平回流的不对称性，气液两相区流股在上升过程中逐渐向钢包侧壁偏移，因此在钢包内形成了一个大环流。图 4.6（c）为双孔底吹条件下的钢包内流场，在两股吹入气体的作用下，钢液向上运动形成了两个气液两相区流股。在双孔底吹钢包内中存在两类环流，一类是位于两个中心气液两相区流股间的中心环流，另一类是位于气液两相区流股与钢包侧壁的侧壁环流。在水平流的作用下，两个气液两相区流股有向侧壁面偏移的趋势，这与 Guo 和 Irons 的水模型实验结果相吻合[70]。图 4.6（d）为三孔底吹条件下的钢包内流场，由于三股吹入气体的位置并不对称，因而在钢包中出现了一个与偏心底吹条件下类似的大环流，但与偏心底吹不同，三孔底吹条件下钢包内钢液表面流速更加均匀，并且大环流中心更加靠近钢包中心。比较图 4.6（a）~（d）可以看出，底吹方式对钢包内流场具有明显影响。由于夹杂物去除与钢液流动密切相关，因而底吹方式对钢包内夹杂物去除过程也具有明显影响。

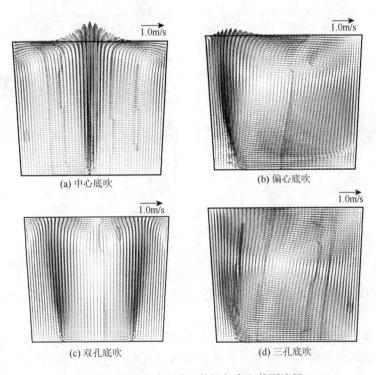

图 4.6　不同底吹方式下的钢包内主截面流场

图 4.7 表明钢包内的湍动能空间分布与速度场分布保持一致：气液两相区流股处钢液流速较大，对应的湍动能也较大，湍动能最大值位于钢包自由液面附近，并且钢包侧壁与底部交界的角部区域湍动能较小。不同底吹方式下钢包内湍动能的空间分布也明显不同：当采用中心底吹或偏心底吹时，气液两相区流股以外区

域的湍动能较小；当采用双孔底吹时，钢包内湍动能分布较为均匀，仅钢包侧壁与底部交界的角部区域湍动能较小；当采用三孔底吹时，钢包内湍动能分布非常均匀，说明此时钢包内具有较好的混合效果。在底吹气量为 400NL/min 的条件下，湍动能的最大值随底吹位置的增多而减小。

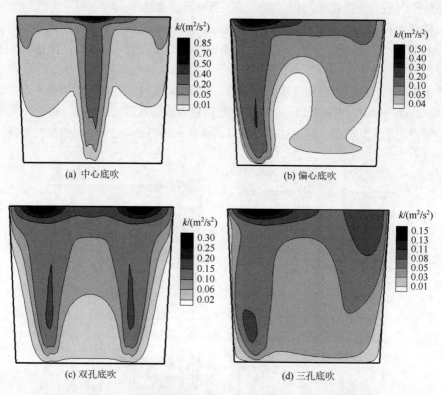

图 4.7　不同底吹方式下的钢包内主截面湍动能分布

4.4.2　VD 钢包精炼的双底吹位置优化

如图 4.8 所示，钢包底吹位置由偏移钢包中心距离 L 与两个底吹位置和钢包中心连线的夹角 θ 确定。关于底吹位置对钢包内混合特性的影响的已有研究没有对底吹位置进行详细分析[63, 64, 66]，有些是采用水模型实验[65, 67]，与实际钢包存在一定差别。以下部分针对不同底吹参数进行组合，其中无量纲距离 L/R 取值分别为 0.25、0.33、0.5、0.75 和 0.8，夹角 θ 取值分别为 $\pi/2$、$2\pi/3$、$5\pi/6$ 和 π，底吹气量 Q_g 分别为 200NL/min、300NL/min、400NL/min 和 500NL/min。通过计算不同参数组合下双孔底吹钢包内的均混时间，在获得大量数据的基础上，回归出双孔底吹钢包内均混时间与各参数的关系式，从而实现对底吹位置的优化。

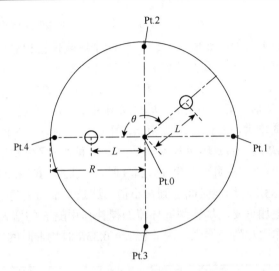

图 4.8　双孔底吹钢包底吹位置示意图

　　图 4.9 为不同示踪剂加入位置对均混时间的影响。示踪剂加入位置在方向 A 对均混时间的影响远大于在方向 B 的影响。由于示踪剂由钢包液面中心加入时均混时间最短，因此本研究采用钢包液面中心作为示踪剂加入位置。此外，钢包侧壁与底部交界的角部区钢液流速较小，混合较慢[63, 64]，且钢包底部中心也存在滞流现象[64]。由于均混时间由钢包内混合最慢的区域决定，因此如图 4.8 所示，示踪剂浓度的检测点分别为钢包底部四周（Pt.1～Pt.4）以及钢包底部中心（Pt.0）。

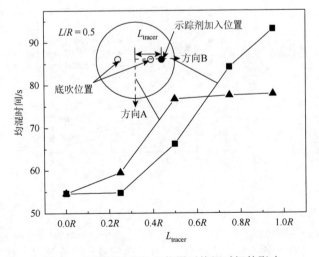

图 4.9　不同示踪剂加入位置对均混时间的影响

图 4.10（a）表明在夹角 $\theta = \pi/2$ 的条件下，均混时间随偏移中心距离 L 的增大而增大。原因如下：①当夹角 $\theta = \pi/2$ 时，两个底吹位置相对较近，侧壁环流对钢包的搅拌作用更大；②随着 L 的增大，侧壁环流随之减小，侧壁环流的搅拌作用变弱。图 4.10（c）表明当夹角 $\theta = \pi$ 时，当 L 在 $0 \sim 0.75R$ 的范围内增大时，均混时间随之减小，然后当 L 在 $0.75R \sim R$ 的范围内增大时，均混时间有增大的趋势。这是由于随着 L 的增大，与侧壁环流相比，中心环流对均混时间的影响更大，并且当 L 增大到 $0.8R$ 时，侧壁环流基本消失，导致角部死区体积增大，从而延长了均混时间。图 4.10（b）表明当夹角 $\theta = 2\pi/3$ 时，均混时间随 L 的增大先减小后增大，并且当 $L = 0.33R$ 时均混时间达到极小值。这是由于当夹角 $\theta = 2\pi/3$ 时，中心环流的搅拌作用更加重要，尽管侧壁环流的搅拌作用随 L 的增大而逐渐减弱，但中心环流的搅拌作用却随之增强，因此在 $L = 0.33R$ 时均混时间出现极小值。

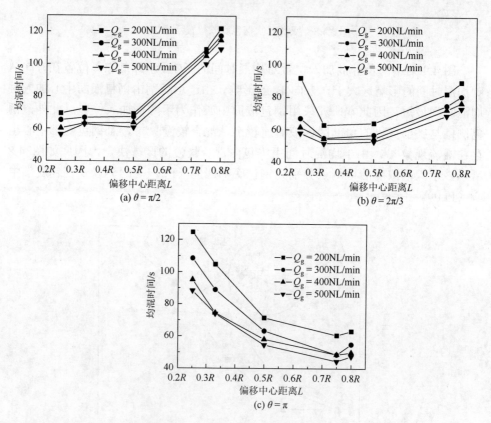

图 4.10 偏移距离对均混时间的影响

图 4.11 为夹角对均混时间的影响。由于当偏移中心距离 $L = 0.25R$ 时侧壁环流较大，对钢包内的搅拌作用非常明显。因此，图 4.11（a）表明均混时间随夹角

的增大先增大，当 $\theta = 5\pi/6$ 时达到极大值，然后随夹角的增大而减小。图 4.11（b）表明当 $L = 0.5R$ 时，均混时间随夹角的变化趋势恰好相反：均混时间先随夹角的增大而减小，当 $\theta = 5\pi/6$ 时均混时间达到极小值，然后均混时间随夹角的增大而增大。由于当 $L = 0.75R$ 时中心环流的搅拌作用更明显，且中心环流随夹角的增大而增大，因而图 4.11（c）表明均混时间随夹角的增大而减小，且当夹角增大到 π 时均混时间达到极小值。

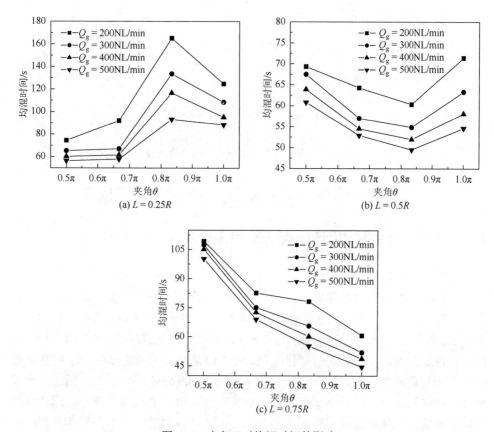

图 4.11　夹角 θ 对均混时间的影响

图 4.10 和图 4.11 都表明，偏移中心距离 L 或两底吹位置与钢包中心连线的夹角不是单调的，在公式回归时应考虑这种影响。回归公式可表示如下：

$$\tau_{\text{mix}} = 9.448 \times 10^{-5} \left(\frac{L}{R} \right)^{-2.1315} \cdot \theta^{-8.15} \left(\frac{L}{R} + 2.617\theta \right)^{10.195} Q_{\text{g}}^{-0.2676} \quad (4.42)$$

如图 4.12 所示，应用回归公式对均混时间进行计算，计算值与原始数据误差在 +14.3%～−16.9% 之间，且均混时间与底吹气量呈 −0.2676 次方关系，这与文献结果基本一致[65]，说明回归公式是合理的，并且回归公式右端第四项表明均混时间与 L、θ 具有非单调的函数关系。

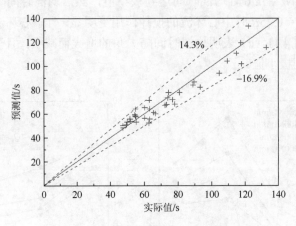

图 4.12 均混时间预测值与实际值的比较

4.5 RH 精炼装置内钢液流动行为数值模拟

4.5.1 RH 精炼装置内钢液流场及含气率分布

应用水模型数据或应用现场数据是验证数学模型结果准确程度的两种常用的手段。相对于水模型数据而言，虽然通过在线实测方法获得的现场数据较少，但是现场数据的价值更高。在 Ajmani 等[51]研究中，将纯度为 99.9%的小铜片加入到 RH 装置作为示踪剂，每隔一段时间从 RH 装置中取出钢液样品并分析铜的含量，从而获得示踪剂浓度随时间的变化曲线。图 4.13 表明计算所得示踪剂浓度变化曲线与实验测量值吻合良好。在初始阶段，示踪剂浓度先随时间增大，到达一个峰值后再随时间减小，然后不断重复这个振荡过程，每一个振荡周期与实际精炼过程中钢液的一次循环过程相对应。此外，图 4.13 还表明当经历 2 个循环周期后即可基本实现 95%的混合效果。

图 4.14 为 RH 精炼装置内的不同截面钢液流场。A-A、B-B 和 C-C 截面表明，在上升管吹入气泡的抽吸作用下，钢液沿上升管进入真空室，到达真空室液面后流向四周，并形成两个大的环流。进入真空室的一部分钢液向远离下降管的方向流动，撞到真空室壁面后再沿真空室壁面流向下降管，形成一个"撞壁环流"；另一部分钢液则呈辐射状流向下降管。钢液在真空室进行剧烈的脱碳和脱气反应，然后在重力的作用下从下降管流入钢包。下降管流束流速较大，直接冲击钢包底部，这非常有利于钢包内钢液的混合，并且下降管钢液流束动能也是衡量 RH 精

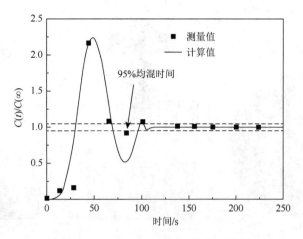

图 4.13　示踪剂浓度随时间的变化

炼钢包混合效率的重要指标。钢液在钢包中形成两个明显环流，一个是下降管与右侧钢包壁面的环流，竖直方向速度较大；另一个是与左侧钢包壁面的环流，钢液横向速度较大，水平流动较剧烈。然后钢液再一次进入上升管进行下一次循环。由于壁面效应，在钢包底部和壁面的结合处，钢液流速较小，不利于钢液成分和温度的混匀，形成死区。此外，由于整个 RH 装置前后是对称的，因此图 4.14 表明 RH 装置内的流场前后对称。

　　图 4.15 为不同吹气量条件下，不同气-液体系中气液相对滑移速度的水平无量纲分量。当提升气量较大时，气液水平相对滑移速度衰减较慢。因此，增大提升气量可以有效提高气体穿透深度。图 4.16 为不同提升气量条件下气液相对滑移速度的竖直无量纲分量。由于气泡直径随喷嘴出口处气流量的增加而增大[60]，并且气泡越小，其上浮速度也越小。因此，当提升气量较小时，气液相对滑移速度的竖直分量能较快地达到气泡上浮速度。

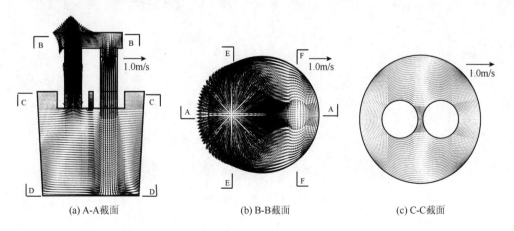

(a) A-A截面　　　　　　　　　(b) B-B截面　　　　　　　　　(c) C-C截面

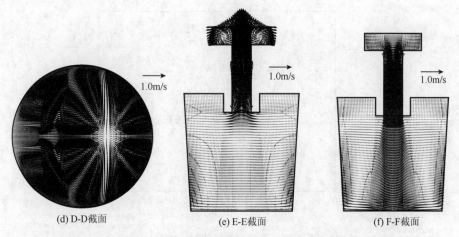

(d) D-D截面　　　　　　(e) E-E截面　　　　　　(f) F-F截面

图 4.14　RH 精炼装置内的不同截面钢液流场

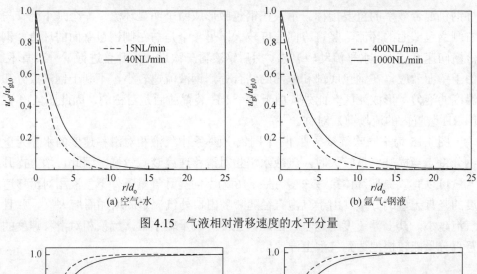

(a) 空气-水　　　　　　　　　　　　(b) 氩气-钢液

图 4.15　气液相对滑移速度的水平分量

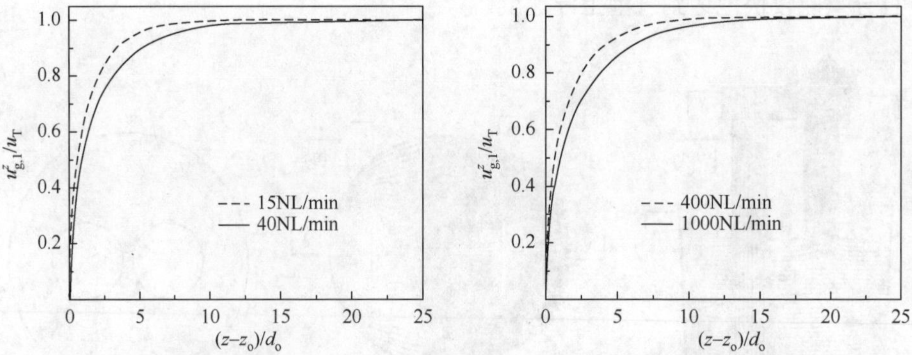

(a) 空气-水　　　　　　　　　　　　(b) 氩气-钢液

图 4.16　气液相对滑移速度的竖直分量

　　图 4.17 和图 4.18 表明，在提升气量分别为 400NL/min 和 1000NL/min 条件下，气液两相区处的含气率分布具有明显差别。在提升气量较小的条件下（400NL/min），气体速度衰减很快，气体穿透深度较小，气泡在上升管侧壁附近区域开始上升，这就是所谓的"贴壁效应"。在提升气量较大的条件下（1000NL/min），气泡可以到达上升管中心区域，形成吹透现象，这说明只要提升气量足够大，气泡完全可以到达上升管中心区域。图 4.18（d）还表明，上升管上部区域的含气率分布与底吹含气率分布较为相似。上述分析表明气体穿透深度是影响上升管内含气率分布的关键因素，由于上升管中心气体体积饱和是造成循环流量出现饱和的原因，因此增大上升管内径可有效提高饱和循环流量。

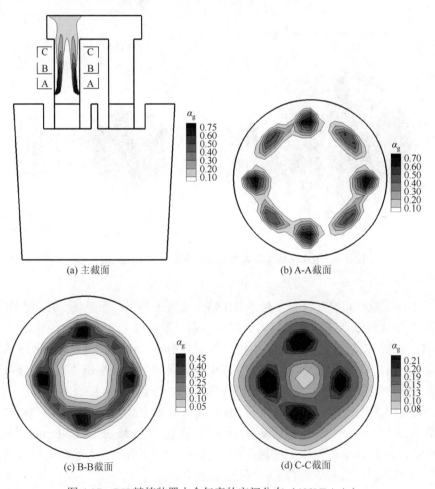

(a) 主截面

(b) A-A 截面

(c) B-B 截面

(d) C-C 截面

图 4.17　RH 精炼装置内含气率的空间分布（400NL/min）

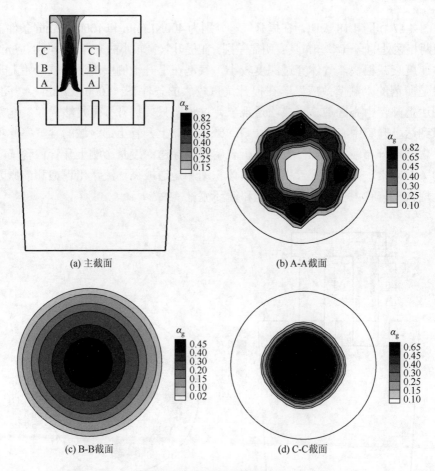

(a) 主截面　　　　　　　　　(b) A-A截面

(c) B-B截面　　　　　　　　　(d) C-C截面

图 4.18　RH 精炼装置内含气率的空间分布（1000NL/min）

　　图 4.19 为不同提升气量条件下 RH 精炼装置内的主截面流场。在不同的提升气量下，RH 气液两相区处流场具有明显差别。图 4.17（a）和图 4.19（a）表明含气率较大处的钢液流速也较大。当提升气量较小时，真空室液面附近区域的速度较均匀；当提升气量较大时，真空室液面附近区域的速度呈倒 "V" 型分布。此外，当提升气量较大时，靠近喷嘴处的钢液有冲击喷嘴上方壁面的趋势。

　　图 4.20 为不同提升气量条件下 RH 精炼装置内主截面上的湍动能分布。湍动能最大值位于真空室液面附近的区域。当提升气量由 400NL/min 增大到 1000NL/min 时，上升管中心区域的湍动能增大约 10 倍，较大的湍动能有利于促进夹杂物碰撞长大，从而提高夹杂物去除速率。

　　图 4.21 为不同提升气量条件下沿上升管中心方向的含气率分布。由图 4.17 可知气泡在上升过程中具有向管中心运动的趋势，因而图 4.21（a）表明当提升气

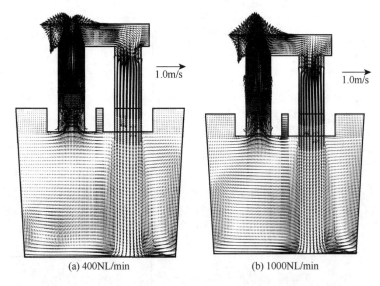

(a) 400NL/min　　　　　　　　　　(b) 1000NL/min

图 4.19　不同提升气量条件下 RH 精炼装置内的主截面流场

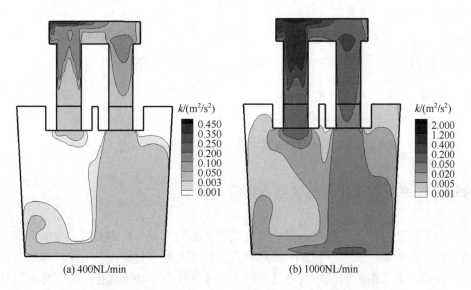

(a) 400NL/min　　　　　　　　　　(b) 1000NL/min

图 4.20　不同提升气量条件下 RH 精炼装置内主截面上的湍动能分布

量较小时，含气率在上升管下部沿管中心方向呈"M"型分布；随着高度的增加，含气率沿管中心方向分布逐渐均匀，含气率的最大值逐渐减小并向管中心移动。图 4.21（b）表明在较高的提升气量条件下，含气率在上升管下部呈"M"型分布，然后随着高度的增加，含气率分布呈倒"V"型。由于气泡浮力是驱动钢液运动的主要动力，因而图 4.22 中钢液流速与含气率具有类似的分布。

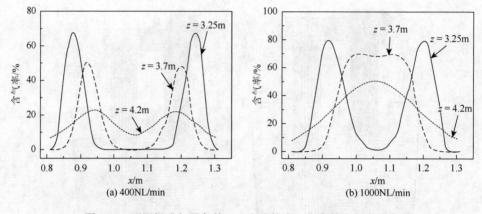

图 4.21　不同提升气量条件下沿上升管中心方向的含气率分布

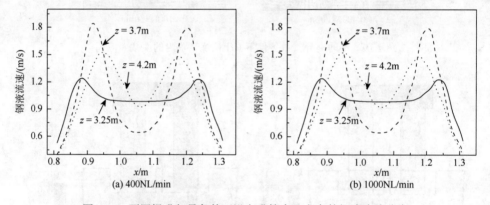

图 4.22　不同提升气量条件下沿上升管中心方向的钢液流速分布

4.5.2　侧底复吹 RH 精炼装置内钢液流场

　　为了提高 RH 循环流量,研究者提出了改变浸渍管形状等措施来提高循环流量。但对于实际投入生产的 RH 精炼装置,循环流量主要取决于 RH 精炼装置的几何参数。由于钢液的循环流动是在吹入气体的浮力驱动下进行的,而提升气体的有效行程受浸渍管长度影响,并且浸渍管内径不能无限大。在实际生产中,如何进一步增大循环流量成为提高 RH 精炼生产效率的限制性环节。如图 4.23 所示,针对现有 RH 精炼装置进行改进,在 RH 钢包底壁安装吹氩装置,通过从钢包底壁吹入氩气,带动钢包内钢液向上运动。与经上升管侧吹进入 RH 的气体相比,由钢包底壁吹入的气体具有更大的做功行程,从而达到提高循环流量、缩短均混时间的目的。除此之外,通过钢包底吹氩,还可以加速气泡吸附夹杂物的上浮,促进钢包内夹杂物的碰撞长大,缩短 RH 脱氧处理时间。

由于底吹氩对 RH 钢包流场具有较大影响，因此需进一步研究如何发挥底吹气体的驱动作用来提高 RH 循环流量。如图 4.24 所示，在 RH 精炼装置钢包底部壁面上，底吹位置由 L 和 θ 来确定，其中 L 表示底吹位置至钢包中心距离，θ 表示底吹位置和钢包中心连线与浸渍管中心连线的夹角。以下部分将讨论不同 L 和 θ 对 RH 装置内流场、循环流量及混合特性的影响。

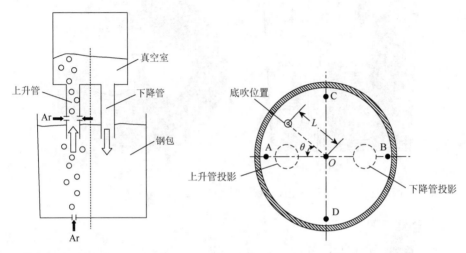

图 4.23　侧底复吹 RH 示意图　　　　图 4.24　RH 钢包底吹位置示意图

图 4.25 为在上升管提升气量为 1000NL/min，钢包底吹气量为 400NL/min，$L = 0.535\text{m}$ 且夹角 $\theta = 0$ 条件下，即底吹位置位于上升管在钢包底壁的投影靠近钢包中心一侧时的 RH 装置内流场。在钢包底吹的作用下，RH 钢包内流场发生明显变化，主要有以下特点：①在气液两相区流股向上的冲击作用下，钢包内上升管下方的大环流消失；②位于上升管下方的气液两相区的流动非常剧烈，加强了钢包内的搅拌作用；③位于气液两相区流股上方的钢液表面流速明显增大；④钢包内气液两相流股与上升管、真空室、下降管及下降管流出的钢液流束形成了 RH 精炼装置内的循环流动，可提高 RH 内的循环流量；⑤整个流场仍沿浸渍管连线前后对称，钢包底吹对真空室内钢液流场没有明显影响。

图 4.26 为当 $L = 0.535\text{m}$ 且夹角 $\theta = 0$ 时，RH 精炼装置内含气率的空间分布，与不采用钢包底吹相比，钢包内上升管下方出现了一个气液两相区流股且含气率较大。由下降管流出的钢液流束在冲击钢包底部后沿包底向四周流动，导致钢包内气液两相区流股偏向钢包左侧壁面。此外，由于钢包内气液两相区中心位于上升管下方，底吹进入钢包的部分气体能进入上升管，从而加强了对钢包内钢液的抽吸作用，并且图 4.26（b）还表明钢包底部吹入的氩气部分由上升管周围逸出钢液表面，且钢包液面处的含气率分布沿浸渍管连线对称。

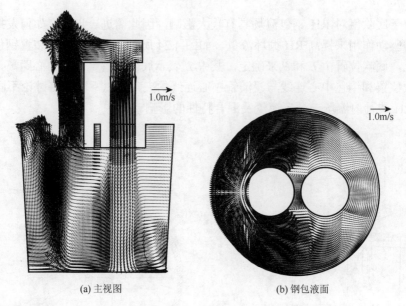

(a) 主视图   (b) 钢包液面

图 4.25　底吹条件下 RH 精炼装置内的流场（$L = 0.535\text{m}$，$\theta = 0$）

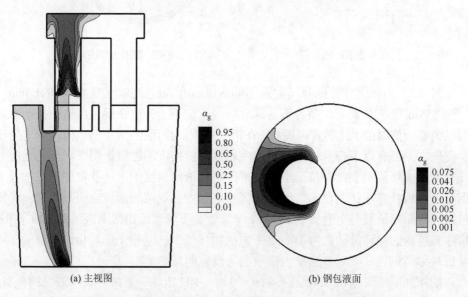

(a) 主视图   (b) 钢包液面

图 4.26　底吹条件下 RH 精炼装置内含气率的空间分布（$L = 0.535\text{m}$，$\theta = 0$）

　　图 4.27 为当 $L = 0.535\text{m}$ 且夹角 $\theta = 0$ 时，RH 精炼装置内湍动能的空间分布。在钢包底吹的作用下，湍动能的空间分布有以下两个特点：①未采用钢包底吹时，钢包内上升管下方大环流区域流动较弱，存在明显的死区，在钢包底吹作用下，钢包内上升管下方的湍动能增大，非常有利于钢包内的混合，并且较大的湍动能

也有利于夹杂物间的碰撞长大；②图 4.27（b）还表明当采用钢包底吹后，钢包内气液两相区流股上方液面处的湍动能较大，其值大于 $0.02m^2/s^2$，这对于提高浸渍管插入部分附近区域，特别是钢包内上升管与下降管中间区域的钢液混合效率具有明显作用。

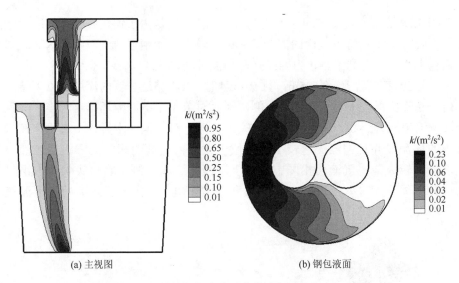

(a) 主视图　　　　　　　　　　　　　　(b) 钢包液面

图 4.27　底吹条件下 RH 精炼装置内湍动能的空间分布（$L = 0.535m$，$\theta = 0$）

图 4.28 为在夹角 $\theta = 0$ 的条件下，底吹位置至钢包中心距离对 RH 循环流量及均混时间的影响。循环流量随 L 的增大先增大（当 L 为 0.285m 时循环流量达到极大值），然后再随 L 的增大而减小。这是由于当气液两相区流股中心接近上升

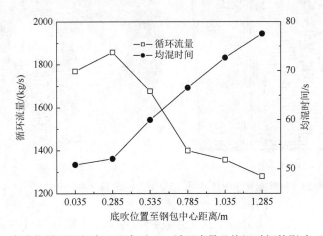

图 4.28　底吹位置至钢包中心距离对 RH 循环流量及均混时间的影响（$\theta = 0$）

管中心时，气液两相区流股的钢液在底吹气体的浮力驱动下向上流动至上升管入口，然后进入上升管实现钢液的循环流动。因而当底吹位置距钢包中心距离 L 为 0.285m 时循环流量达到极大值。当底吹位置距离钢包中心较远时，即越靠近钢包侧壁，钢包内气液两相区流股的大部分钢液不能直接进入上升管，因而循环流量越小。

图 4.28 还表明均混时间随 L 的增大而增大。这是由于钢包底吹形成的气液两相区流股对 RH 精炼钢包内的混合效率影响较大，而钢包内气液两相区流股越靠近钢包中心，越有利于钢包内的搅拌，均混时间也就越小。

图 4.29 表明当 $L = 0.535$m，且 $\theta = \pi/4$ 时，RH 精炼装置内流场有以下特点：①由于底吹位置位于浸渍管连线一侧，因而对 RH 主截面流场影响较小，并且整个流场沿浸渍管连线不再对称；②与夹角 θ 为 0 时不同，上升管下方仍存在一个较大的环流，并且钢液流速较小；③位于钢包内气液两相区上方的钢包液面处钢液流速较大；④气液两相区中心位于浸渍管连线一侧，因而底吹进入钢包的大部分气体不能进入上升管，但在部分气体作用下，上升管入口处钢液流速仍有所增大。

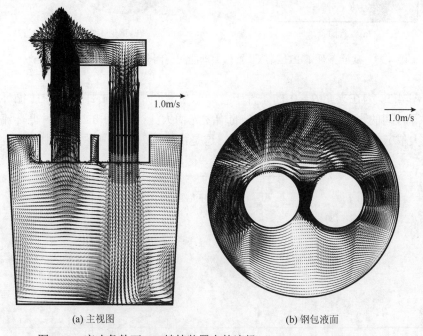

(a) 主视图　　　　　　　　　　　　(b) 钢包液面

图 4.29　底吹条件下 RH 精炼装置内的流场（$L = 0.535$m，$\theta = \pi/4$）

图 4.30 为当 $L = 0.535$m，且夹角 $\theta = \pi/4$ 时，RH 精炼装置内含气率的空间分布。图 4.30（a）表明 RH 精炼钢包主截面的含气率较小，仅在 0.01 左右，

说明部分气体没有进入上升管。图 4.30（b）也表明部分气体由上升管一侧的钢包液面逸出。

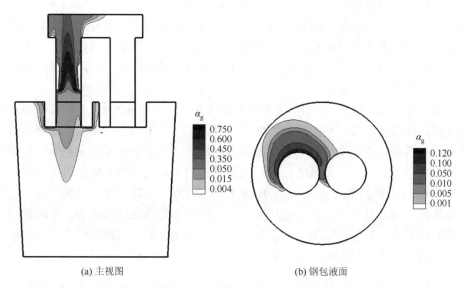

(a) 主视图　　　　　　　　　　　(b) 钢包液面

图 4.30　底吹条件下 RH 精炼装置内含气率的空间分布（$L = 0.535\text{m}$，$\theta = \pi/4$）

图 4.31 为当 $L = 0.535\text{m}$ 且夹角 $\theta = \pi/4$ 时，RH 精炼装置内湍动能的空间分布，与夹角 θ 为 0 时比较，钢包内湍动能最大值减小且湍动能梯度也变小，说明整个钢包内湍动能分布更加均匀，更有利于整个钢包内钢液的混合。

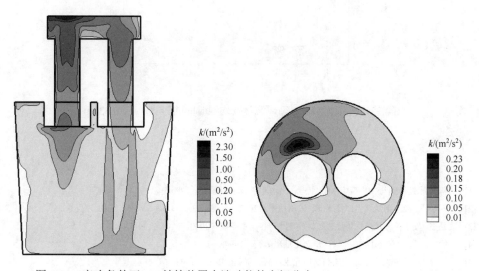

图 4.31　底吹条件下 RH 精炼装置内湍动能的空间分布（$L = 0.535\text{m}$，$\theta = \pi/4$）

图 4.32 为 $L = 0.535$m 的条件下，底吹位置和钢包中心连线与浸渍管中心连线的夹角 θ 对 RH 循环流量及均混时间的影响。当夹角 $\theta = 0$ 时循环流量最大，然后循环流量随夹角 θ 的增大逐渐减小，当夹角 $\theta = \pi$ 时，即底吹位置位于下降管在钢包底部投影附近时，循环流量达到极小值。这是由于随着夹角 θ 的增大，气液两相区流股中心距上升管中心越远，导致由钢包底吹气体驱动的钢液向上运动至钢包液面时不能进入上升管，削弱了整个 RH 精炼装置内的循环流动，因此循环流量随夹角 θ 的增大而减小。

图 4.32 还表明均混时间随夹角 θ 的增大先减小，当 θ 为 $\pi/4$ 时均混时间达到极小值，然后再随夹角 θ 的增大而增大，原因如下：①均混时间由下降管出口的钢液流束和钢包内底吹气液两相区流股共同决定；②底吹位置与钢包中心连线与浸渍管中心连线呈一定角度时，钢包液面流速较大，更有利于钢包内的搅拌，因而夹角 $\theta = \pi/2$ 时均混时间大于 $\theta = 0$ 时的均混时间；③随着夹角 θ 的增大，气液两相区流股至上升管中心距离也逐渐增大，导致循环流量逐渐减小，下降管出口钢液动能减小，钢包内的混合效率随之减小，从而延长了均混时间。因此，均混时间先随夹角 θ 的增大先减小后增大。

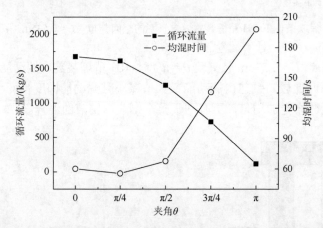

图 4.32 夹角 θ 对 RH 循环流量及均混时间的影响（$L = 0.535$m）

参 考 文 献

[1] 蒋国昌. 纯净钢与二次精炼[M]. 上海：上海科学技术出版社，1996.

[2] 刘春. 论纯净钢及其生产技术[J]. 鞍钢技术，2002，5：30-33.

[3] 龙杰. 发挥炉外精炼优势促进高纯净钢生产[J]. 宽厚板，2000，6（4）：11-13.

[4] 徐曾启. 炉外精炼[M]. 北京：冶金工业出版社，1994.

[5] 张鉴. 炉外精炼的理论与实践[M]. 北京：冶金工业出版社，1993.

[6] 蔡开科，程士富. 连续铸钢原理与工艺[M]. 北京：冶金工业出版社，1994.

[7]　蔡开科. 连续铸钢[M]. 北京：科学出版社，1991.

[8]　刘浏，何平. 二次精炼技术的发展与配置[J]. 特殊钢，1999，20（2）：1-6.

[9]　李中金，刘芳，王承宽. 我国钢水二次精炼技术的发展[J]. 特殊钢，2002，23（3）：29-31.

[10]　殷瑞钰. 我国炼钢-连铸技术发展和2010年展望[J]. 炼钢，2008，24（6）：1-12.

[11]　赵启云，李炳源. RH 用氧技术的发展与应用[J]. 炼钢，2001，17（5）：54-58.

[12]　徐国群. RH 精炼技术的应用与发展[J]. 炼钢，2006，22（1）：12-15.

[13]　刘浏. RH 真空精炼工艺与装备技术的发展[J]. 钢铁，2006，41（8）：1-11.

[14]　成国光，张鉴，杨念祖，等. 单嘴精炼炉轴承钢脱氧的动力学模型[J]. 特殊钢，1994，15（5）：22-25.

[15]　赵均良，张鉴，杨念祖. 单嘴精炼炉吹氧精炼的水模型研究[J]. 特殊钢，1994，15（2）：22-25.

[16]　秦哲，潘宏伟，朱梅婷，等. 单嘴精炼炉真空处理过程钢液流动行为研究[C]. 第十六届全国炼钢学术会议论文集，北京，2011：233-242.

[17]　Shinya K，Hiroyuki A，Kenichiro M，et al. Development of a novel degassing process consisting with single large immersion snorkel and a bottom bubbling ladle[J]. ISIJ International，2000，40（5）：455-459.

[18]　成国光，芮其宣，秦哲，等. 单嘴精炼炉技术的开发与应用[J]. 中国冶金，2013，23（3）：1-9.

[19]　王潮，张鉴，杨念祖，等. 单嘴精炼炉流场及环流速度的水模型研究[J]. 特殊钢，1998，19（2）：12-15.

[20]　Nakanishi K，Szekely J，Chang C W. Experimental and theoretical investigation of mixing phenomena in the RH-vacuum process[J]. Ironmaking and Steelmaking，1975，2（5）：115-124.

[21]　Shirabe K，Szekely J. A mathematical model of fluid flow and inclusion coalescence in the R-H vacuum degassing system[J]. Transactions ISIJ，1983，23（3）：465-474.

[22]　Tsujino R，Nakashima J，Hirai M，et al. Numerical analysis of molten steel flow in ladle of RH process[J]. ISIJ International，1989，29（7）：589-595.

[23]　Szatkowski M，Tsai M C. Turbulent flow and mixing phenomena in RH ladle[J]. Iron and Steelmaker，1991，18（4）：65-71.

[24]　Kato Y，Nakato H，Fujii T，et al. Fluid flow in ladle and its effect on decarburization rate in RH degasser[J]. ISIJ International，1993，33（10）：1088-1094.

[25]　朱苗勇，沙ဿ，黄宗泽. RH 真空精炼装置内钢液流动行为的数值模拟[J].金属学报，2000，36（11）：1175-1178.

[26]　Castillejos A H，Brimacombe J K. Measurement of physical characteristics of bubbles in gas-liquid plumes：Part II. Local properties of turbulent air-water plumes in vertically injected jets[J]. Metallurgical Transactions B，1987，18B（4）：659-671.

[27]　耿佃桥，雷洪，赫冀成. 不同浸渍管参数下 RH 精炼装置内钢液流动行为[J]. 钢铁，2008，43（2）：35-40.

[28]　Li B K，Tsukihashi F. Modeling of circulating flow in RH degassing vessel water model designed for two-and multi-legs operations[J]. ISIJ International，2000，40（12）：1203-1209.

[29]　Park Y G，Doo W C，Yi K W，et al. Numerical calculation of circulation flow rate in the degassing Rheinstahl-Heraeus process[J]. ISIJ International，2000，40（8）：749-755.

[30]　Themelis N J，Tarassoff P，Szekely J. Gas-liquid momentum transfer in a copper converter[J]. Transactions of the Metallurgical Society of AIME，1969，245（12）：2425-2433.

[31]　Li B K，Tsukihashi F. Effect of rotating magnetic field on two-phase flow in RH vacuum degassing vessel[J]. ISIJ International，2005，45（2）：972-978.

[32]　Miki Y，Thomas B G. Model of inclusion removal during RH degassing of steel[J]. Iron and Steelmaker，1997，24（8）：31-38.

[33]　Wei J H，Hu H T. Mathematical modelling of molten steel flow process in a whole RH degasser during the vacuum

circulation refining process: Mathematical model of the flow[J]. Steel Research International, 2006, 77(1): 32-36.

[34] Park Y G, Yi K W.A new numerical model for predicting carbon concentration during RH degassing treatment[J]. ISIJ International, 2003, 43 (9): 1403-1409.

[35] Saint-Raymond H, Huin D, Stouvenot F. Mechanisms and modeling of liquid steel decarburization below 10ppm carbon[J]. Materials Transactions, JIM, 2000, 41 (1): 17-21.

[36] Hoefele E O, Brimacombe J K. Flow regimes in submerged gas injection[J]. Metallurgical Transactions B, 1979, 10B (4): 631-648.

[37] 韩旭. 熔池中气粉两相流喷吹行为的研究[D]. 沈阳：东北大学, 1995.

[38] Mendez C G, Nigro N, Cardona A. Drag and non-drag force influences in numerical simulations of metallurgical ladles[J]. Journal of Materials Processing Technology, 2005, 160 (3): 296-305.

[39] Iguchi M, Tokunaga H. Molten wood's-metal flow in a cylindrical bath agitated by cold bottom-gas injection[J]. Metallurgical and Materials Transactions B, 2002, 33B (5): 695-702.

[40] Iguchi M, Morita Z, Tokunaga H, et al. Heat transfer between bubbles and liquid during cold gas injection[J]. ISIJ International, 1992, 32 (7): 865-872.

[41] Manninen M, Taivassalo V. On the Mixture Model for Multiphase Flow[M]. VTT Publications 288, Technical Research Center of Finland, 1996.

[42] Chen P, Sanyal J, Dudukovic M P. CFD modeling of bubble columns flows: Implementation of population balance[J]. Chemical Engineering Science, 2004, 59 (22): 5201-5207.

[43] Sanyal J, Vasquez S, Roy S, et al. Numerical simulation of gas-liquid dynamics in cylindrical bubble column reactors[J]. Chemical Engineering Science, 1999, 54 (21): 5071-5083.

[44] Chen P, Dudukovic M P, Sanyal J. Three-dimensional simulation of bubble column flows with bubble coalescence and breakup[J]. AIChE Journal, 2005, 51 (3): 696-712.

[45] Kim M, Kim O S, Lee D H, et al. Numerical and experimental investigations of gas-liquid dispersion in an ejector[J]. Chemical Engineering Science, 2007, 62 (24): 7133-7139.

[46] Qian F, Huang Z, Chen G, et al. Numerical study of the separation characteristics in a cyclone of different inlet particle concentrations[J]. Computers and Chemical Engineering, 2007, 31 (9): 1111-1122.

[47] Altway A, Setyawan H, Margono, et al. Effect of particle size on simulation of three-dimensional solid dispersion in stirred tank[J]. Chemical Engineering Research and Design, 2001, 79 (8): 1011-1016.

[48] Bai Z S, Wang H L. Numerical simulation of the separating performance of hydrocyclones[J]. Chemical Engineering & Technology, 2006, 29 (10): 1161-1166.

[49] Ling J, Skudarnov P V, Lin C X, et al. Numerical investigations of liquid-solid slurry flows in a fully developed turbulent flow region[J]. International Journal of Heat and Fluid Flow, 2003, 24 (3): 389-398.

[50] Lin C X, Ebadian M A.A numerical study of developing slurry flow in the entrance region of a horizontal pipe[J]. Computers and Fluids, 2008, 37 (8): 965-974.

[51] Ajmani S K, Dash S K, Chandra S, et al. Mixing evaluation in the RH process using mathematical modeling[J]. ISIJ International, 2004, 44 (1): 82-90.

[52] Kishan P A, Dash S K. Mixing time in RH ladle with upleg size and immersion depth: A new correlation[J]. ISIJ International, 2007, 47 (10): 1549-1551.

[53] Ahrenhold F, Pluschkell W. Mixing phenomena inside the ladle during RH decarburization of steel melts[J]. Steel Research International, 1999, 70 (8): 314-318.

[54] Patankar S V, Spalding D B. A calculation procedure for heat, mass and momentum transfer in three-dimensional

parabolic flows[J]. International Journal of Heat and Mass Transfer，1972，15（10）：1787-1806.

[55]　Crowe C T，Sommerfeld M，Tsuji Y. Multiphase flows with droplets and particles[M]. New York：CRC Press，1998.

[56]　Clift R，Grace J R，Weber M E. Bubbles，Drops，and Particles[M]. New York：Academic Press，1978.

[57]　Drew D A，Passman S L. Theory of Multicomponent Fluids[M]. New York：Springer Press，1998.

[58]　Turkoglu H，Farouk B. Numerical computations of fluid flow and heat transfer in a gas-stirred liquid bath[J]. Metallurgical Transactions B，1990，21B（4）：771-781.

[59]　Tatsuoka T，Kamata C，Ito K. Expansion of injected gas bubble and its effects on bath mixing under reduced pressure[J]. ISIJ International，1997，37（6）：557-561.

[60]　Sano M，Mori K. Size of bubbles in energetic gas injection into liquid metal[J]. Transactions ISIJ，1980，20（10）：675-681.

[61]　Warzecha M，Jowsa J，Warzecha P，et al. Numerical and experimental investigations of steel mixing time in a 130-t ladle[J]. Steel Research International，2008，79（11）：852-860.

[62]　Mazumdar D，Evans J W. Macroscopic models for gas stirred ladles[J]. ISIJ International，2004，44（3）：447-461.

[63]　Joo S，Guthrie R I L. Modeling flows and mixing in steelmaking ladles designed for single-and dual-plug bubbling operations[J]. Metallurgical Transactions B，1992，23B（6）：765-778.

[64]　Zhu M Y，Inomoto T，Sawada I，et al. Fluid flow and mixing phenomena in the ladle stirred by argon through multi-tuyere[J]. ISIJ International，1995，35（5）：472-479.

[65]　Mandal J，Patil S，Madan M，et al. Mixing time and correlation for ladles stirred with dual porous plugs[J]. Metallurgical and Materials Transactions B，2005，36B（4）：479-487.

[66]　Madan M，Satish D，Mazumdar D. Modeling of mixing in ladles fitted with dual plugs[J]. ISIJ International，2005，45（5）：677-685.

[67]　钟晓丹，王楠，邹宗树，等. LF 双孔底吹优化布置的水模型研究[J]. 材料与冶金学报，2006，5（2）：101-104.

[68]　Zhang L，Thomas B G. Evaluation and control of steel cleanliness-review[A]. Steelmaking Conference Proceedings [C]. ISS-AIME，2002，431-452.

[69]　Zhang L，Thomas B G. State of the art in evaluation and control of steel cleanliness[J]. ISIJ International，2003，43（3）：271-291.

[70]　Guo D，Irons G A. Modeling of gas-liquid reactions in ladle metallurgy：Part I. Physical modeling[J]. Metallurgical and Materials Transactions B，2000，31B（6）：1447-1455.

第5章　钢包出钢末期底部漩涡形成机理及其防治

在连铸生产过程中，钢液从钢包向中间包流入过程中，随着液面的不断下降，会产生一个重要的流动现象，那就是会形成快速旋转的自由表面涡。这种自由表面涡不仅在钢包出钢时会发生，在转炉出钢以及中间包出钢过程中也会出现。当自由表面涡一旦形成容易造成卷渣，尤其在出钢末期，当钢液液位高度低于漩涡的临界高度（漩涡尖端延伸至水口上沿处的液面高度）时，漩涡卷渣现象会非常严重，甚至还能卷入空气，对钢液造成污染，同时还会造成夹杂物上浮困难，水口易堵塞，长水口以及中间包内衬易腐蚀等危害。目前采用的防漩方法存在着金属收得率低、钢包结构改动大等缺点。因此，如何在提高金属收得率的同时有效防止漩涡卷渣现象是洁净钢生产必须要解决的问题。

为了有效地抑制或消除钢包出钢过程中漩涡的形成，课题组利用数值模拟的方法，采用图 5.1 的研究思路，研究了漩涡的形成机理、影响因素，分析了出钢过程中钢包内的流场，进而得到了漩涡的运动发展规律以及漩涡的抑制机理。然后根据漩涡的抑制机理，设计出底部施加防漩力的防漩方法，并通过数值模拟的手段对这种方法的可行性进行了预测[1]。

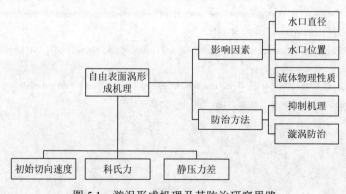

图 5.1　漩涡形成机理及其防治研究思路

5.1　出钢过程中漩涡研究现状

5.1.1　出钢末期漩涡的危害及防漩的意义

在整个炼钢过程中，比较容易出现卷渣现象的分别是转炉出钢过程、钢包出钢过程和中间包出钢过程。而在这些出钢过程中造成卷渣现象的主要原因就是自由表面涡的出现。有效抑制和消除自由表面涡的形成便可有效减少卷渣的发生。

1. 出钢末期漩涡的危害

出钢末期出现的漩涡现象除了将渣卷入下一工序并严重影响钢材质量以外，还会造成其他很多方面的不良影响[2-6]，其具体危害如下：抑制钢液中夹杂物的上浮，使钢液质量恶化；造成合金元素氧化，并产生夹杂物而影响钢水的洁净度。

在各种出钢环节中出现的漩涡中，流量和液面高度维持恒定时产生的漩涡称为"稳态漩涡"，此时流入量和流出量相等，如中间包中形成的漩涡；在液面高度不恒定时形成的漩涡称为"非稳态漩涡"，如转炉出钢、钢包出钢、连铸中间包更换时期出现的漩涡。Springer 和 Patterson 认为非稳态浇注过程中，漩涡的临界高度（漩涡尖端延伸至水口上沿处的液面高度）更大，因此非稳态漩涡卷渣现象更为严重[7]。那么在整个炼钢过程中由漩涡引起的卷渣现象主要是在转炉出钢和钢包出钢的过程中。

2. 转炉和钢包出钢末期的漩涡卷渣现象

转炉出钢卷渣分为前期、中期、后期三个阶段。前期，即出钢开始时发生带渣现象；中期由于钢水受漩涡作用，钢渣随着钢液流出；后期，当转炉向上翻转时钢渣又有一部分被倒出[8]。前期渣：转炉倾动至38°~47°出前期渣；中期渣：前期渣之后开始出钢，钢水会出现涡旋卷渣现象；后期渣：转炉的出钢后期一直到出钢结束阶段。

目前为了防止下渣情况，通常使用下渣检测装置和挡渣装置进行控

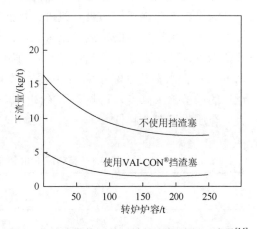

图 5.2　挡渣塞使用前后转炉出钢过程下渣量[14]

制，如红外下渣监测技术、挡渣球挡渣法、气动挡渣、滑板挡渣以及挡渣镖挡渣等[9-13]。图 5.2 显示了挡渣塞使用前后转炉出钢过程中的下渣量[14]。图 5.3 显示了转炉出钢到钢包的下渣总量中，前期渣量大体占 30%，中期渣量约占 30%，后期渣量约占 40%[8-14]。可以看出在转炉出钢过程中，漩涡效应引起的下渣是挡渣装置也无法避免的。

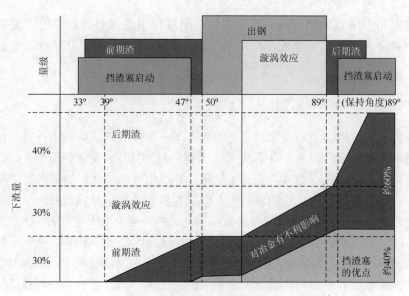

图 5.3 转炉出钢过程下渣情况[14]

钢包出钢中的漩涡现象是当钢液从钢包向中间包流入过程中，随着液面的不断下降，会逐渐在水口上方形成漩涡。为了防止钢包下渣，也如转炉一样采取各种挡渣设施或对钢包结构进行改进。目前通常采用在钢包底部水口附近安装下渣检测装置，根据信号的检测结果来关闭滑板。此方法可以减少下渣量，但是钢包残留钢水过多，降低了金属收得率。例如，300t 钢包利用此方法控制时残钢量约为 9t，占钢水量的 3%左右，使吨钢成本增加[15, 16]。表 5.1 也显示了某钢厂 120t 钢包的残留钢水高度，可见采用关闭水口的方法，品质越高的钢种残留钢水量越大，金属收得率会越低[17]。

表 5.1 某钢厂 120t 钢包的残留钢水高度[17]

钢种	现场留钢高度/mm	炉数	现场各留钢高度所占比例/%
高品质	64～89	51	4.6
	102～166	1059	95.0
	179～230	8	0.4
一般要求	51～63	79	26.0
	67～89	176	58.0
	102～140	48	16.0

3. 漩涡防治的意义

对出钢过程中漩涡进行防治的意义在于两方面。一方面可以控制钢液在出钢环节中夹杂物的卷入和钢液的二次氧化，提高钢的洁净度，进而提高钢材的质量，生产出高性能的洁净钢，满足各领域对高精尖钢材的需求。另一方面如果可以对漩涡进行有效的抑制或消除，而不仅仅是依靠关闭水口来控制钢渣的卷入，将会大幅度减少残留钢水量，提高金属的收得率，从经济角度来讲，漩涡的防治将会给钢铁企业带来更大的经济效益。据调查，2013 年 1～11 月份国内钢材出口均价折合成人民币在 5000 元/t 以上，而国内均价基本在 4000 元/t 以下[18]。对于之前所述的 300t 钢包每次出一炉钢，就要损失掉 9t 的钢水，则根据以上的钢材价格大致估算则损失掉 36000～45000 元。对于年产钢量为 1000 万 t 的钢铁企业，按平均钢包装钢量 300t 计算，则每年出钢总次数约为 3.3 万次，每次损失 36000～45000 元，则可粗略计算出由残钢量每年带来的经济损失为 11.9 亿～14.9 亿元。因此对出钢过程中自由表面涡的防治可以使企业减少成本，带来更大的利润和效益。

5.1.2　自由表面涡的研究现状

寻找并实施一项切实有效的防漩措施来从根本上抑制或消除出钢过程中的自由表面涡，其首要前提就是了解并掌握自由表面涡的形成机理和运动规律。出钢过程中形成的这种漩涡类似于人们常说的浴缸涡也可称为盆池涡。许多学者很早就开始对其进行研究，并得到了很多理论成果，但这种涡运动是一种极为复杂的流体运动，包含了很多复杂的物理学内容，因此对于漩涡的形成原因至今还没有一个特别明确的解释。

1. 自由表面涡的形成过程

美国麻省理工 Worcester 综合研究所 Alden 实验室依据自由表面涡发展程度将其分为六种基本类型[19]，如图 5.4 所示。①表面涡纹：表面不下凹，表面以下流体旋转不明显或十分微弱；②表面漩涡：表面微凹，表面之下有浅层的缓慢旋转流体，但未见向下延伸；③纯水漩涡：表面下陷，将染料注入其中，可见染色水体形成明显的漏斗形旋转水柱进入进水口，但不含气；④挟物漩涡：表面下陷明显，漂浮物落入漩涡后，会随之旋转下沉，被吸入进水口，但未吸入空气；⑤间断吸气漩涡：表面下陷较深，漩涡间断地挟带气泡进入进水口；⑥连续吸气漩涡：漩涡中心为贯通的漏斗形气柱，空气连续进入进水口。Andrade 提出这类漩涡遵循角动量守恒定律，当流体质点流向水口的过程中，随着与中心轴距离的逐渐减小，角速度逐渐增大，因此漩涡会越转越快[20]。Sankaranarayanan 和 Guthrie

指出普遍意义上的"漩涡"实际包括两种，即旋转的漏斗形漩涡和非旋转的汇流形式的涡，这两种形式的漩涡有着各自的控制变量[21]。Andrzewski 等认为非旋转的汇流涡是造成卷渣的主要因素，并且通过理论量纲分析和冷态模拟分别研究了稳态和非稳态漩涡[22]。蔺瑞等通过水模型实验对钢包浇注过程中漩涡的产生及卷渣过程进行了研究，描述了漩涡演变过程，如图 5.5 所示[23]。赵永志等运用 VOF 模型，模拟计算了自由表面涡的结构和运动过程，认为盆池涡是一种类兰金涡（兰金涡是一种旋转核心与周围无旋流相结合的漩涡，即强迫涡与自由涡相结合的一种涡）[24]。

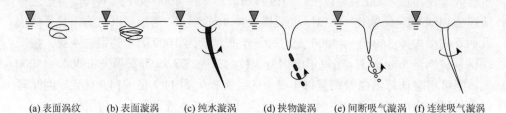

(a) 表面涡纹　(b) 表面漩涡　(c) 纯水漩涡　(d) 挟物漩涡　(e) 间断吸气漩涡　(f) 连续吸气漩涡

图 5.4　自由表面涡的六种类型[19]

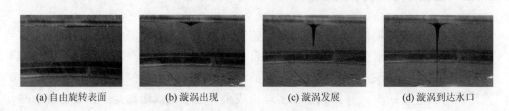

(a) 自由旋转表面　　(b) 漩涡出现　　(c) 漩涡发展　　(d) 漩涡到达水口

图 5.5　自由表面涡的演化过程[23]

2. 自由表面涡的方向

Shapiro 和 Binnie 通过实验证实了北半球的漩涡旋转方向为逆时针，Trefethen 等证实了南半球旋转方向为顺时针[25-27]。伍培云和陆建隆通过盆池涡的动力学模型讨论了漩涡的旋转方向，认为由于地球自转的原因，北半球漩涡逆时针旋转，南半球漩涡顺时针旋转，赤道处则不旋转[28]。Pedlosky 及 Haugen 和 Tyvand 指出，已有实验显示，漩涡形成时，逆时针和顺时针都可能出现[29, 30]。蔺瑞等指出，在不静置的情况下，产生漩涡的旋转方向不能确定，随着静置时间的延长，漩涡方向变为逆时针；水口偏心时，漩涡产生的位置偏于水口正上方，同时旋转方向也变得不明确[23]。赵永志等认为盆池涡是由外来扰动或流道截面几何形状和表面粗糙度不均匀引起的切向流动而诱发出来的漩涡，其旋转方向是随机的，与形成的切向流动方向一致[24]。

3. 漩涡形成的临界高度和影响因素

Lewellen 在黏性不可压缩情况下研究了底部小孔出流时圆桶内所形成的吸气漩涡。他将影响吸气漩涡的因素总结为：弗劳德数 Fr、环量数 Nr、雷诺数 Re、相对临界高度 $H_{critical}/d$ 和韦伯数 We 五个无量纲数[31]。Piva 等研究了中心水口圆柱形容器漩涡的形成主要取决于相对于旋转轴的初始最大切向速度，并且分析了偏心水口比中心水口漩涡形成高度较低的原因[32]。Granger 推导出径向和轴向速度的封闭形式的表达式，求得了一阶环量解，讨论了无黏性和黏性两种情况下的漩涡流动形式[33]。Rosenhead 通过数学分析给出切向速度的经验公式[34]。Mih 将 Rosenhead 给出的公式进行了改进，Hite 等以 Mih 建立的切向速度为基础，推导了描述吸气漩涡切向、径向、轴向的速度方程以及临界高度的计算公式[35]。Hecker、Odgaard、Gordon 也提出了临界高度的估算公式[36-38]。Kojola 等使用半球控制体和圆柱控制体两种水力模型精确预测了非旋转汇流的临界高度[39]。Hammerschmid 等发现临界高度随着静置时间的延长而减小，并与流体初始旋转运动的强度成比例[40]。而 Morales 等在转速不变的条件下对液体进行不同时间的搅拌，指出残余运动对漩涡临界高度影响很小[41]。Sankaranarayanan 和 Guthrie 指出水口直径与钢包直径的比值也影响了漩涡的临界高度，临界高度与这个比值呈一定的比例关系；在这个比值一定的条件下，临界高度随着初始液面高度的增加而增大[21]。Sucker 等指出漩涡的临界高度随着水口偏心率（指水口与钢包中心距离和钢包半径的比值）的增加而减小[42]。蔺瑞等通过水模型实验研究了初始液面高度、水口直径、水口偏心率和渣层对漩涡临界高度的影响[23]。Kuwana 等利用 PIV 粒子成像测速仪对钢包的水模型实验进行测速，并采用 CFD 模拟软件进行简单的模拟，得出漩涡的形成与初始切向速度有关，研究了临界高度与 Fr、Re 之间的关系[43]。Karlikov 等模拟了以恒定角速度旋转的圆柱形容器内流体出流的情况，分析了角速度、黏度、初始液面高度对流体出流过程的影响[44]。Davila 等通过数值模拟的方法，采用 VOF 多相流模型，对绝热和非绝热条件下钢包出钢情况进行了模拟，指出由温度梯度产生的浮升力加大了漩涡的形成高度[16]。Haugen 和 Tyvand 认为对于盆池涡这样小尺度的涡流，科氏力的作用是没有意义的[30]。Suh 等指出在正常流动条件下，科氏力与其他因素（如流体内部残余运动、空气引起的压力变化、初始或边界条件的不对称、温度不均匀）相比，是可以忽略的，除非经过很长时间使流体完全静止，才会考虑科氏力的影响[45]。

综合以上分析可知：理论实验方面，之前的研究者们通过实验、量纲分析和数学推导，研究了漩涡形成的影响因素并给出了各种形式的临界高度公式。但无法对各时刻容器内整个流场的流动变化进行很好的研究，特别是对于钢液，实际中难以对其测量，所以目前很难用理论实验的方法对钢包出钢末期漩涡产生的机理和运动规律进行分析。而在数值模拟方面,研究者们或考虑温度的影响,或随意施加初始扰动来进行模拟,其结果并没有与实验相对比,没有验证模拟的正确性。而对漩涡的旋转方向也有多种说法,有的观点认为旋转方向与地球自转有关,南半球呈顺时针旋转,北半球呈逆时针旋转;有的观点则认为其旋转方向是随机的,与初始切向速度的方向一致。漩涡的影响因素可以归纳为以下几方面:初始切向速度(是指运输、空气引起的压力变化、初始或边界条件的不对称、温度不均匀以及科氏力等各种原因造成的在打开水口出钢时钢液内部存在的切向运动速度),水口位置(偏心率),水口直径,初始液面高度,渣层厚度,流体的物理性质(密度、黏度和表面张力),温度,科氏力(地球自转偏向力)。广大研究者们虽然对其进行了大量的研究,但是对漩涡的形成原因至今还不是十分明确,特别对钢包出钢过程中,漩涡具体的运动过程和变化规律并没有给出更为详细的阐述。

5.1.3　防漩技术的研究概况

近 30 多年来,为了提高钢材的洁净度,人们对出钢过程中防止下渣的方法和装置展开了诸多的研究和探索,取得了一定的成果[46-50]。综合起来,浇注过程的防下渣技术大体可分为 3 类,即上躲法、下藏法与抑制法[51]。这些方法都是针对控制临界高度而提出的解决方案。所谓临界高度,是指漩涡的尖端延伸到水口上沿处的高度[52]。

1. 上躲法防漩涡技术

上躲法是指在撤走钢包和更换中间包之前留下深度大于临界高度的钢液量的情况下停止浇注,从上部躲避漩涡的发生,因而也可以称为过量余钢法,但要以显著牺牲钢液收得率为代价。通常采用的比较接近这种方法的实际操作有两种:一是人工目测法,一旦下渣便关闭水口,操作显著滞后;二是实施各种示渣技术的自动检测法,出流中带渣便反馈一定的信息,使水口及时关闭。这种方法比人工目测法先进,但都要在下渣到一定程度后才得以显示,仍然存在操作滞后问题,只能减少下渣量,也不能监测乳化下渣[51]。因此,上躲法能够快速有效地控制卷渣现象,必须要结合灵敏度良好的下渣检测装置。

常用的下渣检测方法有重力检测法、电磁检测法、振动检测法、红外检测法、激光检测法和超声波检测法[53-56]。

(1)重力检测法。此方法是将很多次钢包所浇注的钢水的重量加和后取平均值作为标准值,当每次浇注时达到该值,就立即关闭水口。很明显,当这个标准值设定得很高时,可能会使钢水中卷入钢渣;当这个标准值设定得很低时,会浪费钢水,金属收得率低,而且每次浇注时钢包的重量会有很大的波动,因此这种方法存在很大的缺点[57]。

（2）电磁检测法。此方法是在包底安装两级线圈，当钢液通过有交流电的线圈时，就会产生涡流，则磁场强度由于涡流而改变[58-62]。由于炉渣的电导率低于钢液的电导率，如果钢液中含有钢渣，涡流就会减弱，而磁场就会增强。磁场强度的变化可通过二级线圈产生的电压来检测，这是一种非接触式测量且相对较成熟有效的下渣检测技术，其原理如图 5.6 所示。但该装置对钢包结构改造大，高温环境下会降低使用寿命，不能及时更换，改造和维护费用高[57, 61]。

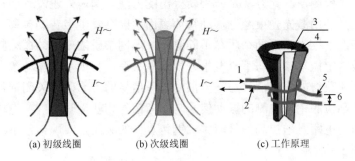

(a) 初级线圈　　　　　(b) 次级线圈　　　　　(c) 工作原理

图 5.6　电磁检测原理[57]

1. 交变电流；2. 初级线圈；3. 钢渣；4. 钢液；5. 次级线圈；6. 测量电压

（3）振动检测法。此方法是利用钢液和钢渣的密度不同，检测出钢流对保护套管和与之相连接的操作臂间振动的差异，以此获得大包下渣信号的检测方法[63-66]。这是一种极具市场竞争力的非接触式检测方法，此方法可以通过对汇流漩涡振动信号的判断，实现对钢包下渣的检测，设备简单，可以安装在低温区，只是现场检测到的信号微弱，容易受干扰，因此对振动传感器灵敏度要求比较高，其检测原理如图 5.7 所示[61]。

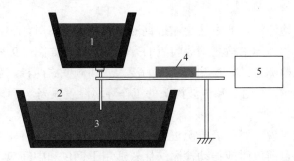

图 5.7　振动检测原理[61]

1. 钢包；2. 长水口；3. 中间包；4. 振动传感器；5. 数据处理及控制单元

（4）红外检测法。此方法是采用红外传感器接收钢水和钢渣的红外辐射来判断是否发生下渣[67]。钢水与钢渣的热辐射系数不同，热辐射系数大的物体会更热一些，通过红外热成像系统可以判断钢包下渣。该方法是一种非接触式的钢渣检测手段，有一定的优越性，其缺点是在检测中钢流不能被遮挡物所遮挡，如果用于钢包到中间包的下渣检测，则必须除去长水口，而这样就会导致钢水在空气中的二次氧化。因此，红外检测法目前一般不用于钢包的下渣检测，主要应用于转炉出钢口到钢包的下渣检测[57, 68, 69]。

（5）激光检测法。此方法是一种新提出的方法，国内外还没有展开更多的研究。其原理是利用激光光束经过振动物体表面散射会发生多普勒频移，通过研究探测不同情况下钢水中不同杂质在不同温度、不同杂质浓度下的振动频率及振幅特性，以及特定振动参数与下渣发生时的依赖关系，实现基准振动参考信号的确定，并根据所获得的振动信号与基准振动参考信号的关系确定关闭钢包水口时的时间。当实际检测中所检测的振动信号与参考信号相匹配时，判断电路向控制关闭钢包水口的电路发送控制信号，完成钢包水口的关闭，实现钢包下渣的检测，其原理如图 5.8 所示[57, 70]。

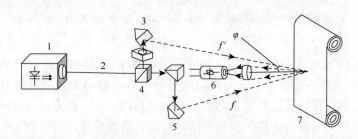

图 5.8　激光多普勒测振原理图[57]

1. 激光器；2. 声光调制器；3. 棱镜；4. 分束器；5. 棱镜；6. 探测器；7. 检测物体

（6）超声波检测法。此方法是通过钢液中有渣和无渣时，超声波发出的发射信号和反射信号的差异来检测钢液卷渣的方法，其原理如图 5.9 所示[57]。这是一种典型的接触式检测方法，检测主要分为浸入式和侧壁式两种。虽然这种方法对浇注过程没有影响，但由于超声波探头的工作环境温度很高，工作环境比较恶劣，制造和使用费用较高[71, 72]。

对于上躲法来说，对下渣情况进行准确检测是防止下渣首先要考虑的问题，通过以上分析，目前电磁或振动检测法比较适用于钢包和中间包，红外检测法比较适用于转炉。转炉与钢包、中间包不同的是，转炉出钢过程要经历三个阶段，前面已经介绍，因此除了漩涡卷渣还会因翻倒炉体而使钢渣被卷入。

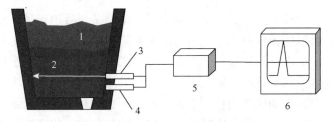

图 5.9　超声波检测原理[57]

1. 钢渣；2. 钢液；3. 发射探头；4. 接收探头；5. 脉冲发生器；6. 示波器

针对转炉出钢过程中特殊的卷渣情况，德国人 G. Bocher 等提出了末端具有液压闸门的滑板挡渣装置，并在 Salzgitte 钢厂对 210t 转炉出钢过程进行挡渣操作，其挡渣效果与挡渣球相比，钢包下渣量减少了 70%[73, 74]。滑板挡渣法的原理是钢包滑动水口原理，即可以归为上躲法。在传统转炉的出钢口位置安装该装置，通过滑动滑板和固定滑板之间流钢孔的错位实现挡渣出钢。转炉滑动水口挡渣闸阀装置安装在转炉出钢口的外端，采用液压驱动方式开闭滑动水口，由自动控制系统的 PLC（programmable logic controller）自动采集转炉倾动角度信号及红外下渣检测信号，并根据挡渣工艺要求，在 0.5s 内自动完成滑动水口的全开或全闭，在出钢过程中实现对前期渣和后期渣最有效的阻挡，是目前转炉出钢挡渣效果最佳的一种生产工艺技术。对于上躲法，无论是否结合灵敏的下渣监测装置一起使用，都存在一定的滞后性和牺牲钢水收得率的问题。

2. 下藏法防漩涡技术

此方法就是局部性降低水口附近的包底位置，使临界高度部分以至全部藏入该降低部位之内，从下部躲避漩涡，从而达到减少下渣和提高钢水收得率的双重目的[51]。

蔺瑞等利用下藏法原理提出了一种可对钢包进行防漩的方法[15]。这种结构的特点是钢包底部为一斜面，向水口方向倾斜，到达水口附近时终止，垂直到水口面。其中斜面面积约占包底面积的 2/3，斜面的倾斜角度约 2°。这样的设计一方面水口位置较低，保证了产生漩涡的临界高度部分或全部藏入该降低部位之内，使下渣得到缓解，提高钢水的纯净度。另一方面采用倾斜包底，考虑到由于熔渣和钢水相比具有密度小、黏度大的特点，因而随着液面的下降，当倾斜面开始露出时，熔渣会滞留在斜面上，使更多的钢水集中于水口上方，减少残余钢量，提高金属的收得率。

对于下藏法，存在钢包改动较大以及容易造成黏渣难以清理等问题。

3. 抑制法防漩涡技术

抑制法就是采取措施从根本上降低产生漩涡的临界高度，推迟漩涡的发生或阻止贯通式漏斗形漩涡的形成，从而减少以至消除漩涡卷渣现象，进而提高钢水收得率[51]。抑制法防漩涡技术是三种方法中被研究最为广泛的，主要是由于上躲法要配备高端的下渣检测设备，成本比较高，同时牺牲了大量的金属收得率，增加了企业的成本。而下藏法对钢包或者中间包等底部结构改动太大，而且会受到炼钢工艺流程空间的制约。而抑制法是一种从源头治理漩涡的防漩方法，若可以有效地抑制或消除漩涡，将会大幅度减少钢中的夹杂物，提高钢液的洁净度，增加钢水收得率，带来可观的经济效益，因此人们比较热衷于研究此类防漩方法。

1）浮游阀

浮游阀（floating valve，FV）有很多形式，主要有圆盘状、圆锥状或棱形。如日本新日铁发明的挡渣球；Labate 总结了西德挡渣棒在美国使用的经验，发明的陀螺形状的挡渣塞等[75, 76]。其共同特点是阀体的密度都介于钢液与熔融钢渣之间，配合滑动水口使用。新日铁开发的浮游阀的圆盘直径是滑动水口出口直径的4 倍，材质为氧化铝质可注料暗带铁芯，密度是 $4000kg/m^3$ 左右。在钢液浇注完毕10min 前投入水口的正上方，并以一定的张力进行调整，使之随着钢液液位的降低而下降，直到阀体的塞头接触水口。此方法防止了钢包出钢末期漩涡的发生，进而减少了卷入中间包的渣量，即减少了钢中源于钢包的夹杂物，提高了钢水的洁净度。在中间包中使用浮游阀和不使用浮游阀的出钢浇注实验，得到的结果类似。此外，该法能借助于阀头关闭水口时吊悬张力消失的信号实现判定浇注完毕的自动化，并确认能减少残钢量[51]。此种方法会引入新的杂质到钢液中，对钢液造成污染。

2）控流装置

除了在漩涡卷渣现象出现时进行挡渣以外，很多研究是关于控流的，即通过改变漩涡形成时的流场，进而延缓或减弱漩涡的形成。奥地利 Veitscher Magnesitwerke AG 公司利用均流出钢口来减弱出钢时的涡流效应。均流出钢口是一个有收缩和带倒锥度形状的出钢口，可以减弱出钢终了时的涡流效应，从而减少钢水夹带的炉渣量。另外，当钢水流过时，流通断面逐渐减小和流速缓缓增加，这是均匀的渐变过程。所以钢流能形成紧密流股，从而也减少了钢水的氧化程度，出钢口寿命也会有所提高。比利时的 LD-LBE 厂在转炉采用气动挡渣法时，也采用了带锥度的出钢口，出钢口寿命有所提高，也减少了涡流效应，因此目前出钢口通常为倒锥形[76, 77]。各种控流装置更多地起到改善中间包内的流场、促进夹杂物上浮、防止钢液对内衬的冲击的作用，同时也有一定的防漩涡效果，因此目前已被广泛应用[78, 79]。还有一些其他的水口改造，在水口内部加入一些翼片凸起等。但这些控流装置对漩涡的抑制效果是有限的，而且时间长了容易被腐蚀，尤其水口内部的控流装置很容易造成水口堵塞，很难被实际应用。

1988 年美国阿·勒德隆钢铁公司发明了避渣罩挡渣法。避渣罩砌筑在出钢口处，出钢时，钢水经耐火材料制成的避渣罩侧孔流出出钢口，由于避渣罩顶部呈封闭形式，阻碍了出钢口上方涡流形成的条件，因此能有效地防止涡流卷渣现象[76]。此方法也存在水口容易堵塞的问题。

3）电磁装置

以上各种抑制阀可以有效地抑制出钢过程中漩涡的形成，从根本上减弱了漩涡卷渣的现象，增加了钢水的收得率。但由于容易被腐蚀、污染钢液，而且避渣罩的侧孔也容易出现堵塞水口等问题，因此也有些非接触的漩涡抑制法被研究，如利用电磁场对漩涡进行抑制或消除的方法。

法国 IRSID 研究所在 1978 年提出了应用电磁原理对中间包内的漩涡进行控制的设计[80]。该设计结合下藏法的原理，在中间包底部加了一个井状的竖井部分，竖井的直径至少是水口直径的一倍，直径比最好为 5~10，用来安装电磁装置。电磁装置可由永磁体、电磁铁或类似的设备构成，分别放在竖井的两侧，如图 5.10 所示。磁场也可以选择旋转磁场，抑制效果更有效，甚至可以消除漩涡。旋转磁场可以由多相位的静态电磁铁管状式布置来诱导产生，类似于电机定子的旋转电磁感应的形式。如果采用旋转电磁场，必须注意两方面：一方面，要先确定漩涡的旋转方向，中间包或钢包浇注过程中出现的漩涡类似于盆池涡，可以先做一些冷态实验对其旋转方向进行研究确定。或者必要时可以加装一个导流板来固定浇注过程中漩涡的旋转方向。另一方面，要注意调节好电磁感应装置的电磁参数（旋转频率和磁场强度），至少确保不要运行时间过长引起漩涡的逆向旋转。同时也可以施加方向周期性改变的旋转磁场进行防漩。

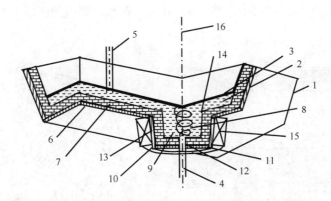

图 5.10　带有电磁感应装置的中间包底部结构图[80]

1. 中间包；2. 金属液；3. 渣层；4. 中间包水口；5. 钢包水口；6. 金属外壳；7. 内衬；8. 漩涡；9. 竖井；10. 竖井凸出部分；11. 竖井的基体；12. 浇注口；13. 耐火层；14. 内壁；15. 电磁感应装置；16. 浇注轴

Suh 等提出采用静磁场进行防漩[81]。利用两种磁场装置，一种是永磁铁，另一种是电磁铁，钢液流动方向是垂直于静磁场的。图 5.11 为实验装置示意图，两个磁场装置分别位于钢包的底部和侧边，产生的是静磁场，该磁场垂直于钢液的切向流动。在漩涡的抑制上，永磁铁形成的磁场和电磁场相比较，电磁场某种程度上相对更有效些，但不是特别明显。随着静磁场的增加，漩涡的形成高度下降。电磁场平均静磁场达 0.17T 时，或者永磁铁的平均静磁场达到 0.19T 时，漩涡形成的无量纲高度（漩涡形成时的液面高度与水口直径的比值）从 1.7 下降到 0.85。

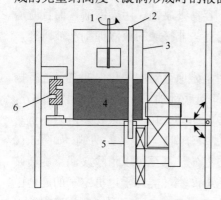

图 5.11　静磁场防漩的实验装置[81]

1. 搅拌器；2. 停止器；3. 钢包；4. 熔融物；
5. 电磁铁；6. 载荷单元

达尔迪克等设计了旋转电磁场（RFM）防漩装置来抑制中间包或钢包出钢时钢液的自由液面下降到临界高度以下时产生的漩涡[82]。图 5.12（a）为电磁装置在钢包底部的布置形式，图 5.12（b）为电磁装置结构示意图。该设备由显式磁极感应器构成，其中磁极的数量是电流相位数量的倍数，感应器应包括磁路、绕组和极靴。它们安装在水口周围的中间包或钢包底部之下，其中磁路制成薄壁壳，其内充满电绝缘颗粒的铁粉，如果施加 50～60Hz 的工业频率电流，则磁路优选由薄片电工用钢制成或形式为薄钢板壳，如果施加 2～10Hz 的低频电流，磁路优选由钢或铸铁铸成。整个磁路的形式为带有中心孔的扁平圆盘，中心孔可以使钢包或中间包的水口穿过。磁极呈梯形截面，带有垂直于衬背平面的绕组。极靴选用钢、铁或层压的电工用钢制成，形式为中空椎形，采用空气冷却，并布置在水口周围的底部内衬中。在钢液

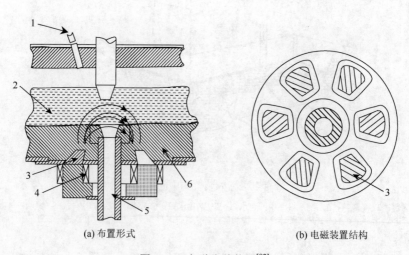

(a) 布置形式　　　　　　　　　　　　　　　(b) 电磁装置结构

图 5.12　电磁防漩装置[82]

1. 光学探针；2. 钢液；3. 磁极；4. 线圈；5. 水口；6. 钢包内衬

上方的中间包盖板上安装光学探针，测量熔融物的速度，确定漩涡的旋转方向；并通过低温模型实验，发现施加频率和/或幅值调制的旋转磁场，或者随时间改变旋转磁场的旋转方向、强度或频率，防漩涡效果更明显。

日本钢管公司还发明了电磁挡渣法，在转炉出钢口外围安装电磁泵，出钢时启动电磁泵，通过产生的磁场使钢流直径变细，使在出钢口上方钢液面上发生的吸入涡流的高度降低，可以有效地防止炉渣通过出钢口流出。该公司在 250t 转炉上安装了能产生约 0.15T 磁场的电磁泵，挡渣效果显著，出钢时间约 20min，钢水温度几乎不降低[76]。但是此种方法出钢操作时间过长。

对于利用电磁场来抑制漩涡的方法，由于受实际生产中高温环境的制约和装置布置的困难，目前无法进行应用，具体的防漩效果也尚不得知。

4）吹气干扰涡流

韩国光阳厂研制了出钢时向出钢口上方的钢液面吹氩，吹散钢液面上的炉渣，同时形成一个"刚性"凹坑，抑制涡流在出钢口上方形成，凹坑形状对阻止炉渣随钢水流入出钢口起到重要作用。采用本法钢包内渣层厚度为 20～50mm，而采用挡渣球法渣层厚度为 70～90mm[76]。日本钢管公司在出钢口周围安装惰性气体吹管，当出钢时，通过惰性气体吹管往炉内喷吹惰性气流，可有效地阻止炉渣流出[83]。加拿大伊利湖钢铁公司研究认为，230t 转炉当出钢口上方钢水高度为 125mm 时，开始出现涡流卷渣现象。为防止涡流卷渣，在出钢口设置多孔透气砖，通过吹气来干扰涡流，使钢包渣层厚度小于 75mm[76, 84]。此吹气方法需要的吹气流量相对较大，需要严格控制，否则反而会造成卷渣和钢液裸露被二次氧化的现象。同时，在出钢口设置多孔透气砖需要改动原有的钢包结构，吹气流量较大也容易造成被吹钢液的温降较大，且在出钢口处吹气会延长出钢时间。因此，此方法在实际当中并没有被广泛应用。

在上躲法、下藏法和抑制法中，目前更多使用的是上躲法，以牺牲金属收得率来确保钢水的洁净度。下藏法需要对结构改造过多，也受生产环境的空间限制。而抑制法可以从根本上对漩涡卷渣进行抑制，因此相关研究也比较多，但也存在引入杂质、装置难以安装以及各参数难于控制等各种不同的问题。因此，一项有效、低成本、适合炼钢环境、不影响生产工艺并且环保无污染的防漩措施，是人们一直不断努力追求探寻的。

5.2　钢包钢液流场数学模型

钢包出钢过程中形成的漩涡现象带来了一系列的危害，影响了钢材的质量和企业的经济效益，基于此对钢包出钢过程中的漩涡形成机理及其防治方法进行探

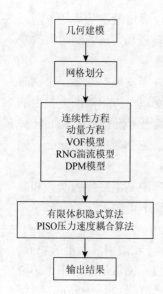

图 5.13　数学模型及算法

索是十分必要的。通过如图 5.13 所示的数值模型及算法对此问题展开了研究,下面对这种方法进行详细的说明。

5.2.1　基本假设

为了便于求解运算,在建立钢包出钢过程的数学模型时,根据这一过程的特点进行以下假设:

(1) 流体为不可压缩流体。

(2) 不考虑温度的影响。

(3) 壁面处应用无滑移边界条件。

(4) 钢包近似于圆柱体。

(5) 科氏力作用效果很小,因此可以忽略。

(6) 除吹气防漩的模拟外,其他模拟情况暂不考虑渣层的影响。

5.2.2　数学模型

在忽略温度和顶部渣层的影响以后,随着钢液不断地从水口流出,液面不断下降,在漩涡形成的过程中,上面的空气被卷入。因此,整个出钢过程可以仅仅看作一个流动过程,选择的数学模型主要由湍流模型和多相流模型两部分构成。其中湍流模型选择 RNG k-ε 湍流模型,多相流模型选择 VOF 多相流模型以及离散相模型。

(1) RNG k-ε 湍流模型[85]是通过严格的统计学技术推导的(基于 RNG 理论)RNG k-ε 湍流模型在形式上与标准 k-ε 湍流模型相似,但是该模型包括以下优点:RNG k-ε 湍流模型的 ε 方程比标准 k-ε 湍流模型多出一项,这一项明显提高了快速剪切流的精度;包含了旋流的湍流效应,提高了漩涡流动计算的精确度;RNG 理论为湍流普朗特数提供了一个解析方程,而标准 k-ε 湍流模型是使用用户自定义的常量;同时标准 k-ε 湍流模型适用于高雷诺数流动,而 RNG 理论还为低雷诺数流动问题中的有效黏度提供了一个可求解的微分方程,因此该模型还适用于低雷诺数流动。这些特征使得 RNG k-ε 湍流模型更精确,且比标准 k-ε 湍流模型使用的范围更广,选择此湍流模型对本书出钢过程中漩涡形成过程进行模拟可以得到更为精确的结果。RNG k-ε 方程:

$$\frac{\partial}{\partial t}(\rho k) + \frac{\partial}{\partial x_i}(\rho k u_i) = \frac{\partial}{\partial x_j}\left(\alpha_k \mu_{\text{eff}} \frac{\partial k}{\partial x_j}\right) + G_k + G_b - \rho \varepsilon - Y_M \tag{5.1}$$

$$\frac{\partial}{\partial t}(\rho \varepsilon) + \frac{\partial}{\partial x_i}(\rho \varepsilon u_i) = \frac{\partial}{\partial x_j}\left(\alpha_\varepsilon \mu_{\text{eff}} \frac{\partial \varepsilon}{\partial x_j}\right) + C_{1\varepsilon} \frac{\varepsilon}{k}(G_k + C_{3\varepsilon} G_b) - C_{2\varepsilon} \rho \frac{\varepsilon^2}{k} - R_\varepsilon + S_\varepsilon$$

(5.2)

式中，t 是时间，s；ρ 是密度，kg/m^3；u_i 是 i 方向上的速度，m/s；x_i 是 i 方向上的长度，m；x_j 是 j 方向上的长度，m；μ_{eff} 是有效黏度，在高雷诺限制时，$\mu_{\text{eff}} = \rho C_\mu k^2 / \varepsilon$；$G_k$ 是由平均速度梯度引起的湍动能生成量；G_b 是由于浮升力引起的湍动能生成量；R_ε 是 RNG k-ε 模型的 ε 方程中的一项，在标准 k-ε 模型的 ε 方程中没有此项，这一项可以提高精度，是两个模型的不同之处；Y_M 是在总耗散率中被压缩湍流的脉动扩大量，由于模拟的流体为不可压缩流体，所以此项忽略；$C_{1\varepsilon} = 1.42$；$C_{2\varepsilon} = 1.68$；当浮升力的剪切层的主流方向与重力方向平行时 $C_{3\varepsilon} = 1$，当浮升力的剪切层与重力方向垂直时 $C_{3\varepsilon} = 0$；$C_\mu = 0.0845$；α_k 是 k 方程湍流普朗特数，$\alpha_k \approx 1.393$；α_ε 是 ε 方程的湍流普朗特数，$\alpha_\varepsilon \approx 1.393$。

（2）VOF 多相流模型动量方程：

$$\frac{\partial}{\partial t}(\rho \vec{u}) + \nabla \cdot (\rho \vec{u}\vec{u}) = -\nabla p + \nabla \cdot [\mu(\nabla \vec{u} + \nabla \vec{u}^{\mathrm{T}})] + \rho \vec{g} + \vec{F}$$

(5.3)

VOF 多相流模型[85]仅限于用于一种或多种流体（或相）没有相互交混的情况。在每一个控制体内，所有相的体积分数之和为 1。如果在一个单元内第 q 相的体积分数被设为 α_q，那么有如下三种情况：$\alpha_q = 0$，在这个单元内没有第 q 相流体；$\alpha_q = 1$，在这个单元内全部为第 q 相流体；当 $0 < \alpha_q < 1$，在这个单元内包含除了第 q 相流体以外的另外一种或几种流体，并且在该单元内存在流体的交界面。其中，每一相之间的界面追踪是通过求解一相或多相的体积分数连续方程来完成的。对于第 q 相来说，体积分数方程为下面的形式：

$$\frac{\partial}{\partial t}(\alpha_q \rho_q) + \nabla \cdot (\alpha_q \rho_q \vec{u}_q) = S_{\alpha_q} + \sum_{p=1}^{n}(\dot{m}_{pq} - \dot{m}_{qp})$$

(5.4)

式中，$\dot{m}_{pq}$ 是 q 相到 p 相的质量传递；$\dot{m}_{qp}$ 是 p 相到 q 相的质量传递；S_{α_q} 是每一相的质量源项，可以用户自定义。

体积分数方程不能求解第一相，第一相体积分数的求解是基于下面的约束条件：

$$\sum_{q=1}^{n} \alpha_q = 1$$

(5.5)

体积分数方程既可以通过隐式时间离散方式求解也可以通过显式时间离散方式求解，本节选择的是隐式求解方式。

（3）离散相模型（DPM）[85]可以用于模拟流场中离散的第二相颗粒与连续相之间的相互作用，计算出这些颗粒的轨道以及由颗粒引起的热量/质量传递。同时可以应用拉氏公式考虑离散相的惯性力、曳力和重力等，相间耦合以及耦合结果对离散相轨道、连续相流动的影响也均可以考虑进去。此模型要求离散相的体积分数小于 10%～12%。

离散相模型是基于对粒子受力的分析，在拉格朗日参考系下建立粒子的受力平衡，这个力平衡等于粒子惯性和作用于粒子上的力，如式（5.6）所示：

$$\frac{\mathrm{d}\vec{u}_p}{\mathrm{d}t} = \frac{\vec{u} - \vec{u}_p}{\tau_r} + \frac{\vec{g}(\rho_p - \rho)}{\rho_p} + \vec{F} \qquad (5.6)$$

5.2.3　几何模型与网格划分

选择文献[21]中的钢包模型，如图 5.14 所示，尺寸如表 5.2 所示。在具体的模拟过程中根据不同的研究条件，水口位置即水口偏心率（水口到钢包中心的距离与钢包半径的比值）和水口直径进行了相应的改变。

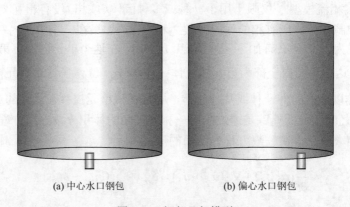

(a) 中心水口钢包　　　　　　　　(b) 偏心水口钢包

图 5.14　钢包几何模型

表 5.2　数值模拟采用的钢包尺寸

钢包直径/m	钢包高度/m	初始液面高度/m	水口直径/m	水口长度/m
1.16	1	0.5	0.0765	0.1235

在数值模拟过程，网格划分也是一个重要的环节。对于质量较差的网格，严重影响数值模拟结果的精度以及运算的稳定性，容易导致整个模拟运算不收

敛。合理的网格划分，可以提高模拟运算的准确性和稳定性，还可以提高计算速度。

采用 ICEM 网格划分软件对钢包几何模型进行了网格划分，为了保证网格与物面正交，与流动方向平行，网格线也相互正交，采用 O 型划分和 Y 型划分的网格划分技术，得到了质量较好的结构性网格，网格数为 100 万左右。图 5.15 显示了中心水口钢包和偏心水口钢包底部四分之一结构的网格划分情况。

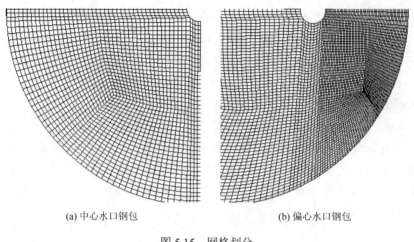

(a) 中心水口钢包　　　　　　　　　　(b) 偏心水口钢包

图 5.15　网格划分

5.2.4　边界条件

模拟的边界条件：入口边界为压力入口，出口边界为压力出口。其中，入口和出口的高斯压力值设为 0，入口和出口的操作压强值设为 101325Pa。入口的流动方向与入口表面垂直，出口流动方向通过程序的迭代运算自动获得。同时入口和出口的速度也通过迭代运算被自动获得了。对于钢包壁面和水口壁面，由于采用壁面无滑移的假设条件，此处的速度值为 0。入口边界条件中的湍流强度由公式 $I_0 = 0.16Re^{-1/8}$ 可计算得出。$Re = \rho \bar{d} u / \mu$，$\bar{d}$ 为水力直径，u 为平均速度，μ 为动力黏度，则入口的水力直径为钢包直径，出口的水力直径为水口直径。出口的平均速度由公式 $\bar{u}_{out} \approx \sqrt{2gH_0}$ 计算，g 为重力加速度，H_0 为初始液面高度。入口的平均速度由公式 $\bar{u}_{in} \approx \bar{u}_{out} \cdot A_{out} / A_{in}$，$A_{out}$ 和 A_{in} 分别为出口和入口的截面积。因此，计算入口的湍流强度可得 $I_{in} = 0.06$。考虑到由于水头的不断下降以及黏性损失，实际中的入口平均速度 $\bar{u}_{in}$ 比用公式计算得到的数值要小，因此最终设入口的湍流强度为 $I_{in} \approx 0.03$，即入口的湍流强度约为 3%。对于出口，认为空气没有回流，因此出口的回流湍流强度设为 0。

5.2.5　求解方法和收敛判据

Fluent 软件提供了强大的可编译语言 UDF，因此在模拟运算中，把整个钢包几何模型作为一个整体，下面钢液区域和上面空气区域通过编写 UDF 程序自动设定。同时，初始的切向速度、研究科氏力影响时的科氏力以及研究防漩方法时的防漩反作用力均通过编写 UDF 程序施加到软件求解器中来实现。求解过程中，采用有限体积隐式算法和 PISO 压力速度耦合算法，进行非稳态模拟，时间步长为 0.01s，收敛以各个变量的无量纲残差小于 1.0×10^{-4} 为标志。初始条件根据具体研究情况来确定。

5.2.6　流体物理性质

首先选择水作为流体进行模拟，将模拟结果与文献[21]中的结果进行对比，确定模型和算法的正确性，然后用同样的模拟方法对钢液的情况进行了模拟，并且选择几种流体研究了流体的物理性质对漩涡形成的影响。表 5.3 中列出了模拟所选用的所有流体的物理性质。

表 5.3　流体物理性质

参数 ＼ 流体种类	钢液	水	甘油	汽油	水银	氩气
密度/(kg/m³)	7000	998.2	1260	680	13600	0.26
动力黏度/(Pa·s)	0.0053	0.001003	1.5	0.00031	0.00157	0.08148
表面张力/(N/m)	1.6	0.0728	0.0633	0.022	0.484	—
温度/K	1873	293	293	293	293	1873

5.2.7　模型验证

为了验证以上模拟运用的模型和算法的正确性，选择了文献[21]中的一组实验进行了数值模拟，并将模拟结果与文献中的实验结果进行了对比。文献[21]中实验的模型尺寸前面已经介绍，流体为水，水口偏心率为 0，即中心水口钢包，采用测速技术分别测量出三次出钢时的初始切向速度为 0.06m/s、0.03m/s、0.01m/s，然后打开水口进行出钢操作，得到了三次出钢过程中漩涡的形成高度（液面开始凹陷时的高度）。根据这些实验条件来确定初始条件并进行数值模拟时，首先需要对初始切向速度进行 UDF 语言编译并加入 Fluent 软件的求解器中,程序编写所依据的理论公式具体推导如下。

对于理想不可压缩无黏性流体而言,漩涡分为自由涡和强迫涡两种,其速度分布形式分别如方程(5.7)和方程(5.8)[86]所示。r 为到水口中心的距离,U_θ 为切向速度:

$$U_\theta r = 常数 \tag{5.7}$$

$$U_\theta / r = 常数 \tag{5.8}$$

对于出钢过程中形成的这种自由表面涡是由自由涡和强迫涡组成的混合涡,类似于人们所研究的兰金涡[87]。兰金涡的速度分布则为

$$\begin{cases} U_\theta = \omega r & 0 \leqslant r \leqslant r' \\ U_\theta = \omega r'^2 / r & r > r' \end{cases} \tag{5.9}$$

式中, ω 是角速度,rad/s; r' 是涡核半径,m。

由于文献[21]给出的初始切向速度仅仅是一个数值而不是一个速度分布,所以很难得到具体的出钢前钢包内的切向速度分布以及涡核半径的大小,为此本节根据文献[21]所给的数值假设两种初始切向速度分布形式。以初始切向速度 0.06m/s 为例,u_θ 为初始切向速度,则两种分布形式可表达为

$$u_\theta / r = \omega = 0.2069\text{rad/s} \tag{5.10}$$

$$u_\theta = 0.06\text{m/s} \tag{5.11}$$

方程(5.10)中的角速度为常值 0.2069rad/s,即相当于平均切向线速度为 0.06m/s。方程(5.11)中的切向线速度为常值 0.06m/s。只要设定的初始切向速度等效真实初始切向速度的作用效果,迭代运算后的模拟结果将会与实际实验结果一致。

由于 Fluent 软件的默认坐标系为直角坐标系,因此将上面柱坐标系内的两个分布表达式进行直角坐标系转换,并设定初始切向速度的旋转方向均为逆时针:
当 $x \neq 0$ 且 $y \neq 0$ 时,

$$\begin{cases} \vec{u}_x = \vec{u}_\theta \dfrac{|y|}{\sqrt{x^2 + y^2}} + \vec{u}_r \dfrac{|x|}{\sqrt{x^2 + y^2}} \\ \vec{u}_y = \vec{u}_\theta \dfrac{|x|}{\sqrt{x^2 + y^2}} + \vec{u}_r \dfrac{|y|}{\sqrt{x^2 + y^2}} \\ \vec{u}_z = \vec{u}_z \end{cases} \tag{5.12}$$

当 $x = y = 0$ 时,

$$\begin{cases} \vec{u}_x = \vec{u}_y = 0 \\ \vec{u}_z = \vec{u}_z \end{cases} \tag{5.13}$$

即

$$\begin{cases} \vec{u}_\theta = \vec{u}_r = 0 \\ \vec{u}_z = \vec{u}_z \end{cases} \tag{5.14}$$

其中 $(\vec{u}_\theta, \vec{u}_r, \vec{u}_z)$ 为柱坐标系下三个方向的速度矢量，$(\vec{u}_x, \vec{u}_y, \vec{u}_z)$ 为直角坐标系下三个方向的速度矢量。将初始切向速度分布进行程序编译后施加到求解器后进行初始化，然后求解计算，以下是得到的模拟结果。

图 5.16 显示了两种不同初始切向速度分布形式下钢包出钢时漩涡的形成高度。由图 5.16（a）可知，初始条件为 $u_\theta / r = 0.2069\mathrm{rad/s}$、$H_0 = 0.5\mathrm{m}$ 时的漩涡形成高度为 0.34m；由图 5.16（b）可知，初始条件为 $u_\theta = 0.06\mathrm{m/s}$、$H_0 = 0.5\mathrm{m}$ 时的漩涡形成高度为 0.38m。而文献[21]中实验所测得的漩涡形成高度为 0.39m，显然后者更为接近。因此，结果表明初始切向速度的分布形式应该被设定为整个钢包内的切向线速度均为常值（即为文献中实验所测得的切向速度值），其最终运算得到的模拟结果才更接近于实际效果。

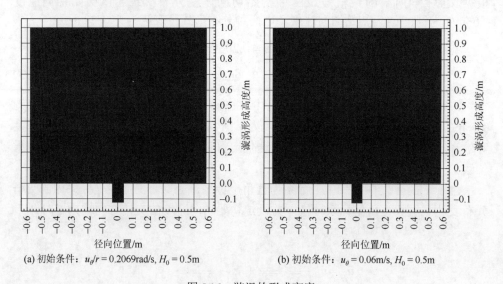

(a) 初始条件：$u_\theta/r = 0.2069\mathrm{rad/s}$, $H_0 = 0.5\mathrm{m}$　　　　(b) 初始条件：$u_\theta = 0.06\mathrm{m/s}$, $H_0 = 0.5\mathrm{m}$

图 5.16　漩涡的形成高度

同时又分析了在以上两种不同初始条件下，出钢过程中漩涡开始形成时的切向速度分布，如图 5.17 所示。对于中心水口的钢包，钢包内速度场分布是关于中心轴对称的，因此选择速度场分布曲线的一半便可以进行比较。在两种不同的初始条件下，当水口打开后，整个流场都逐渐趋近于兰金涡的速度分布形式。这说明出钢时只要有切向速度，无论切向速度的分布形式如何，都会开始形成类似于兰金涡的漩涡。并且各个高度处的涡核半径随着与钢包底部距离的增加而增加，在左面图中涡核半径基本是略大于水口半径的，而在右面图中涡核半径基本是略小于水口半径的，但两者不同高度处的涡核半径大致近似于水口半径。

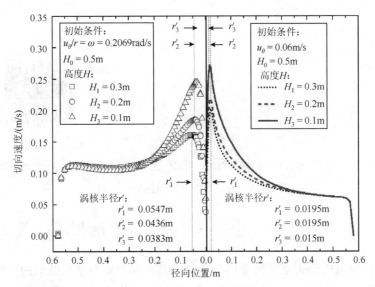

图 5.17　漩涡开始形成时切向速度随高度的分布

虽然只要有切向速度存在，无论初始切向速度分布形式如何都会形成漩涡，但是不同的分布形式得到的临界高度值是不一样的，通过以上对比发现将钢包内初始时刻的切向线速度设为文献[21]中所测得的常值，运算得到的模拟结果较为符合实际。因此，按照此方法又分别对初始切向速度为 0.03m/s 和 0.01m/s 两种情况进行了模拟，也将其模拟结果与文献中的实验结果进行对比，来验证数值模拟所采用的模型和方法的正确性。

图 5.18 显示了初始切向速度分别为 0.06m/s、0.03m/s 和 0.01m/s 时，模拟得到的漩涡形成高度与实验测得的形成高度之间的比较。其中，H_{dimple} 为漩涡形成高度。由图可知，通过模拟得到的漩涡形成高度按顺序依次为 0.38m、0.31m 和 0.16m；实验测得的漩涡形成高度依次为 0.39m、0.35m 和 0.23m。在三个不同初始切向速度条件下，模拟和实验的结果均接近，并且趋势完全一致，漩涡形成高度都随着初始切向速度的增加而增加。

通过以上分析，可以证明本节数值模拟所使用的模型和算法是正确的，因此在接下来的研究中均采用相同的模型和算法。同时，没有特殊强调的情况下，本节中的初始切向速度均指钢包内的平均切向线速度。

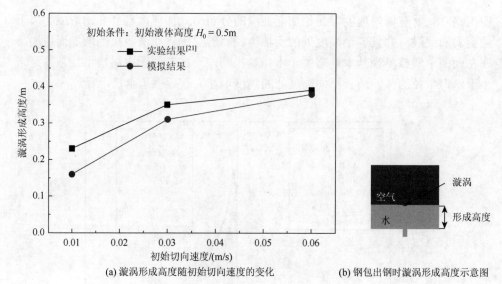

(a) 漩涡形成高度随初始切向速度的变化　　　　(b) 钢包出钢时漩涡形成高度示意图

图 5.18　模拟结果与实验结果[21]比较

5.3　钢包出钢过程中自由表面涡的形成机理

要解决钢包出钢末期漩涡卷渣的现象，首先要明确并掌握漩涡的形成机理，才可以探究出一种切实有效的防漩措施，进而从根本上抑制或消除漩涡。因此，首先从钢包结构较为规则的中心水口钢包入手，发现了初始切向扰动对漩涡形成有着至关重要的作用；然后结合实际的偏心水口钢包的操作情况，进一步分析了切向扰动和人们普遍认为的科氏力哪个在出钢过程中对漩涡的形成起到了真正的主要作用，最终确定了自由表面涡形成的真正原因。然后对漩涡形成的影响因素进行了分析，得到了漩涡形成的临界高度公式，为之后设计出可行的防漩措施提供了重要的理论依据和基础[88]。

钢包出钢过程中形成的这种会卷入渣与空气的自由表面涡，是一种类似于兰金涡的复杂的流体运动，对这种类型漩涡的成因至今也很难有一个明确的解释。因此，虽然在漩涡利用方面有很多且很好的见解和发明，但是对于其防治方面如钢包出钢过程中自由表面涡的防治，相关的有效可行的措施几乎没有。所以首先以模拟的方式从漩涡的成因入手，逐渐揭开漩涡的整个形成过程以及运动过程，阐明其真正的运动规律。

5.3.1　初始切向速度对自由表面涡形成的作用

在 5.2 节中的模型验证中，已经模拟了不同初始切向速度条件下水的流出过程，并与文献中实验结果进行对比，证明了所采用的数值模拟方法的正确性。按照同样的模型设置，将流体换为钢液，再次对三个不同初始切向速度条件下的出钢过程进行了模拟，以此来重点研究初始切向扰动对钢包出钢过程中漩涡形成所起的作用。具体模拟如下：流体为钢液，初始液面高度为 0.5m，偏心率为 0，水口直径为 76.5mm，初始切向速度分别为 0.06m/s、0.03m/s 和 0.01m/s，方向均为逆时针旋转。模拟结果如下。

1. 漩涡的临界高度

图 5.19 显示了不同初始切向速度下漩涡的临界高度（即漩涡尖端到达水口上沿时的液面高度）和漩涡延伸至水口处所需要的时间。由图可知，初始切向速度为 0.06m/s 时，临界高度约为 0.29m，空气柱下降至水口即到达临界高度的时间为 19s；而当初始切向速度减小到 0.01m/s 时，临界高度减小到 0.07m，到达水口处的时间被延长到 46s。可以发现，漩涡临界高度随着初始切向速度的增大而增大，到达水口处的时间则相应地缩短，即初始扰动越大越容易形成漩涡。

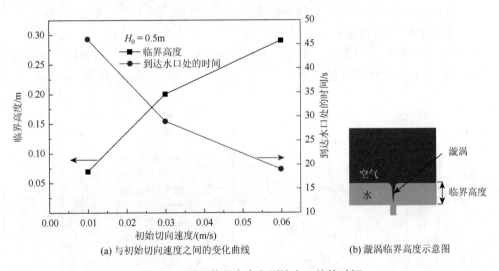

(a) 与初始切向速度之间的变化曲线　　　　　(b) 漩涡临界高度示意图

图 5.19　漩涡临界高度和到达水口处的时间

2. 出钢过程中的切向速度分布

中心水口钢包结构是对称的，出钢时的流场也类似于兰金涡的流场形式，便于规律的发现和探索，对于出钢时复杂的漩涡现象来说，从规整的中心水口钢包出钢过程的流场进行分析，无疑是打开此类漩涡运动奥秘的钥匙。因其出钢过程中的切向速度分布较为规则且关于钢包中心轴对称，所以将初始切向速度分别为 0.06m/s 和 0.01m/s 的两个模拟结果的曲线图的一半放在一起进行对比。分别研究出钢过程中距离钢包底部不同高度处的切向速度分布情况以及不同时刻的切向速度分布情况，分析初始切向扰动对出钢时钢包内钢液的切向速度的影响。

　　图 5.20 是初始切向速度分别为 0.06m/s 和 0.01m/s，出钢过程进行 4s 时不同高度处的切向速度分布（左图中 0.25m 与 0.4m 处的切向速度曲线几乎重合）。两者的切向速度分布有着相似的规律，都符合前面所说的兰金涡的速度分布形式。在 4s 时两者都还未形成视觉上可以观测到的漩涡，但随着距底部高度的降低，两种情况下的钢液所具有的切向速度逐渐增大，即离钢包底部越近，切向速度越大。由此可以推断，即使表面没有下凹，底部也已经形成了漩涡运动，漩涡是从底部产生的。同时，对比两种不同初始条件下相同高度处的切向速度值，可以发现初始切向速度为 0.06m/s 时与初始切向速度为 0.01m/s 时相比，前者的钢液在出钢过程中所具有的切向速度较大。即初始扰动越大，在出钢过程中相同高度处形成的切向速度越大。通过比较两种情况下不同高度处的漩涡涡核半径可以发现，虽然底部的切向速度较大，但漩涡的涡核半径却是随着距钢包底部高度的减小而减小，这种分布趋势正符合漩涡的形状，当视觉可以观察到漩涡时，正是这种上面半径较大、下面半径较小的圆锥式漏斗形状。而比较两种情况下相同高度处的涡核半径时，初始切向速度为 0.06m/s 时涡核半径明显比初始切向速度为 0.01m/s 时要大。这也说明了初始扰动越大越会促使漩涡形成并变强。但总体来说两种情况下最大涡核半径大致接近水口半径。

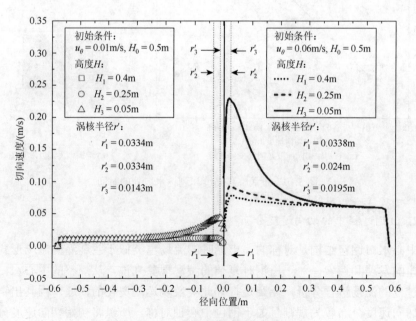

图 5.20　4s 时不同高度处切向速度分布

图 5.21 是初始切向速度分别为 0.06m/s 和 0.01m/s 时，出钢过程中在距钢包底部 0.05m 处不同时刻的切向速度分布。两种不同初始扰动条件下的切向速度随时间的变化也有着相同的趋势。从 4s 时漩涡还未形成到液面下凹漩涡开始形成再到漩涡到达水口处整个过程，切向速度逐渐增大。这是由于随着时间的延长，流体不断地流向水口中心，根据角动量守恒定律，流体质点的角速度随着与中心轴距离的减小而呈平方增加。因此可以得出，随着时间的延长，切向速度逐渐增大。并且漩涡的涡核半径随着时间的延长而逐渐下降，初始切向速度越大，同一时刻的涡核半径也越大。可以说在整个漩涡形成过程中，其整体涡核半径大致接近水口半径。

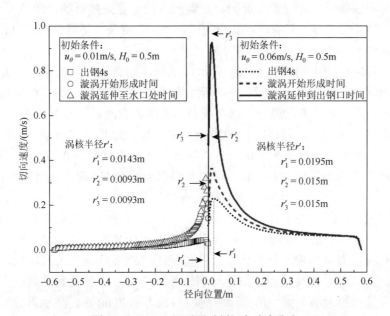

图 5.21　0.05m 处不同时刻切向速度分布

综上，切向速度对漩涡的形成有着很大的作用，当初始切向速度很小时，漩涡的临界高度也下降到非常低，甚至接近了汇流涡，也就是说当初始切向速度很小时漩涡已经基本不旋转了。同时还发现，越靠近钢包底部，漩涡的切向速度越大，漩涡的形成过程与底部流动情况密切相关。因此推断漩涡是从底部开始产生的，底部是漩涡产生源，并且漩涡整体的最大涡核半径接近水口半径。

5.3.2　科氏力对自由表面涡形成的作用

通过上面对初始切向速度在漩涡形成过程中所起的作用进行分析发现，初始切向速度的大小决定了在出钢过程中漩涡旋转的快慢，似乎表明有无初始切向速度直接决定了涡究竟是否可以发生旋转。钢包出钢末期形成的漩涡是一种类似于盆池涡的自由表面涡运动。而很长时间以来，人们通常把这类漩涡运动的形成归根于地球自转偏向力（科氏力）。在科氏力的影响下，则北半球的盆池涡旋转方向为逆时针，南半球的旋转方向为顺时针。但是近些年，人们也开始认为漩涡的旋转方向是随机的，北半球也会时常出现顺时针旋转的漩涡，而南半球也会时常出现逆时针旋转的漩涡。那么盆池涡类的涡旋运动是否由科氏力引起的；科氏力对盆池涡运动，特别是对钢包出钢过程中形成的这种类似盆池涡的自由表面涡究竟有多大的影响；以及科氏力对漩涡形成的作用与初始切向速度对漩涡形成的作用到底哪一个才是根本原因；漩涡的方向究竟是随机的，还是有规律的。这些问题是非常重要，只有明确其中的原理才可以提及并更好地探究出真正有效的防漩方法。

　　由于实际生产中的钢包多为偏心水口钢包，结合实际情况，除了要确定科氏力对漩涡的作用效果，也要进一步确定在偏心水口钢包出钢过程中切向扰动对漩涡的作用效果。因此进行了以下模拟，流体为钢液，初始液面高度为 0.5m，水口偏心率为 0.5，水口直径为 0.0765m。其初始扰动的形式分别为：钢液自然流出，钢包水平运输速度为 0.017m/s，钢包水平运输速度为 0.33m/s，钢包随回转台逆时针旋转角速度 0.105rad/s，钢包随回转台顺时针旋转角速度 0.105rad/s 五种情况[87]。并通过 UDF 编程对每种情况施加科氏力。科氏力能够使运动物体发生偏转，其计算公式为 $\vec{F}_C = 2m\vec{v}_0 \times \vec{w}_0$，其中 m 是流体质点的质量，$\vec{v}_0$ 是相对于转动参考系质点的运动速度，$\vec{w}_0$ 是旋转参考系的角速度（地球自转角速度）。为了研究科氏力对钢液的作用效果，这里除了将钢液施加科氏力以外，将钢包内的上层空气也施加科氏力。但是与钢液不同的是，空气受到的科氏力大小与实际中应受到的大小不同，是实际所受的科氏力的 7000 倍。然后再分析比较出钢过程中钢液和空气在受到科氏力后的运动规律，这样可以更清晰地理解科氏力对钢液的作用效果。本节研究的是北半球科氏力的作用效果，最后经过模拟得到的结果如下。

1. 漩涡的临界高度

　　图 5.22 为施加科氏力后五种不同初始条件下，钢包出钢过程中漩涡的临界高度和漩涡延伸至水口处所需要的时间。当初始时刻钢液内部没有任何扰动钢液为自然出流、初始时刻钢包水平运输速度为 0.017m/s 和初始时刻钢包水平运输速度为 0.33m/s 三种情况下，出钢时漩涡的临界高度均在 0.05m 左右，漩涡到达水口处的时间均为 50s 左右。而当初始时刻钢包绕回转台分别以 0.105rad/s 的角速度进行逆时针和顺时针旋转时，出钢时漩涡的临界高度均为 0.13m 左右，漩涡到达水

口处的时间均为 38s 左右。由此说明了出钢前没有任何初始扰动或者初始扰动为水平运动时，漩涡的临界高度比较低，并且漩涡尖端向下延伸到达水口处的时间也比较长。而出钢前钢液内部存在由于钢包回转台所引起的切向的旋转扰动时，漩涡的临界高度比较高，到达水口处的时间也比较短。因此，仅从临界高度这方面来看并没有得到科氏力对漩涡的影响，而仅仅表明初始扰动对漩涡的形成起到了至关重要的作用，初始扰动为切向运动时漩涡的临界高度高于初始扰动为水平运动和无扰动时的漩涡临界高度。

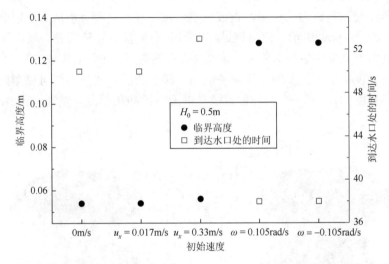

图 5.22　漩涡的临界高度和到达水口处的时间，与初始扰动之间的变化关系

u_x 是 x 方向的运输速度；ω 是切向速度（负号表示顺时针）

2. 出钢过程中的流场分布

通过对不同条件下的漩涡临界高度的分析，发现初始扰动对漩涡的临界高度影响比较明显，那么为了进一步阐明科氏力在出钢过程中对钢液的作用效果，以下对这五种施加了科氏力的不同初始条件下出钢过程中的流场分布情况进行了分析。

图 5.23 为施加科氏力后五种不同初始条件下，出钢进行 30s 时距钢包底部 0.05m 处的钢液和 0.7m 处的空气流线图。由图 5.23（a）可以发现在没有任何初始扰动自然流出的情况下，在出钢过程中钢液没有发生旋转，而上层空气却发生了逆时针方向的旋转。图 5.23（b）和（c）显示了对于初始扰动为水平方向运动时，在出钢过程中钢液依旧没有旋转，而上层空气也是沿逆时针方向旋转。图 5.23（d）和（e）显示了当出钢前钢液随钢包回转台逆时针或顺时针旋转时，即初始扰动为

切向时，在出钢过程中钢液发生了旋转，而且其旋转方向与初始的回转方向一致，而上层空气却依然为逆时针方向旋转。这是因为钢包回转台的旋转提供给钢液一个切向的惯性力，这个切向的惯性力在开始出钢时便逐渐驱动钢液进行旋转运动，同时遵循角动量守恒定律，随着钢液不断流向水口中心，钢液的角速度不断增大，其自身的重力又源源不断地提供了能量来源，最终就导致了漩涡的形成。而对于这五种情况的出钢过程中均施加了科氏力，在出钢时只有钢液内部存在切向的旋转运动（如钢包回转台提供的惯性力引起的切向扰动），钢液才会旋转形成旋转型漩涡，而在出钢时钢液内部不存在扰动或存在水平方向的扰动而不是切向的，即使受到科氏力的作用，钢液也不会发生旋转，不会形成旋转型漩涡，如图 5.23（a）～（c）所示。但出钢过程中钢液不会发生旋转流动，在出钢末期由于自身重力不能提供足够的能量，导致液面仍然会产生凹陷，形成 5.1.2 节自由表面涡的研究现状中所提及的非旋转型漩涡，即汇流涡，所以仍然可以测得这种凹陷的临界高度。并且有一个奇怪的现象是钢液的运动几乎没有受到科氏力的影响，

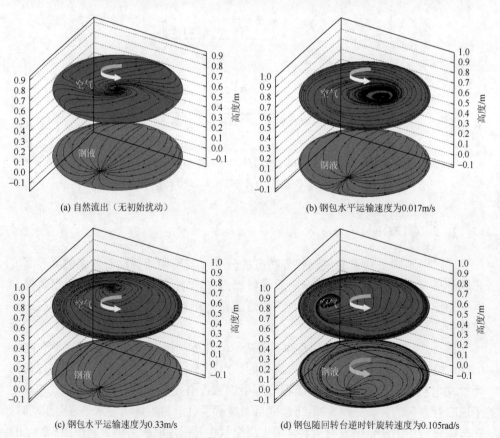

(a) 自然流出（无初始扰动）　　　　　　　　(b) 钢包水平运输速度为0.017m/s

(c) 钢包水平运输速度为0.33m/s　　　　　(d) 钢包随回转台逆时针旋转速度为0.105rad/s

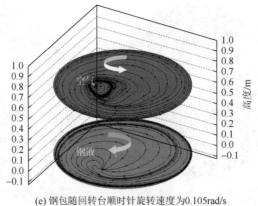

(e) 钢包随回转台顺时针旋转速度为0.105rad/s

图 5.23 30s 时 0.05m 处的钢液与 0.7m 处的空气流线图

可上层空气受到的科氏力比实际相应扩大了 7000 倍后却有了影响,因此下面分别对钢液和空气的速度矢量进行详细的分析,来明确科氏力在什么情况下才会对流体产生影响。

图 5.24 为施加了科氏力后五种不同初始条件下,出钢进行 30s 时距钢包底部 0.7m 处的空气的速度矢量图。由于上层空气的外围速度与中心速度相差较大,为了便于观察,将箭头长度归一化,因此图中箭头只表征速度方向,不表征速度大小,速度大小由颜色表征。为了便于分析比较,在图中用圆形的辅助线将上层空气截面分为两部分。由图 5.24(a)可知当没有初始扰动仅受到科氏力作用时,上层空气的切向速度最小。图 5.24(b)与图 5.24(c)相比,辅助线内两图中空气的切向速度大小相差不大,辅助线外图 5.24(c)中的切向速度较大。这是因为图 5.24(c)中的初始速度比图 5.24(b)中的初始速度大,因此图 5.24(c)中空气所受的科氏力则相对较大。但是在辅助线内的上层空气受下层钢液流动的影响比较大,下层钢液向水口的径向流动减弱了上层空气的切向运动,所以辅助线内两者切向速度相差不大。图 5.24(d)与图 5.24(e)相比,辅助线内两者的切向速度大小也几乎一样,辅助线外图 5.24(d)中的切向速度较大。这是因为图 5.24(d)的初始扰动方向为逆时针,图 5.24(e)中的为顺时针,而北半球受到的科氏力会使运动的流体逆时针偏转,则初始扰动为逆时针方向时,科氏力更加促进流体的逆时针偏转,而初始扰动为顺时针时,科氏力则先抵消其顺时针旋转趋势,然后依旧转变为逆时针旋转,所以辅助线外图 5.24(d)中空气所受的切向速度较大。而辅助线内的空气也是受到下层流体不断从水口处出流的影响,即使下层的钢液发生旋转,空气的切向运动依然会减弱。通过图 5.24(a)~(c)的整体比较,同样可以发现当空气受到的科氏力比实际应受到的科氏力大 7000 倍以后,五种不同条件下的出钢过程中,上层空气始终为逆时针方向旋转。

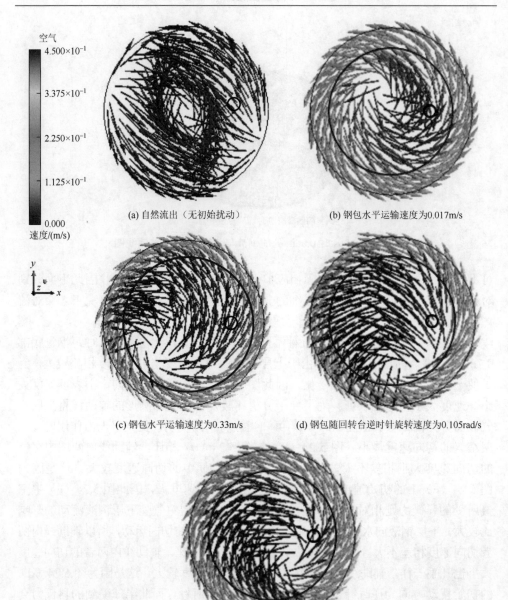

空气

4.500×10⁻¹

3.375×10⁻¹

2.250×10⁻¹

1.125×10⁻¹

0.000

速度/(m/s)

(a) 自然流出（无初始扰动）

(b) 钢包水平运输速度为0.017m/s

(c) 钢包水平运输速度为0.33m/s

(d) 钢包随回转台逆时针旋转速度为0.105rad/s

(e) 钢包随回转台顺时针旋转速度为0.105rad/s

图 5.24　30s 时 0.7m 处空气的速度矢量图（○表示水口）

图 5.25 为施加科氏力后五种不同初始条件下，出钢进行 30s 时距钢包底部 0.05m 处钢液的速度矢量图，此图中的箭头长度没有进行归一化处理，因此这里的箭头不仅可以表征速度的方向，其大小也表征了速度的大小。图 5.25（a）～（c）表明没有

初始扰动或初始扰动为水平扰动时，出钢过程中钢液没有旋转，水口附近的钢液明显沿着径向方向汇流。并且在这三种初始条件下，出钢过程中钢液的速度场很相似。而图 5.25（d）和图 5.25（e）表明了初始扰动为切向运动时，出钢过程中钢液发生旋转，尤其水口附近的钢液旋转比较强烈，且旋转方向与初始扰动方向一致。图 5.25（a）～（e）中在水口附近的速度都大于远离水口区域的速度。

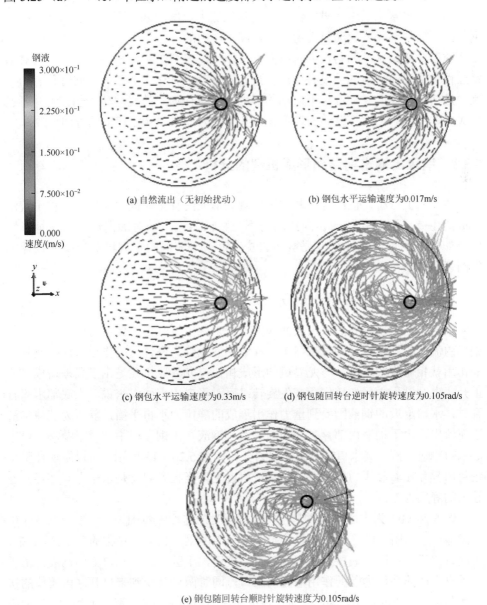

(a) 自然流出（无初始扰动）

(b) 钢包水平运输速度为0.017m/s

(c) 钢包水平运输速度为0.33m/s

(d) 钢包随回转台逆时针旋转速度为0.105rad/s

(e) 钢包随回转台顺时针旋转速度为0.105rad/s

图 5.25　30s 时 0.05m 处钢液的速度矢量图（○表示水口）

　　由图 5.24 和图 5.25 的分析可知,在出钢过程中科氏力对钢液的作用是非常小的,几乎没有影响。除非所受的科氏力被扩大了很多倍,旋转型漩涡才能发生,如所受的科氏力被扩大了 7000 倍的上层空气。实际上,流体的物理性质即密度基本是固定的,如果科氏力要有明显的作用效果,则科氏力计算公式中的速度 $\bar{v}_0$ 足够大。也就是说对于大气或海洋流动那种大尺度流体运动才会受科氏力影响较为明显,形成日常生活中常见的洋流或龙卷风等大尺度漩涡,而对于盆池涡一样的钢包出钢这种小尺度流动科氏力几乎是没有作用的。

　　通过对初始扰动和科氏力对漩涡形成作用的研究分析,最终发现科氏力对出钢过程中漩涡的形成几乎没有作用,而初始扰动对其作用非常大。同时只有初始扰动是切向的才会导致旋转型漩涡的形成,而其他形式的扰动如水平扰动并不能形成旋转型漩涡。而且漩涡一旦形成,其旋转方向也与初始扰动的方向一致。

5.3.3　钢包出钢末期漩涡形成机理的分析

　　通过以上分析,已经可以基本了解漩涡形成的真正原因,即出钢过程中漩涡形成的主要原因是初始的切向扰动而不是科氏力。下面对漩涡形成的能量来源以及如何一步步形成视觉上观察到的漩涡等整个漩涡的形成机理作整体且详细的阐述。

1. 静压力差是漩涡形成的动力来源

　　钢包出钢末期形成的自由表面涡的能量来源主要来自流体自身所受的重力即钢包内流体的静压力,同时在整个过程中钢液也受到黏性力的作用,而表面张力的作用就相对比较弱了。与龙卷风的形成相似,龙卷风主要是由于温差造成气流上升,上升过程中受切变作用产生旋转;而对于自由表面涡来说,当底部水口打开时,水口附近的钢液因受到重力作用形成的静压力不再平衡,静压力差使钢液迅速流出,由于钢液内部存在的切向扰动,钢液在出钢过程中产生了漩涡。以中心水口钢包为例,其水口打开时静压力分布如图 5.26(a)所示,可以发现在整个钢包内都存在着静压力差,尤其在水口附近无论竖直方向还是水平方向都存在着较大的静压力差。

　　图 5.26(b)为中心水口钢包水口刚打开时的速度矢量图(图中半圆弧线简单示意靠近水口附近的区域)。可以将整个钢包内的钢液划分为对称的三个区。其中,Ⅰ区近似于涡核区,涡核直径与水口直径接近,Ⅰ区内靠近水口处的钢液,由于受垂直方向的静压力差的作用而流向水口,同时两侧又受到来自Ⅱ区内流体的挤压和黏性切应力的作用,因此其轴向速度随着与中心轴距离的减小而增大,在中心处达到最大值;而因为有钢液流出水口,在Ⅰ区与Ⅱ区交界处存在指向水口水平

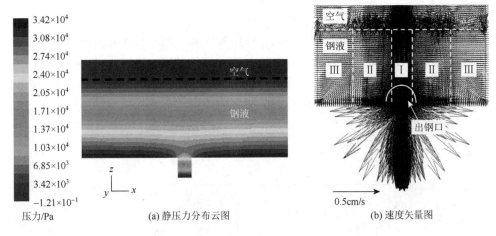

图 5.26　水口打开时钢包内流体的静压力和速度分布

方向的静压力差，因此产生径向流动并加大切向流动，但在区域Ⅰ内远离交界处靠近水口中心处的水平静压力差逐渐减小，因此径向和切向速度随与水口中心距离的减小而大致呈减小趋势，在中心处减小为 0，所以Ⅰ区内靠近水口附近的钢液主要是轴向流动占主要地位。

同Ⅰ区相似，当钢液流出水口，Ⅱ区内距水口较近区域的钢液也因受到水平和垂直方向的静压力差，而产生轴向和径向运动，并且加大切向运动。但由于不在水口的正上方，因此垂直静压力差比Ⅰ区小，同时受到Ⅰ区向下流动的切应力作用，距离Ⅰ、Ⅱ两区交界处越近，其轴向速度越大；在两区交界处存在的水平静压力差使得Ⅱ区内的钢液向Ⅰ区内流动，但同样远离两区交界处的静压力差减小，同时也受到流体黏性力的作用，因此该区内径向速度随着与两区交界处距离的减小大致呈增大趋势；而切向速度也是受水平静压力差的影响，这个水平静压力差对于切向速度来说就相当于向心力一样，因此切向速度随与两区交界处距离的减小也大致呈增大趋势。这样在Ⅰ区和Ⅱ区的交界处附近径向速度和切向速度都会达到最大值。而对于Ⅰ区和Ⅱ区内距离水口较远的区域内的钢液，三个方向上的速度均迅速减小，直至仅有初始的切向速度，这是因为漩涡产生源在水口处，而逐渐远离水口的区域，其静压力也逐渐保持平衡。同理，Ⅲ区距离水口更远，其静压力平衡也没有被破坏，几乎只有缓慢的旋转流动。

随着时间的延长，Ⅰ区和Ⅱ区内远离水口区域的静压力平衡很快被破坏，其流动规律和靠近水口处的钢液逐渐一致。而Ⅲ区为距水口最远的区域，是一个相对平静的区域，该区域内静压力几乎始终处于近似平衡的状态，因此三个方向上的速度始终很小，此区域内的钢液非常缓慢地螺旋地流入Ⅱ区。图 5.27（a）是中心水口钢包距钢包底部 0.05m 和 0.35m 处的三个方向的速度分布。对于中心水口来说，三个方向的速度分布关于中心轴对称，所以两个不同高度处的结果也各取一半，将其放在同一个图中进行对比。可以发现高度为 0.35m 处的流体三个方向的速度均比 0.05m 处的小。而且 0.35m 处的流体的切向速度比其径向和轴向两个方向的速度相对较大，说明在远离水口的区域静压力差相对平衡，初始切向扰动所引起的切向速度相对较大；而 0.05m 处靠近水口中心的流体的轴向速度相对较大，远离水口中心的流体的切向速度相对较大，完全符合上面所分析的情况。钢液的合运动如图 5.27（b）所示，是沿螺旋线流出水口的。

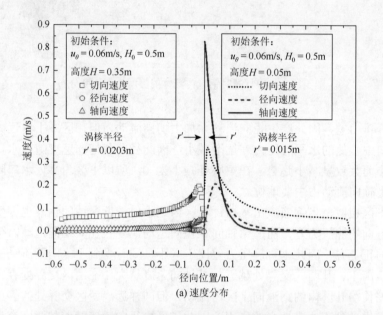

(a) 速度分布

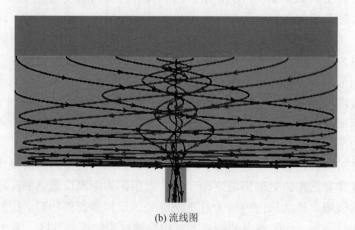

(b) 流线图

图 5.27　液面开始下凹时的流场

　　由于水口附近的流体在各个方向的速度相对于其他区域内的要大，流体通过水口不断向外流出，导致重力形成的静压力不再平衡而产生静压力差，因此，水口处像是漩涡的动力触发区域，漩涡运动从此处不断向四周蔓延，但由于受到黏性力等阻力作用，其最终形成的位置主要是在水口附近的上方区域。

　　2. 初始切向速度是旋转型漩涡形成的必要条件

　　在打开水口时，漩涡运动其实已经存在，并且从底部开始越来越强烈，那么最终是如何演变成人们视觉可以观察到的从液面处开始凹陷并逐渐延伸并贯穿水口的，下面在钢包内以水口直径为直径作出一个圆柱控制体示意图来对漩涡的发展过程进行详细说明，如图 5.28 和式（5.15）、式（5.16）所示[39]。

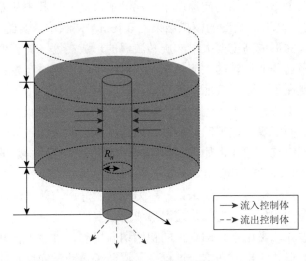

图 5.28　圆柱控制体

$$Q_{\mathrm{TH}} = \pi R_n^{\,2} \sqrt{2g\left(H' + h + \tau \frac{\rho_2}{\rho_1}\right)} \tag{5.15}$$

$$Q_{\mathrm{TO}} = \frac{4}{3}\pi R_n \sqrt{2g\left(1 - \frac{\rho_2}{\rho_1}\right)} H'^{3/2} \tag{5.16}$$

其中，Q_{TH} 为流入圆柱控制体的流量，$\mathrm{m^3/s}$；Q_{TO} 为流出圆柱控制体的流量，$\mathrm{m^3/s}$；R_n 为水口半径，m；τ 为空气层厚度，m；H' 为液面高度，m；h 为水口长度，m；ρ_1 和 ρ_2 分别为液体和上层空气的密度，$\mathrm{kg/m^3}$。

　　两式中液面高度 H' 和空气层厚度 τ 是变量，而其余量都是钢包结构尺寸，属于已知量。当向钢包中注入高度为 H' 的流体后，打开水口，流体由于静压力差的作用，不断地从水口处流出控制体，同时也不断地从四周流入控制体。当流入控制体的流量大于流出控制体的流量时，流出速度会不断增加，而随着液面高度 H' 的不断降低，重力不能提供足够的能量时，不能使周围足够的液体流入控制体内，导致流入控制体的流量小于流出控制体的流量，控制体上方的液面便会开始下凹，也就是常见到的液面开始凹陷。随着液面高度 H' 的进一步下降，这个下凹的液面会呈针状逐渐向下延伸直至贯穿水口，便形成了视觉上可观察的漏斗形漩涡。式（5.15）和式（5.16）为理想无黏性流体流入控制体和流出控制体的流量计算公式。通过式（5.15）和式（5.16）可计算出该钢包出钢过程中非旋转漩涡的形成高度（液面开始凹陷时的高度），即流入控制体的流量开始小于流出控制体的流量时的液面高度。按本文中数值模拟所采用的钢包模型尺寸，以水作为流体，进行近似计算可得非旋转漩涡的形成高度约为 0.069m。在 5.3.2 节的模型验证中已经模拟得到三个不同初始切向速度下漩涡的形成高度，其中初始切向速度最小的为 0.01m/s 时，其形成高度的模拟结果为 0.16m，文献中的实验结果为 0.23m，总之旋转型漩涡的形成高度要大于非旋转漩涡的形成高度，其差值有待进一步降低。这是因为与这种非旋转的汇流涡相比，对于钢包出钢时产生的旋转型漩涡而言最大的区别就在于，除了液面不断下降导致能量不足外，由于存在切向运动和黏性力的作用，更快地减小了流体流入控制体的流量，使控制体内的流体没有及时得到补充，液面更提早地下凹，所以切向速度越大即扰动越大，漩涡越容易提早形成，并卷入空气。因此，如果初始切向速度可以被控制得足够低，则临界高度将接近非旋转漩涡的临界高度，可以大量减少漩涡卷渣现象。

　　综上所述，对于旋转型漩涡来说，重力形成的静压力差是漩涡的动力来源，而流体内部存在的初始切向运动是漩涡形成所需要的必要条件。当水口打开时，静压力平衡被破坏，又由于内部存在的初始切向扰动，进而流体开始不断地旋转向下以螺旋线的形式流出。在这一过程中又遵循了角动量守恒定律，随着流体不断流向水口，与水口中心的距离越近，其角速度就越大，所以随着时间的延长，流体将旋转得越来越快。随着流体从水口处不断地流出，液面不断下降，当重力提供的能量不足时，四周的流体不能及时填补流出水口的流体体积，这时液面开始出现凹陷，然后凹陷不断延伸贯穿水口，进而逐步形成了人们视觉中可以观察到的快速旋转的漏斗形漩涡。同时通过前面分析也可知道所形成的漩涡的最大涡核半径接近水口半径，因此在防漩方法的研究中，可考虑在底部水口附近实施防漩措施。根据漩涡形成的机理分析可知，如何减小旋转型漩涡的形成，其中切向速度是一个非常重要的关键点。

5.4　钢包出钢过程中自由表面涡的影响因素

　　在明确了漩涡形成的机理以后，接下来需要对漩涡形成时的各种影响因素进行分析，来确定各种影响因素与漩涡临界高度之间的关系，以便得到漩涡临界高度的估算公式。通过临界高度估算公式可以对实际生产有所指导，并且当本节后面所设计的防漩方法在未来得以应用时，可通过此公式得到漩涡临界高度，然后根据钢水流量确定防漩装置的操作时机。那么在出钢过程中影响漩涡形成的因素主要有：初始切向速度（既是形成原因，也是影响因素）、水口位置（即水口的偏心率）、水口直径以及流体的物理性质（由于在实际生产中会涉及不同成分的钢种，因此各种钢液的密度和黏度等也各不相同）。实际中还有温度的影响，本节中暂时没有考虑温度引起的对流作用[89]。

5.4.1　水口位置对漩涡形成的影响

为了研究水口位置即偏心率对漩涡形成的影响，采用如下条件进行数值模拟：流体为钢液，初始液面高度为 0.5m，水口直径为 0.0765m，初始切向速度为 0.06m/s（逆时针方向）。水口位置分别设在钢包中心处（偏心率为 0）、钢包半径的 1/2 处（偏心率为 0.5）和钢包半径的 3/4 处（偏心率为 0.75）。

图 5.29 为水口不同偏心率的条件下，出钢过程中漩涡的临界高度和漩涡延伸至水口处所需要的时间。当水口的偏心率为 0 时，漩涡的临界高度为 0.29m，漩涡到达水口处的时间为 19s；当水口的偏心率增加到 0.75 时，漩涡的临界高度降低到 0.07m，漩涡到达水口处的时间被延长到 46s。由此可知，随着水口偏心率的增加，漩涡的临界高度逐渐降低，漩涡到达水口处的时间被延长。并且很明显水口偏心率对漩涡临界高度的影响是非常大的，调整水口的偏心率即调整水口位置可以大幅度降低漩涡的临界高度。

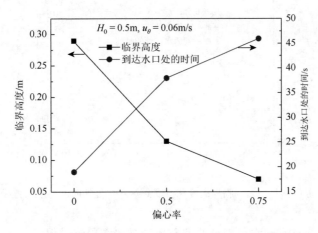

图 5.29　漩涡临界高度和到达水口处的时间与偏心率的变化关系

5.4.2　水口直径对漩涡形成的影响

在研究水口直径对漩涡形成的影响时，分别对具有不同水口直径的中心水口钢包和偏心水口钢包的出钢过程进行了模拟，具体模拟条件如下：流体为钢液，初始液面高度为 0.5m，偏心率为 0（即中心水口钢包）和 0.5（即偏心水口钢包），初始切向速度为 0.06m/s（逆时针方向）。在以上条件不变的情况下，改变水口直径的大小，分别为 0.1m、0.0765m 和 0.06m。

图 5.30 为具有不同水口直径的中心水口钢包在出钢过程中，漩涡的临界高度和漩涡到达水口处所需要的时间。当水口直径为 0.06m 时，漩涡的临界高度为 0.303m，漩涡到达水口处的时间为 31s；当水口直径增加到 0.1m 时，漩涡的临界高度降低到 0.285m，但到达水口处的时间反而缩短到 15s。由此可知，中心水口钢包出钢过程中漩涡的临界高度随着水口直径的增加反而略有下降，而漩涡到达水口处的时间随着水口直径的增加也是呈下降趋势的。这是因为中心水口钢包在出钢过程中，水口直径的大小对漩涡的影响要远小于对流体出流量的影响。水口直径越大，流体的出流量越大，液面下降得就越快，因此水口直径越大即使临界高度不高，漩涡的形成也相对快一些，所以漩涡到达水口处的时间会相对较短。不过从图中的漩涡临界高度和到达水口处的时间的变化曲线可以看出，中心水口钢包出钢过程中水口直径的大小对漩涡形成的影响不是很大。

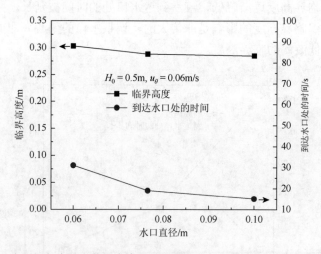

图 5.30　中心水口钢包中漩涡临界高度和漩涡到达水口处的时间与水口直径的变化关系

图 5.31 为具有不同水口直径的偏心水口钢包在出钢过程中，漩涡的临界高度和漩涡到达水口处所需要的时间。当水口直径为 0.06m 时，漩涡的临界高度为

0.082m，漩涡到达水口处的时间为 72s；当水口直径增加到 0.1m 时，漩涡的临界高度增加到 0.171m，到达水口处的时间缩短为 22s。由此可知，偏心水口钢包出钢过程中漩涡的临界高度随着水口直径的增加而增加，而漩涡到达水口处的时间随着水口直径的增加呈下降趋势，这与中心水口钢包出钢时的情况完全不同。而且从图中漩涡的临界高度和到达水口处的时间的变化曲线可以看出，偏心水口钢包出钢过程中水口直径的大小对漩涡形成的影响相对较大。

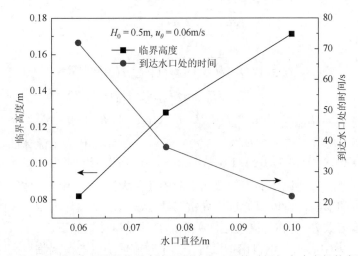

图 5.31　偏心水口钢包中漩涡临界高度和到达水口处的时间与水口直径的变化关系

5.4.3　流体物理性质对漩涡形成的影响

为了研究流体的物理性质对漩涡形成的影响，分别选择钢液、水、汽油、水银和甘油五种密度、黏度和表面张力有较大差别的流体，具体模拟条件如下：初始液面高度为 0.5m，水口直径为 0.0765m，偏心率为 0（即中心水口钢包）和 0.5（即偏心水口钢包），初始切向速度为 0.06m/s（逆时针绕着钢包中心旋转）。

漩涡的临界高度是与雷诺数 Re 有关的，根据白金汉的 π 定理进行量纲分析可以推导出两者之间的关系：

$$H_{\text{critical}} = f(H_0, d, D, u_\theta, \rho, \mu, \sigma, \eta, g) \tag{5.17}$$

式中，D 是钢包直径，η 是偏心率。H_0、ρ 和 g 被作为三个基本量，则可以由此得到 7 个 π 数。

$$\pi_1 = H_{\text{critical}} / H_0 \tag{5.18}$$

$$\pi_2 = d / H_0 \tag{5.19}$$

$$\pi_3 = D / H_0 \tag{5.20}$$

$$\pi_4 = u_\theta / \sqrt{gH_0} \tag{5.21}$$

$$\pi_5 = \mu / (\rho \sqrt{H_0^3 g}) \tag{5.22}$$

$$\pi_6 = \sigma / (\rho g H_0^2) \tag{5.23}$$

$$\pi_7 = \eta \tag{5.24}$$

其中，π_2 和 π_3 是几何相似比，可以将两者合并到一起，即

$$\pi_2 / \pi_3 = d / D \tag{5.25}$$

且 π_5 和 π_6 可以进一步整理，因为

$$\sqrt{g H_0} \approx \sqrt{2 g H_0} \approx \vec{u}_{\text{out}}{}^{[21]} \tag{5.26}$$

所以

$$\pi_5 = \mu / (\rho \sqrt{H_0^3 g}) \approx \mu / (\rho \vec{u}_{\text{out}} H_0) = 1 / Re \tag{5.27}$$

$$\pi_6 = \sigma / (\rho g H_0^2) \approx \sigma / (\rho \vec{u}_{\text{out}}^2 H_0) = 1 / We \tag{5.28}$$

$$H_{\text{critical}} / H_0 = f(d / D, u_\theta / \sqrt{g H_0}, 1 / Re, 1 / We, \eta) \tag{5.29}$$

最终推导得到临界高度公式如式（5.29）所示，π_5 和 π_6 代表了流体的物理性质，而 $We \approx (7000 \times 9.81 \times 0.5 \times 0.5) / 1.6 = 10730 > 120$，所以表面张力的影响是可以忽略的（这里涉及的其他流体的韦伯数比钢液的还要大）[90]。因此流体物理性质对漩涡临界高度的影响，可以仅通过研究雷诺数 Re 与漩涡临界高度之间的关系来实现。关于雷诺数 Re 与临界高度之间关系的具体模拟结果如下。

图 5.32 为中心水口钢包出钢过程中，不同流体形成的漩涡临界高度与到达水口处所需的时间随流体物理性质（$\lg Re$）的变化情况。当流体为甘油时，$\lg Re$ 值最小，出钢过程中漩涡的临界高度为 0.051m，漩涡到达水口的时间为 70s；当流

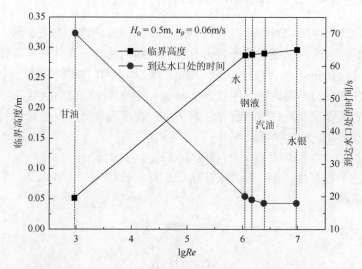

图 5.32　中心水口钢包中漩涡临界高度和漩涡到达水口处的时间与 $\lg Re$ 的变化关系

体为水、钢液、汽油、水银时，lg*Re* 值比较接近，漩涡的临界高度也比较接近，均为 0.3m 左右，漩涡到达水口的时间也比较接近，均为 20s 左右。由图可知，漩涡的临界高度随着 lg*Re* 的增大略有增大，到达水口处的时间略有缩短。但甘油所形成的漩涡临界高度和到达水口处的时间与其他流体相比差距却特别大，这是由于甘油黏性较大，流体不容易旋转，所以漩涡的临界高度较小，到达水口处的时间较长，即不容易形成漩涡。而不考虑甘油时，漩涡的临界高度和到达水口处的时间随着 lg*Re* 的增加变化并不大。

图 5.33 为偏心水口钢包出钢过程中，不同流体形成的漩涡临界高度与到达水口处所需的时间随流体物理性质（lg*Re*）的变化情况。当流体为甘油时，即 lg*Re* 值最小时，出钢过程中漩涡的临界高度为 0.081m，漩涡到达水口处的时间为 60s；当流体为汽油和水银液时，lg*Re* 值相对较大，漩涡的临界高度约在 0.1m 左右，漩涡到达水口处的时间为 48s 左右；而流体为水和钢液时，lg*Re* 值比汽油和水银的略小，漩涡的临界高度约为 0.13m 左右，漩涡到达水口处的时间约为 38s 左右。由图 5.33 可知，偏心水口钢包出钢时不同流体的漩涡临界高度和漩涡到达水口处的时间与中心水口钢包的情况不同。当不考虑甘油时，漩涡的临界高度随着 lg*Re* 的增大而降低，到达水口处的时间则随着 lg*Re* 的增大而增大。而甘油形成的漩涡临界高度和到达水口处的时间与其他流体相比差距也特别大，这也是由于甘油黏性较大，流体不易流动，涡核向着水口中心的迁移运动较慢，因此当钢包水口是偏心时，甘油在流出水口的过程中漩涡的临界高度也比较低，达到水口处的时间比较长，也不容易形成漩涡。

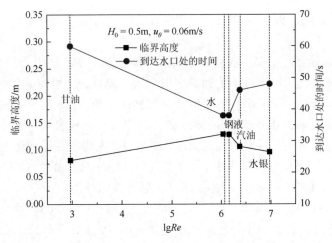

图 5.33   偏心水口钢包中漩涡临界高度和漩涡到达水口处的时间与 lg*Re* 的变化关系

通过以上分析可知，在偏心水口钢包和中心水口钢包的出钢过程中，漩涡的

临界高度随着 $\lg Re$ 的变化趋势即随着流体物理性质的变化趋势完全不同。同时当流体的黏度过大时，漩涡的形成过程变得异常不再符合正常规律，如甘油。

5.4.4　漩涡的临界高度公式

对于不同结构的钢包和不同钢种的钢液，如果可以估算出其出钢过程中漩涡的临界高度，便可以更及时地控制下渣量以及更好地指导防漩措施在实际应用中的实施。通过对漩涡形成的各影响因素的分析发现，在出钢过程中漩涡形成的临界高度与水口位置有着密切的关系，因此对漩涡临界高度的分析要分两种情况：一种是中心水口钢包出钢过程中漩涡的临界高度，另一种是偏心水口钢包出钢过程中漩涡的临界高度。因此，不同条件下的出钢过程中漩涡形成的临界高度公式可推导如下。

因为表面张力可以被忽略，所以式（5.29）可以写成：

$$H_{\text{critical}} / H_0 = f(d / D, u_\theta / \sqrt{gH_0}, 1 / Re, \eta) \tag{5.30}$$

通过量纲分析法则可以进一步写成：

$$H_{\text{critical}} / H_0 = a \cdot (d / D)^b \cdot (u_\theta / \sqrt{gH_0})^c \cdot (1 / Re)^f \cdot (e^\eta)^k \tag{5.31}$$

然后进行对数化处理，可得到

$$\lg(H_{\text{critical}} / H_0) = a + b \cdot \lg(d / D) + c \cdot \lg(u_\theta / \sqrt{gH_0}) + f \cdot \lg(1 / Re) + k \cdot \lg(e^\eta)$$

$$\tag{5.32}$$

式中，a 是常数项，b、c、f 和 k 是系数，a、b、c、f 和 k 可以通过 SPSS 数据统计软件进行分析求得。

表 5.4 显示了包含式（5.32）中物理性质项 $\lg(1 / Re)$ 的拟合结果。参数 R^2 表征了拟合效果，其越接近于 1 则说明拟合效果越好。这里的 t 检测是用于检测回归系数的显著性水平。其中，t 值是个数据统计值，Sig.代表了偏差的显著性水平，其范围应小于 0.05，即 Sig.<0.05。偏相关系数代表了自变量和因变量之间的关联程度，偏相关系数的绝对值越接近于 1，说明自变量和因变量的相关性越好[91]。在表 5.4 中，当水口为中心时，变量 $\lg(1 / Re)$ 的显著性水平 Sig.为 0.123，偏相关系数为 -0.520；水口为偏心时，其显著性水平为 0.983，偏相关系数为 0.010。变量 $\lg(1 / Re)$ 的显著性水平 Sig.值最大且超过了 0.05，并且其偏相关系数也远远小于 1。根据以上分析，说明变量 $\lg(1 / Re)$ 对因变量 $\lg(H_{\text{critical}} / H_0)$ 的影响很小，而且两者之间的关联性不是很好。因此，式（5.32）中代表物理性质项的 $\lg(1 / Re)$ 应当被忽略，这与前面的流体性质对漩涡临界高度的影响不大的分析结果一致。

表 5.4　含有物理性质项 [lg(1 / Re)] 的线性拟合结果

	变量	非标准化系数	标准误差	标准化系数	t 检测	Sig.	偏相关系数
中心水口	$\lg(d/D)$	−0.458	0.209	−1.220	−2.196	0.059	−0.613
	$\lg(u_\theta / \sqrt{gH_0})$	0.744	0.043	3.001	17.366	0.000	0.987
	$\lg(1/Re)$	−0.063	0.037	−0.887	−0.887	0.123	−0.520
	调整 $R^2 = 0.991$，因变量：$\lg(H_{critical}/H_0)$						
偏心水口	$\lg(d/D)$	0.813	0.312	1.359	2.605	0.048	0.759
	$\lg(u_\theta / \sqrt{gH_0})$	0.038	0.008	0.199	4.670	0.005	0.902
	$\lg(1/Re)$	0.001	0.061	0.012	0.022	0.983	0.010
	$\lg\eta$	−1.305	0.411	0.530	−3.178	0.025	−0.818
	调整 $R^2 = 0.991$，因变量：$\lg(H_{critical}/H_0)$						

由于流体物理性质对漩涡的临界高度影响较小，因此忽略物理性质这一项后再进行拟合，结果如表 5.5 所示。所有变量的显著性水平 Sig. 均小于 0.05，且所有自变量与因变量之间的偏相关系数都接近于 1。因此表 5.5 中的拟合结果使得自变量和因变量之间具有较好的关联性和拟合效果。

表 5.5　不含有物理性质项 [lg(1 / Re)] 的线性拟合结果

	变量	非标准化系数	标准误差	标准化系数	t 检测	Sig.	偏相关系数
中心水口	$\lg(d/D)$	−0.800	0.071	−2.131	−11.207	0.000	−0.966
	$\lg(u_\theta / \sqrt{gH_0})$	0.750	0.047	3.027	15.920	0.000	0.983
	调整 $R^2 = 0.988$，因变量：$\lg(H_{critical}/H_0)$						
偏心水口	$\lg(d/D)$	0.819	0.087	1.370	9.379	0.000	0.968
	$\lg(u_\theta / \sqrt{gH_0})$	0.038	0.007	0.199	5.137	0.002	0.903
	$\lg\eta$	−1.302	0.361	−0.529	3.603	0.011	−0.827
	调整 $R^2 = 0.992$，因变量：$\lg(H_{critical}/H_0)$						

因此，最终得到出钢过程中漩涡的临界高度公式如下：

$$\begin{cases} \lg(H_{critical}/H_0) = -0.800\lg(d/D) + 0.750\lg(u_\theta/\sqrt{gH_0}), & \eta = 0 \\ \lg(H_{critical}/H_0) = -0.819\lg(d/D) + 0.038\lg(u_\theta/\sqrt{gH_0}) - 1.302\lg\eta, & \eta \neq 0 \end{cases}$$

$$(5.33)$$

　　同时将由式（5.33）计算得到的临界高度结果与实验结果[21, 32]进行了比较，结果如图 5.34 所示。实验过程中，流体为水且没有考虑钢液顶部覆盖的渣层。且文献[21]的实验中，钢包结构为（$D = 1.16\text{m}$，$d = 0.0356\text{m}$）和（$D = 0.495\text{m}$，$d = 0.014\text{m}$）的初始液面高度 H_0 分别为 0.995m 和 0.425m；文献[32]的实验中，钢包结构为（$D = 0.2\text{m}$，$d = 0.0056\text{m}$）的初始液面高度 H_0 为 0.1m。实验过程中记录了出钢前钢包内的初始切向速度和出钢过程中漩涡的临界高度。通过公式计算结果与实验结果对比可以发现，两者趋势基本相同。实际中当初始切向速度超过一定值以后，几乎打开水口后漩涡便形成了，此时式（5.33）将不再适用，因此此时的临界高度可近似等于初始液面高度。同时，当水口为偏心时，漩涡的临界高度随初始切向速度的增加几乎不再变化，此时漩涡的临界高度基本仅与钢包结构有关，则利用式（5.33）可大致估算出不同结构的偏心水口钢包在出钢过程中漩涡的临界高度。

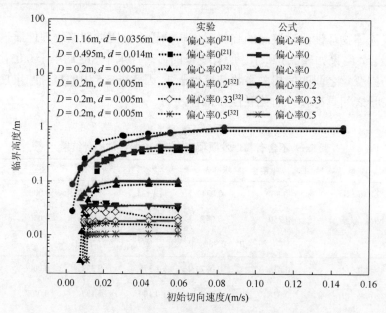

图 5.34　公式计算结果与实验结果[21, 32]的比较

　　因此，漩涡临界高度公式的获得，将有利于及时对漩涡卷渣现象进行控制，避免渣进入下游中间包中，同时也可以指导防漩措施的实施。

5.5　漩涡抑制机理的探究

　　通过对漩涡形成的影响因素的分析研究，发现偏心率及水口位置对漩涡的临界高度影响较大；同时水口处于中心时，初始切向速度对漩涡的临界高度影响也比较明显，水口处于偏心时，水口直径对漩涡的临界高度影响比较明显。对于初始切向速度来说，其既是漩涡的影响因素也是漩涡的形成因素。显而易见，当初始切向速度彻底消失时旋转型漩涡将消失，仅仅会出现临界高度较低的汇流涡，所以在出钢前应尽可能静置一定时间，使其初始切向速度足够小，同时尽量避免出钢过程中的切向扰动。但由于实际生产工艺的要求，不能达到足够的静置时间，不能彻底消除出钢过程中的切向扰动时，如何对这种切向扰动进行控制，进而达到抑制漩涡的目的是重中之重。因此，在研究漩涡抑制机理时主要从对漩涡形成有较大影响的因素——偏心率入手，分析该因素在出钢过程中对钢包内流场的影响。

5.5.1 不同偏心率条件下漩涡的运动

偏心率对漩涡临界高度的影响是十分明显的，水口位置的改变究竟改变了什么才导致对漩涡形成有如此明显的作用效果，这是揭开漩涡抑制机理的关键线索，那么首先对前面模拟过的不同偏心率条件下出钢过程中整个漩涡的运动过程和流场分布形式进行进一步的详细解析。

图 5.35 为不同偏心率条件下距钢包底部 0.05m 处不同时刻的流线图，其展现了不同偏心率条件下出钢过程中漩涡的迁移运动过程。图 5.35（a）是偏心率为 0即中心水口钢包出钢过程中的流线图。可以看出，钢包中心和水口中心重合，任何时刻漩涡的涡心都处于这个重合的中心，钢液便绕着这个中心快速旋转直至贯穿水口。而图 5.35（b）和图 5.35（c）分别是偏心率为 0.5 和 0.75 时出钢过程中的流线图，可以看出，水口中心和钢包中心不再重合，漩涡的涡心由绕着钢包中心公转逐渐向水口中心迁移，然后在水口附近绕着水口中心不停旋转，最终漩涡的涡心与水口中心重合贯穿整个水口。偏心率决定了漩涡运动的发展过程，由于水口位置处于偏心，漩涡的涡心要花费时间和能量向水口处迁移，从而拖延了漩涡的发展进程，使漩涡的形成变得缓慢，因此明显降低了漩涡的临界高度。

5.5.2 不同偏心率条件下速度场的变化

偏心率的改变导致了漩涡涡心的迁移运动，那么钢包内的整个速度场也将有所变化。通过对速度场的分析可以更清晰地理解偏心率的改变对漩涡形成所产生的影响。下面对不同偏心率条件下出钢过程中钢液的涡量变化和切向速度变化进行分析。

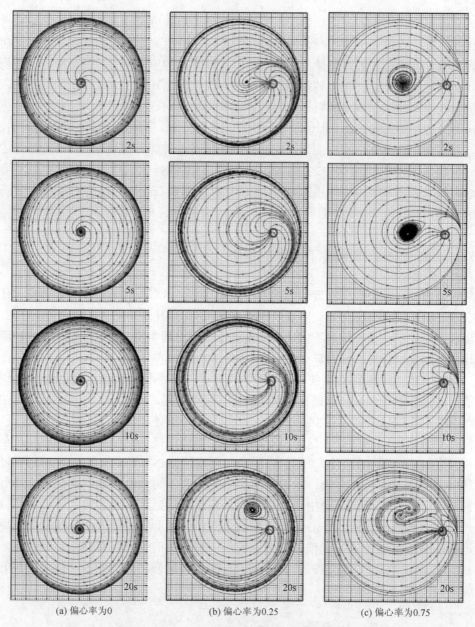

(a) 偏心率为0　　　　　　　　(b) 偏心率为0.25　　　　　　　(c) 偏心率为0.75

图 5.35　不同偏心率条件下 0.05m 处不同时刻的流线图（〇表示水口）

　　图 5.36 为不同偏心率条件下距钢包底部 0.05m 处不同时刻的涡量图（涡量为速度矢量的旋度，可表征涡旋的强度）。图 5.36（a）表明中心水口钢包出钢过程中水口内部涡量随着时间的延长而增加，而水口附近外围的涡量随着时间的延长先增加然后减少。这是因为随着液面的降低，重力势能转化为漩涡旋转用的动能，

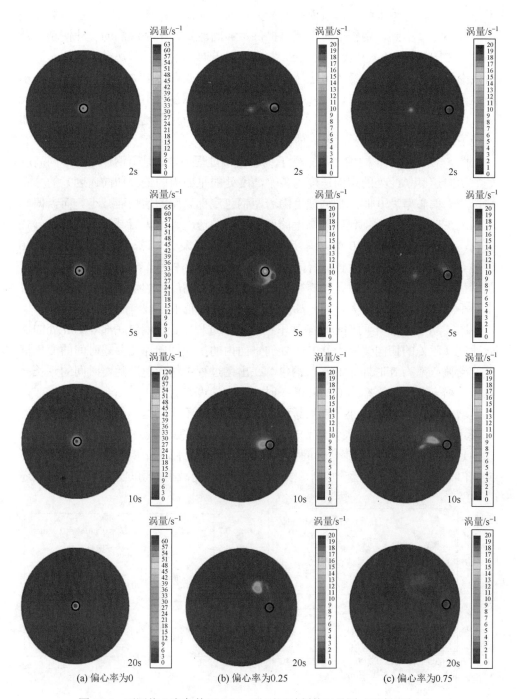

图 5.36   不同偏心率条件下 0.05m 处不同时刻的涡量图（〇表示水口）

于是漩涡旋转得越来越快，漩涡强度变大；而液面继续不断下降时，重力势能便逐渐减小，减小到一定程度时不能再提供足够的能量，于是漩涡的尺寸便越来越小了。由图 5.36（b）和图 5.36（c）看出，随着时间的延长，涡量先增加然后有所减少。同时，涡量的最大值区域的变化也显示了漩涡的运动。可以发现漩涡不断地迁向水口和迁离水口，实际上是漩涡的涡心在钢包内不断地旋转运动逐渐迁向水口所致。图 5.36 还表明，同一时刻偏心率越大，涡量越小，即偏心率的增加减缓了漩涡的形成，减弱了漩涡的强度。

图 5.37 显示了不同偏心率条件下钢包出钢过程中，5s 时距钢包底部不同高度处的切向速度（此处的切向速度为各个高度处的平面内的最大切向速度）的分布情况。当偏心率为 0 时，切向速度随着距钢包底部高度的增加而减小。而当偏心率为 0.5 时，随着距钢包底部高度的增加，切向速度先增大后减小，从分布形式来说，相对于偏心率为 0 时是有所改变的；从速度大小来说，相对于偏心率为 0 时同一高度处的切向速度也是有所减小的。而当偏心率为 0.75 时，切向速度随着距钢包底部高度的增加也是不断减小的，但是同一高度处的切向速度基本是三者中最小的，即偏心率越大，同一高度处的切向速度越小。

图 5.38 显示了不同偏心率条件下钢包出钢过程中，距钢包底部 0.05m 处的切向速度（此处的切向速度为 0.05m 处的平面内的最大切向速度）随时间的变化情况。当偏心率为 0 时即中心水口钢包，在出钢过程中切向速度随着时间的延长一直持续增大；当偏心率为 0.5 和 0.75 时，切向速度在打开水口后起初的 0~2s 内迅速增大，2s 后有所减小，然后缓慢增大最终变化不大。这是因为水口刚打开时钢液迅速流出水口，加大钢液切向运动的向心力，使钢液绕着钢包中心运动的切向速度迅速增大，而随着时间的延长，对于偏心水口而言漩涡的涡心要不断向水口处迁移，此迁移运动抑制了漩涡的发展，进而减小了切向速度。同时由图还

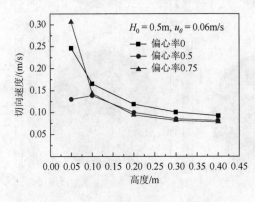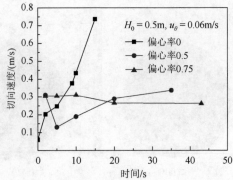

图 5.37　不同偏心率条件下 5s 时切向速度　　　　图 5.38　不同偏心率条件下 0.05m 处的切
　　　　　随高度的分布　　　　　　　　　　　　　　　　　向速度随时间的分布

可以发现，同一时刻中心水口钢包出钢过程中的切向速度基本大于偏心水口钢包出钢过程中的切向速度。

综上所述，通过改变水口的偏心率可以抑制漩涡的形成，这主要是因为其改变了出钢过程中漩涡形成时的流场分布形式和减小了切向速度值的大小，进而改变了漩涡的运动和发展，降低了漩涡的临界高度。因此，在防漩措施的研究设计上，应该寻求一些可行的方法来有效地改变出钢过程中钢包内的流场，即改变切向速度的分布形式和减小切向速度，使现有的钢包在出钢过程中所形成的漩涡临界高度进一步降低，从而提高金属收得率，提高钢材的质量和企业的经济效益。

5.6　漩涡防治方法

根据以上的漩涡抑制原理，设计了一种在钢包底部水口附近施加与漩涡方向相反的防漩力，以此来减小出钢过程中切向速度，从而抑制漩涡形成的防漩方法，并采用数值模拟的方式对这种防漩方法是否可以起到防漩作用进行预测。由于中心水口钢包形成的流场较为规则，为了便于对比验证防漩方法的施加是否真正改变了出钢过程中的流场分布，此处均采用中心水口钢包通过数值模拟的方式先进行简单的效果预测和分析[92]。

漩涡形成的必要条件是在出钢过程中必须存在切向扰动，然后由于角动量守恒定律，漩涡旋转越来越快。同时在前面的分析中也已发现漩涡形成的触发区域是在钢包底部水口附近，因此，可以考虑在钢包底部水口附近施加与漩涡方向相反的防漩力，来减小出钢过程中切向速度，从而抑制漩涡的形成。因此对底部施加防漩力的出钢过程进行了如下模拟：流体为钢液，初始液面高度为 0.5m，钢包偏心率为 0，水口直径为 0.0765m，初始切向速度为 0.06m/s（逆时针方向）。然后通过 UDF 编程在钢包底部施加与漩涡方向相

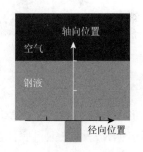

图 5.39　防漩力分布位置示意图

反的防漩力，其在钢包中的分布位置如图 5.39 所示，其沿径向和轴向的数值大小及分布形式如图 5.40 所示。

1. 漩涡的临界高度

图 5.41 显示了在出钢过程中不施加防漩力和施加防漩力时漩涡形成的临界高度和漩涡到达水口处的时间，在出钢过程中施加防漩力与不施加防漩力时漩

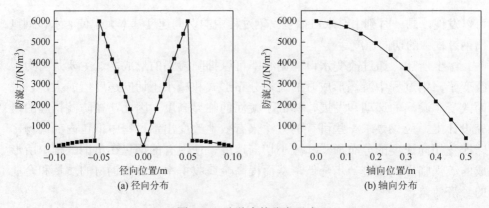

(a) 径向分布　　　　　　　　　(b) 轴向分布

图 5.40　防漩力的分布形式

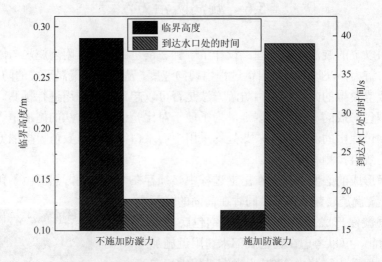

图 5.41　漩涡的临界高度和漩涡到达水口处的时间

涡形成的临界高度相比要明显下降很多，漩涡到达水口处的时间成倍增长，这说明出钢过程中在钢包底部施加与漩涡旋转方向相反的防漩力可以有效抑制漩涡的形成。

2. 切向速度分布

图 5.42 显示了分别在不施加防漩力和施加防漩力条件下进行出钢，5s 时钢包内距钢包底部不同高度处的切向速度的分布情况。无论是不施加防漩力还是施加防漩力时，切向速度随着与钢包底部距离的增加都呈增大趋势，其分布形式并没有变化，均符合类兰金涡的流场分布形式。但是同一高度处，施加防漩力以后的切向速度相比不施加防漩力均大幅度减小。同时，施加防漩力以后，不同高度处

的最大切向速度所处的径向位置相比不施加防漩力时，均向远离原点即远离水口中心的方向偏移。

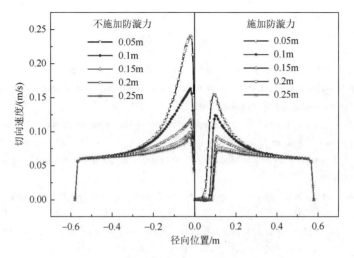

图 5.42　5s 时切向速度在不同高度处的分布

图 5.43 显示了分别在不施加防漩力和施加防漩力条件下进行出钢，其钢包内距钢包底部 0.05m 处的切向速度（此处的切向速度为 0.05m 处的平面内的最大切向速度）在不同时刻的分布情况。不施加防漩力时，切向速度随时间的延长而先明显增大然后有所减小；而施加防漩力时，切向速度随时间的延长而略有增大，增大幅度不是很大。同时，在同一时刻，施加防漩力以后的切向速度相比不施加防漩力要大幅度减小。

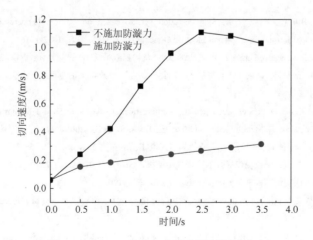

图 5.43　0.05m 处的切向速度随时间的分布

综上所述，钢包出钢过程中在其底部施加与漩涡方向相反的防漩力对漩涡进行防治，可以大幅度减小钢包内的切向速度，从而降低漩涡的临界高度，有效地抑制漩涡的形成。

参 考 文 献

[1] 李宏侠. 钢包出钢过程中漩涡的形成及其防治研究[D]. 沈阳：东北大学，2015.

[2] Tripathi N N，Nzotta M，Sandberg A，et al. Effect of ladle age on formation of non-metallic inclusions in ladle treatment[J]. Ironmaking and Steelmaking，2004，31（3）：235-240.

[3] Zhang L F，Rietow B，Thomas B G，et al. Large inclusions in plain-carbon steel ingots cast by bottom teeming[J]. ISIJ International，2006，46（5）：670-679.

[4] Hassall G J，Bain K G，Jones N，et al. Modelling of ladle glaze interactions[J]. Ironmaking and Steelmaking，2002，29（5）：383-389.

[5] Riaz S，Mills K C，Bain K. Experimental examination of slag/refractory interface[J]. Ironmaking and Steelmaking，2002，29（2）：107-113.

[6] Beskow K，Tripathi N N，Nzotta M，et al. Impact of slag-refractory lining reactions on the formation of inclusions in steel[J]. Ironmaking and Steelmaking，2004，31（6）：514-518.

[7] 国际钢铁协会. 洁净钢——洁净钢生产工艺技术[M]. 中国金属学会，译. 北京：冶金工业出版社，2006：4-232.

[8] 马娥，张春杰. 基于 PLC 自动控制和红外下渣检测的滑板挡渣技术应用[J]. 宽厚板，2014，20（2）：27-30.

[9] Stllkerleg B. Device for avoiding contamination of the tapped steel by flush slag in a tiltable converter with improved composition of the material[P]. USA，US6241941B1，2001-06-05.

[10] Verbik R M. Slag stopping plug for tap holes of metal furnaces containing molten material[P]. USA，US4995594，1991-02-26.

[11] Schuster H，Rodl S. Sealing plug for an outlet opening of container and container having a sealing plug[P]. USA，US20120086158A1，2012-04-12.

[12] 王长春，陈花朵，牛智旺，等. 我国转炉滑动水口挡渣出钢技术的现状及展望[J]. 耐火材料，2013，47（增刊 2）：478-482.

[13] Zhang Z M，Bin L，Jiang Y X. Slag detection system based on infrared temperature measurement [J]. Optik-International Journal for Light and Electron Optics，2014，125（3）：1412-1416.

[14] Enkner B，Paster A，Schwelberger J. 新型 VAI-CON®转炉挡渣系统[J]. 孙运涌译. 钢铁，2002，37（8）：28-32.

[15] 蔺瑞，颜正国，于景坤. 钢包下渣控制技术[C]. 第十三届（2009 年）冶金反应工程学会议，内蒙古，中国，2009：94-98.

[16] Davila O，Morales R D，Garcia-demedices L. Mathematical simulation of fluid dynamics during steel draining operations from a ladle[J]. Metallurgical and Materials Transactions B，2006，37（1）：71-87.

[17] 周俐，曹成虎，戴伟. 120t 钢包汇流卷渣的物理模拟[J]. 炼钢，2012，28（2）：56-70.

[18] 付瑶. 2014 年钢材出口量或稳步提升[N]. 现代物流报，2014，第 011 版，1-2.

[19] 李海峰. 自由表面旋涡的机理研究[D]. 上海：上海大学，2008.

[20] Andrade E N D C. Whirlpools and vortices[C]. Proceedings of the Royal Institute of London，London，GBR，1936：320.

[21] Sankaranarayanan R，Guthrie R I L. Slag entraining vortexing funnel formation during ladle teeming：Similarity criteria and scale-up relationships[J]. Ironmaking and Steelmaking，2002，29（2）：147-153.

[22] Andrzejewski P，Diener A，Pluschkell W. Model investigations of slag flow during last stages of ladle teeming[J]. Steel Research，1987，58（12）：547-552.

[23] 蔺瑞，颜正国，刘涛，等. 60t 钢包浇注过程中汇流旋涡形成机理[J]. 过程工程学报，2010，10（4）：655-659.

[24] 赵永志，顾兆林，郁永章，等. 盆池涡旋动过程数值研究[J]. 水利学报，2002，（12）：1-6.

[25] Shapiro A H. Buth-tub vortex[J]. Nature，1962，196：1080-1081.

[26] Binnie A M. Some experiments on the bath-tub vortex[J]. Journal of Mechanical Engineering Science，1964，6：256-257.

[27] Trefethen L，Bilger R W，Fink P T，et al. The bath-tub vortex in the southern hemisphere[J]. Nature，1965，207：1084-1085.

[28] 伍培云，陆建隆. 盆池涡旋转方向和龙卷风的形成[J]. 河北师范大学学报（自然科学版），2004，28（2）：143-146.

[29] Pedlosky J. Geophysical fluid dynamics[M]. New York：Springer，1979：87.

[30] Haugen K B，Tyvand P A. Free-surface evolution due to an impulsive bottom sink at uniform depth[J]. Physics of Fluids，2003，15（3）：742-751.

[31] Lewellen W S. A solution for three-dimensional vortex flows with strong circulation[J]. Journal of Fluid Mechanics，1962，14：420-433.

[32] Piva M，Iglesias M，Bissio P，et al. Experiments on vortex funnel formation during drainage[J]. Physica A，2003，329：1-6.

[33] Granger R. Steady three-dimensional vortex flow[J]. Journal of Fluid Mechanics，1966，25：557-576.

[34] Rosenhead L. The spread of vortieity in the wake behind a cylinder[J]. Royal Society of London. Proceedings. Series A. Containing Papers of a Mathematical and Physical Character，1930，127（806）：590-612.

[35] Hite J E，Mih W C. Velocity of air-core vortices at hydraulic intakes[J]. Journal of Hydraulic Engineering-ASCE（Amer Soc Civil Engineers），1995，121（8）：631.

[36] Hecker G E. Model-prototype comparison of free surface vertices[J]. Journal of the Hydraulics Division，1981，107（10）：1243-1259.

[37] Odgaard A J. Discussion of "free-surface air core vortex" [J]. Journal of Hydraulic Engineering-ASCE（Amer Soc Civil Engineers），1988，114（4）：449-452.

[38] Gordon J L. Vortices at vertical intakes[J]. Water Power，1970，（4）：137-138.

[39] Kojola N，Takagi S，Yokoya S，et al. Prediction and disarming of drain sink formation during unsteady-state bottom teeming[J]. ISIJ International，2009，49（1）：1-9.

[40] Hammerschmid P，Tacke K H，Popper H，et al. Vortex formation during drainage of metallurgical vessels[J]. Ironmaking and Steelmaking，1984，11（6）：332-339.

[41] Morales R D，Daviila-maldonado O，Calderon I，et al. Physical and mathematical models of vortex flows during the last stages of steel draining operations from a ladle[J]. ISIJ International，2013，53（5）：782-791.

[42] Sucker D，Reinecke J，Hage-Jewainski H. Flow investigations for melting metallurgical processes [J]. Stahl Eisen，1985，105（14-15）：765-769.

[43] Kuwana K，Hassan M I，Signh P K. Scale-model experiment and numerical simulation of a steel teeming process[J]. Materials and Manufacturing Processes，2008，23（4）：407-412.

[44] Karlikov V P，Rozin A V，Tolokonnikov S L. Numerical analysis of funnel formation during unsteady fluid outflow from a rotating cylindrical vessel[J]. Fluid Dynamics，2007，42（5）：766-772.

[45] Suh J W，Park J，Kim H，et al. Suppression of the vortex in ladle by static magnetic field[J]. ISIJ International，

2001，41（7）：689-695.

[46]　Warman M O. Closures for metallurgical vessel pouring apertures[P]. USA，US4913404，1990-04-03.

[47]　Auer J，Pirklbauer W. Metallurgical vessel[P]. USA，US5240231，1993-08-31.

[48]　Kleinow D，Mullen J. Slag control shape device with L-shape loading bracket[P]. USA，US8210402B2，2012-07-03.

[49]　Laszlo W S. Slag control system[P]. USA，US5240231，1993-08-31.

[50]　Komanecky R J. Tap hole plugs for metallurgical vessels[P]. USA，US4828226，1989-05-09.

[51]　黄晔，叶树峰，苏天森. 浇注过程的防下渣技术[J]. 江西冶金，1999，19（6）：1-7.

[52]　李海峰. 自由表面旋涡的机理研究[D]. 上海：上海大学，2008.

[53]　谭大鹏，计时鸣，李培玉，等. 振动式钢包下渣检测方法及其关键技术研究进展[J]. 2010,11(40)：1257-1267.

[54]　Stofanak J A，Sharan A，Goldstein D E，et al. System and method for minimizing slag carryover during the production of steel[P]. USA，EP1090702A2，2001-11-04.

[55]　Tian Z H. Video camera device for detecting molten slag in flow of molten steel[P]. China，EP2177947A1，2010-04-21.

[56]　Dishun T R. Slag level detection system[P]. USA，US3967501，1976-07-06.

[57]　朱万彬. 钢包下渣监测方法展望[J]. 光电机信息，2011，28（12）：78-81.

[58]　Theissen W，Julius E，Block F R. Method and apparatus for the detection of slag co-flowing within a stream of molten metal[P]. USA，US4816758，1989-03-28.

[59]　Mats J，Willy O，Hakan K. A method and a device for detecting slag[P]. Sweden，EP1486271A1，2004-12-15.

[60]　Agellis Group. Ladle slag detection[EB/OL]. http: //agellis.com/slagdetectionandlevel，2009.

[61]　徐永斌，马春武，幸伟，等. 连铸大包下渣监测技术的发展及应用[J]. 山东冶金，2012，34（2）：7-9.

[62]　职建军，裘嗣明，侯安贵，等. 钢包下渣监测技术在宝钢的应用[J]. 宝钢技术，2004，（5）：5-7.

[63]　Chen D F，Xiao H X，Ji Q H. Vibration style ladle slag detection method based on discrete wavelet decomposition[C]. 2014 26th Chinese Control and Decision Conference（CCDC），Changsha，China，2014：3019-3022.

[64]　Tan D P，Zhang L B. A WP-based nonlinear vibration sensing method for invisible liquid steel slag detection[J]. Sensors and Actuators B，2014，202：1257-1269.

[65]　李培玉，赵明祥. 连铸钢包下渣监测方法的研究现状与进展[J]. 炼钢，2003，19（3）：51-55.

[66]　美国联合工程技术公司北京优仪特冶金技术有限公司（UET International Inc.）. 新型的大包下渣监测技术系统[C]. 板坯连铸技术研讨会，济南，中国，2003：48-53.

[67]　Chakraborty B，Sinha K. Development of caster slag detection system through imaging technique[J]. International Journal Instrumentation Technology，2011，1（1）：84-91.

[68]　吴非，王友钊. 利用视频系统监控大包下渣的方法研究[J]. 工业控制计算机，2005，18（3）：38-47.

[69]　Dewitt D P. Inferring temperature from optical radiation measurements[J]. Optical Engineering，1986，25（4）：596-601.

[70]　靳永东，孙渝生. 振动激光外差信号的频谱分析处理[J]. 振动与动态测试，1988，（2）：41-44.

[71]　张旭升，张维维，李晓伟，等. 连铸钢包下渣监测技术的发展与应用[J]. 鞍钢技术，2006，（6）：15-20.

[72]　Koria S C，Kanth U. Model studies of slag carry-over during drainage of metallurgical vessels [J]. Steel Research，1994，65（1）：8-14.

[73]　王克俭，陆永刚. 宝钢250t转炉滑板挡渣机构耐材使用实践[J]. 炼钢，2013，29（4）：71-78.

[74]　蔡开科，杨文远. 炼钢技术发展评述——第18届国际钢铁会议论文简介[C]. 中国金属学会第十届炼钢年会，郑州，1998：22-32.

[75] Labate M D. Slag retaining device with vortex inhibitor [P]. USA，US4799650，1989-01-24.

[76] 郑新友，丛玉伟，刘平，等. 转炉出钢挡渣方法[J]. 钢铁研究，2000，（1）：59-62.

[77] 雷家源. 转炉挡渣止渣法的评述[J]. 宝钢情报，1989，（1）：44-49.

[78] Li J，Wen G H，Tang P，et al. Fluid flow and inclusion motion in a multi-heat teeming tundish for heavy steel ingot[J]. Journal of Iron and Steel Research International，2012，19（11）：19-26.

[79] Liu J G，Yan H C，Liu L，et al. Water modeling of optimizing tundish flow field[J]. Journal of Iron and Steel Research International，2007，14（3）：13-19.

[80] Pierre V. Récipient métallurgique de coulee[P]. France，No2443892，1978-12-13.

[81] Suh J W，Park J，Kim H，et al. Suppression of the vortex in ladle by static magnetic field [J]. ISIJ International，2001，41（7）：689-695.

[82] 达尔迪克 I I，卡普斯塔 A K，米哈伊洛维奇 B M. 用于抑制出料过程中在中间包或钢包内出现漩涡的方法和设备[P]. 中国，CN101039768A，2007-09-19.

[83] Ono-Nakazato H，Taguchi K，Usui T，et al. Prevention method of swirling flow generation in discharging liquid in the reactor vessel[J]. Journal of the Japanese Society for Experimental Mechanics，2007，7（special issue）：120-124.

[84] 张定基. 出钢挡渣技术的新进展[J]. 炼钢，1991，（5）：47-49.

[85] Fluent Inc. Fluent version 6.3，User's Guide[M]. Centerra Resource Park 10 Cavendish Court Lebanon，USA，2006，12：15-16，22：1-9，23：14-15，25：1-82.

[86] Singh P K. Scale model experiments and numerical study on a steel teeming process[D]. Lexington：University of Kentucky，2004.

[87] 王雅贞，张岩. 新编连续铸钢工艺及设备[M]. 北京：冶金工业出版社，2007：56-57.

[88] Li H X，Wang Q，Lei H，et al. Mechanism analysis of free-surface vortex formation during steel teeming[J]. ISIJ International，2014，54（7）：1592-1600.

[89] Li H X，Wang Q，Jiang J W，et al. Analysis of factors affecting free surface vortex formation during steel teeming[J]. ISIJ International，2016，56（1）：94-102.

[90] Jain A K，Ranga R，Kittur G，et al. Vortex formation at vertical pipe intake[J]. Journal of the Hydraulics Division，ASCE（American Society of Civil Engineers），1978，104（10）：1429-1445.

[91] 冯力. 回归分析方法原理及 SPSS 实际操作[M]. 北京：中国金融出版社，2004：114-154.

[92] 王强，王连钰，李宏侠，等. 钢包出钢末期漩涡抑制机理探究及防漩设计[J]. 金属学报，2017，54（7）：959-968.

第6章　中间包控流技术及研究方法

　　中间包冶金是一项特殊的钢水精炼技术，是从钢水冶炼、精炼到液态钢水冷却为固态连铸的生产流程中保证洁净钢质量的重要环节。"中间包冶金"的概念自从20世纪80年代由加拿大多伦多大学麦克莱恩（A. McLean）教授[1]提出以来，很多研究成果已经陆续应用到实际钢铁连铸生产中，如中间包结构设计、流动控制技术、耐火材料和中间包覆盖剂、热中间包重复使用等[2-17]。近年来，中间包的冶金功能进一步扩大，通过在中间包内安装控流装置，如挡墙、坝、湍流控制器、气幕挡墙等[9]，改善钢液在中间包内流动特性，提高中间包去除非金属夹杂物的能力。

　　目前，中间包冶金的研究热点集中于通道式感应加热、中间包停留时间分布（residue time distribution，简称RTD）曲线理论和中间包内夹杂物输运行为等方面。相关的基本数学模型如图6.1所示。

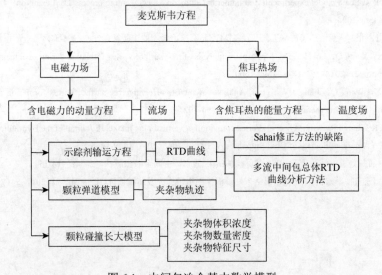

图 6.1　中间包冶金基本数学模型

6.1　中间包冶金技术

6.1.1　中间包的作用

　　中间包位于钢包与结晶器之间，是钢液凝固前的最后一个耐火材料冶金反应器，是钢的连铸生产流程的重要环节。转炉炼钢、电炉炼钢、钢水精炼均为间歇操作，而钢的连续铸造是连续操作，因此中间包是钢铁生产从间歇操作转向连续操作的过渡冶金反应器，它在连铸生产中起到了承上启下的重要作用，即钢包中的钢水从钢包长水口流进中间包进行暂时储存，经过中间包分流后，再通过浸入式水口流入连铸结晶器。

在连铸过程中，中间包主要具有如下的冶金作用。

（1）分流作用：在炼钢厂，一个钢包通常对应一台多流连铸机。这样就需要一个多流中间包实现对一个钢包内钢液的分流，从而向多个结晶器供应钢液。

（2）连浇作用：多炉连浇是连铸生产的一个常见操作。在更换钢包过程中，钢包不再向中间包供应钢液，中间包能够利用其存储的钢液继续向结晶器提供钢液。

（3）减压作用：钢包内液面高度约为 5m，且钢包液面在浇铸过程中不断下降，变化幅度很大。而中间包液面高度约为 1m，比钢包液面高度低，且中间包液面在浇铸过程中变化幅度也较小，因此中间包可以减缓钢液的冲击，确保连铸的稳定顺行。

（4）均匀作用：钢包流入的钢液与中间包内存储的钢液相混合，能够减小流入结晶器内钢液的温度和成分的波动。

（5）保护作用：通过中间包钢液面的覆盖剂、钢包长水口等各种保护措施，避免钢液的二次氧化，从而减轻中间包内钢液受到外界环境的污染。

（6）去夹杂作用：控制钢液的流动，促进钢液中非金属夹杂物的上浮去除。

6.1.2　中间包的主要控流元件

中间包内钢液的流动行为，对钢液中非金属夹杂物的去除、浇注过程中钢液的二次氧化、中间包耐火材料的冲刷和侵蚀，都起到非常重要的作用。为了有效控制中间包内钢液流动行为，满足连铸要求，冶金学者开发设计了不同形式的控流元件。中间包反应器内控流元件的发展，大致可以划分为三个主要阶段。

（1）在 20 世纪 70～80 年代期间，控流元件主要为挡渣堰和导流坝。

（2）在 80～90 年代期间，控流元件主要为多孔挡墙以及过滤器。

（3）在 90 年代后期，湍流控制器在钢厂逐渐得到应用。

1. 湍流控制器

湍流控制器，也称防溅槽，是一种外观通常为圆柱体或长方体的具有内部空腔结构的耐火材料装置，如图 6.2 所示。湍流控制器一般安装在中间包底部，且湍流控制器开口正对着钢包注流的长水口。钢液流股从钢包长水口高速流入湍流控制器内，冲击到湍流控制器底部后向四周散开，然后沿着湍流控制器内壁向上流动，最后与来自钢包长水口的新鲜钢液流股碰撞后从湍流控制器的上口沿液面向四周散开流出。

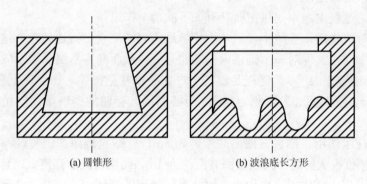

(a) 圆锥形　　　　　　　　　　(b) 波浪底长方形

图 6.2　湍流控制器

在中间包内安装的湍流控制器对钢液的流动能起到如下作用：

（1）在钢包开浇和换包时，减弱钢液注流冲击中间包造成的钢液飞溅，减轻钢液流股对中间包注流区包底和侧壁的耐火材料的冲刷和侵蚀。

（2）在正常浇注过程中，降低了钢液流速，减弱长水口注入区钢液的湍流程度，促进钢液的混合，避免在包底形成水平流，抑制水口注流卷吸空气，减少卷渣的发生。

（3）促进夹杂物在湍流控制器内的碰撞聚合长大，提高中间包去除夹杂物的能力。

目前，湍流控制器已成为中间包必不可少的控流元件，但是由于湍流控制器作用区域局限在长水口注流冲击区附近。为了更充分地发挥中间包的冶金作用，在应用湍流控制器的同时，中间包还需要设置挡墙、堰、坝等其他控流元件。

2. 挡渣墙

挡渣墙又称挡墙，通常安装在钢包长水口与中间包出口之间，是最普遍、最简便的净化钢液控流元件。图 6.3 给出了三种形式的挡墙：挡渣堰（又称上挡渣堰或堰）、导流坝（又称挡坝或坝或下挡墙）和多孔挡墙（或导流隔墙）。挡渣堰和导流坝通常为平板结构，而多孔挡墙有平面形状、U 形和弧形等多种板状结构。

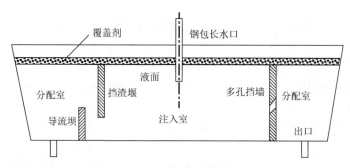

图 6.3　中间包的堰和坝

导流坝通常安装在中间包的底部，阻止钢液从中间包底部通过，强迫钢液从导流坝的上方通过。导流坝的主要作用如下：

（1）避免钢液沿中间包底部直接流向中间包出口，有效地消除中间包底部的短路流。

（2）改变钢液的流动方向，将中间包分为注入室和分配室，控制钢包注流冲击区的大小，将钢包注流对中间包流场的影响限制在冲击区内。

（3）增加钢液在中间包内的运动距离，延长钢液在中间包内的停留时间，给夹杂物碰撞聚合充裕的时间。

（4）强迫钢液沿导流坝向上运动，促进夹杂物的上浮去除。

挡渣堰通常安装在中间包的上部，阻止钢液从挡渣堰上方通过。挡渣堰通常与导流坝配套使用，强迫中间包上部钢液向下流动，经由挡渣堰的下方和导流坝之间的空隙流过，采用斜向上的流动方式进入分配室。挡渣堰的主要作用如下：

（1）将中间包分为注入室和分配室两部分。利用挡渣堰的安装位置控制注入室的大小，将钢包注流对中间包流场的影响限制在注入室内，减少卷渣的发生。

（2）控制注入室内钢液的湍流程度，促进夹杂物碰撞聚合。

（3）改变钢液的流动方向，强迫钢液沿挡渣堰向下运动，增加钢液在中间包内的运动距离，延长钢液在中间包内的停留时间，促进夹杂物的去除。

（4）将随钢包注流进入中间包的大包渣挡在注入室内，减轻大包渣所造成的二次污染。

多孔挡墙是一个将上下游钢液完全隔开并设置若干个带有倾角的孔洞（导流孔）的平面或曲面挡墙。这些导流孔通常是圆形或方形。倾角的作用是迫使上游的钢液通过多孔挡墙后指向下游熔池的液面，从而延长钢液的停留时间，促进夹杂物的上浮去除[16]。多孔挡墙相当于挡渣堰和导流坝的组合，主要具有如下的作用：

（1）有效地改变钢液的流动方向，将中间包分为注入室和分配室两部分，利用多孔挡墙的位置控制注入室的大小，将钢包注流对中间包流场的影响限制在注入室内。

（2）控制注入室内钢液的湍流程度，促进夹杂物碰撞聚合。

（3）增加钢液在中间包内运动距离，延长钢液在中间包内停留时间，促进夹杂物的去除。

（4）将随钢包注流进入中间包的大包渣挡在注入室内，减轻大包渣所造成的二次污染。

（5）这些导流孔相当于挡渣堰和导流坝之间的空隙，一般由注入室斜向上指向分配室，强迫钢液沿导流孔斜向上运动至中间包覆盖剂处，促进夹杂物的去除。

3. 气幕挡墙

中间包气幕挡墙是在 20 世纪末基于钢包底吹氩技术逐渐发展起来的控制中间包钢液流动并去除钢液中夹杂物的技术。它的主要特征是在中间包底部设置横跨整个中间包宽度的条形透气砖。透气砖的安装位置一般选择在大包注流区和中间包出口之间，底吹气体一般是氩气。当通过透气砖向钢液内连续吹入氩气时，从透气砖表面逸出的氩气形成一道由小气泡组成的气体屏障覆盖住整个中间包宽度，称为"气幕挡墙"，如图 6.4 所示。

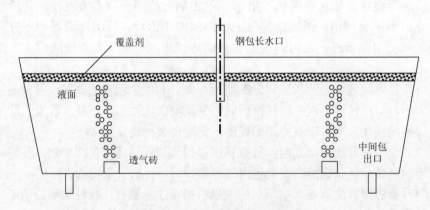

图 6.4　采用气幕挡墙的中间包

中间包气幕挡墙是将成列的吹氩孔垂直于钢液主流流股流动方向布置在中间包包底。其作用相当于在中间包包底安装了导流坝，强迫钢液改变原来的流动方向，转而沿气幕向上流动，避免了中间包短路流的形成，减小夹杂物流入结晶器的概率。气幕挡墙的吹气位置和吹气量对钢液流动特性有很大影响[17-20]。当吹气量太大时，气泡上升速度快，钢液向上流动快，中间包液面会产生剧烈波动，容易造成卷渣；当吹气量太小时，不能形成有效的气幕，中间包内钢液流动特性不会发生明显变化。当吹气位置距钢包水口较近时，有利于注入区钢液的混合及夹杂物的碰撞长大，却增大了浇注区的死区；当吹气位置距钢包长水口较远时，钢液的停留时间明显延长，但在浇注区却形成较强的回流，不利于渣与钢液的分离，十分容易发生卷渣，并且气体随钢液由中间包出口流出的概率增大；当吹气量及吹气位置适当时，钢液在中间包内停留时间延长，夹杂物去除率明显提高。另外，气幕挡墙还具有很强的搅拌作用，研究表明，气幕挡墙的微细气泡群可以使钢液成分和温度均匀化，起到脱氮、脱氢的作用。

4. 电磁离心中间包

20 世纪 90 年代，日本川崎钢铁公司（现为 JFE 钢铁公司）基于电磁搅拌技术研发了一种去除钢液中夹杂物的电磁离心中间包[11-14, 21, 22]。图 6.5 表明，电磁离心中间包主要由中间包弧形电磁搅拌器和中间包两部分构成，而中间包又可进一步分为两部分：钢液旋转的圆形旋转注入室和钢液不旋转的长方形分配室。旋转注入室和分配室通过旋转注入室底部的通道连成一个整体。弧形电磁搅拌器安装在圆形旋转注入室的外面，其作用是迫使旋转注入室内钢液做水平旋转运动。

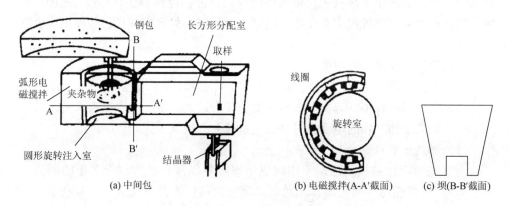

图 6.5　电磁离心中间包[14]

电磁离心中间包内夹杂物去除机理与中间包内钢液的流动行为密切相关。在重力的作用下，钢包内钢液通过钢包长水口进入中间包的旋转注入室；钢液在向下流动的同时，还会在电磁力作用下在圆形旋转注入室内随着交变磁场的旋转方向旋转；净化后的钢液经由旋转注入室底部的通道沿切线方向进入分配室。相对于传统中间包内钢液流动行为，电磁离心中间包内钢液流动行为更为激烈和复杂。而电磁离心中间包夹杂物去除机理主要体现在高效的夹杂物分离方面。弧形电磁搅拌器产生的旋转磁场强迫导电的钢液进行旋转运动从而延长了钢液的运动路径，有助于抑制短路流的发生，并延长了钢液在圆形旋转注入室内的停留时间；在离心力的作用下，因为夹杂物和渣的密度比钢液小，所以较轻的夹杂物和渣会向圆形旋转注入室中心运动并逐渐碰撞聚集、长大、上浮，从而促进夹杂物、渣与钢液之间的分离。

5. 中间包加热

中间包内钢液的温度对连铸坯的质量和性能、连铸机的生产顺行和中间包耐火材料的寿命都产生重要影响。在钢包内钢液连续地注入中间包的过程中，通过钢包壁面、中间包壁面、熔池表面产生的热损失是非常大的，特别是在连铸初期、钢包更换、连铸末期等非正常浇注期间，中间包内钢液的温降尤其严重。

连铸技术的工业实践表明，改善铸坯凝固组织，减小铸坯偏析和疏松的不合格比率，实现连续浇铸和连铸设备的稳定运行的最有效手段之一是准确控制中间包内钢液温度来实现低过热度下的恒温浇注。因此，寻求中间包的外部加热技术已经成为补偿中间包温降的重要手段。目前，冶金工作者已经研发出多种形式的中间包外部加热技术，主要包括感应加热技术、等离子加热技术、陶瓷电热技术等。

其中，等离子加热与感应加热技术是国内外冶金学者关注的重要中间包加热技术[15, 23-28]。等离子加热技术可以将中间包内钢液温度控制在目标温度 ±10℃ 以内。但是在实际使用过程中存在如下问题，导致国内外多家钢厂已经停用或者弃用该设备。

（1）等离子加热起弧困难。

（2）中间包钢水液面控制不稳定，等离子体弧难以维持，容易导致熄弧。

（3）在使用过程中，等离子加热产生的噪声过大，常人一般很难承受。

（4）等离子体产生的电磁辐射对弱电系统会有较大干扰。

（5）加热效率较低。

通道式感应加热技术应用于中间包用来加热钢液已经有三十多年的历史。对于采用 T 型连铸中间包而言，通道式感应加热技术具有投资小、有利于去除钢液夹杂物、加热均匀以及工作环境安全系数较高等优点，越来越受到冶金界的重视。

图 6.6 表明，双通道感应加热两流 T 型连铸中间包由注入室（钢包长水口冲击区）、分配室和两个通道、导磁体以及感应加热线圈构成。钢液从注入室通过两个通道进入分配室。感应加热装置安装在两通道之间，由导磁体（铁芯）和通电线圈组成[27]。其主要设备包括以下几种。

（1）电磁感应加热器：电磁感应加热器的主要作用是激发交变的磁通，类似于带一次线圈的单相变压器。电磁感应加热器由"口"字型闭合铁芯和线圈构成。"口"字型闭合铁芯由可移动的 Π 字型铁芯和固定在中间包上的一字型轭铁组成；线圈安装在不锈钢内套内。此不锈钢内套既对耐火材料进行支撑，也是冷却空气的通道，同时对感应加热器进行定位。

（2）通道：由耐火材料制成的通道，埋设在接近中间包底部的隔墙内。它是加热流动钢水的通道。

（3）单向交流电源：电源的作用是为感应加热器提供稳定的单相工频交流电。单相交流电源由多级三相变压器、三相变单相的转换器、断路器和功率因数补偿电容等组成。

（4）控制系统：控制系统用于调控和显示加热装置的主要参数。此系统包括功率调节器、温度的检测、显示和记录等功能。

（5）冷却系统：一般采用风冷形式。相对于水冷系统而言，风冷系统安全可靠，而且可以提高热效率。

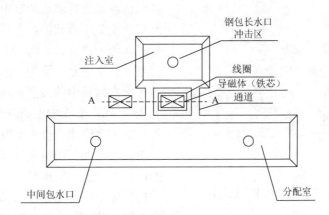

图 6.6　通道式感应加热中间包

中间包感应加热装置的安装总体要求有以下四点：

（1）不能改变现有的钢包长水口和中间包水口的位置，但是需要在 T 型中间包注入室和分配室之间采用耐火材料砌筑相互联通的通道，以便于安装感应加热装置。

（2）感应加热装置体积要小，质量要轻。这样，中间包小车不需要做重大改动。

（3）由于非磁不锈钢保护套和中间包金属外壳都被感应加热器的铁芯所匝链，因此这两者均需要开一个由绝缘材料所隔离的缝隙，避免形成感应电流回路，防止涡流的产生。

（4）要冷却线圈，避免因大电流产生的热量烧坏线圈。

对于中间包耐火材料及通道耐火材料的设计应注意以下四点：

（1）通道的长度应该由钢包长水口冲击点和中间包水口连线之间距离而定，

但是通道截面积的确定要考虑钢液通过通道的时间等于钢液的加热时间，通过通道的钢液流股对中间包对面包壁的冲刷以及夹杂物沉积于通道内壁而堵塞通道程度和拉坯速度等因素。

（2）为防止钢液的二次氧化，通道与中间包底部的垂直距离约为液面高度的1/3 处，这主要考虑以下三个因素：①防止钢液氧化；②防止底部短路流；③换包期间和浇铸末期液面的下降。

（3）要求钢水通道耐火材料具有高电阻率、高抗钢水侵蚀能力、高强度和良好的抗热震稳定性等性能。

（4）中间包通道式感应加热要求中间包永久层和工作层的耐火材料具有良好的绝缘性。

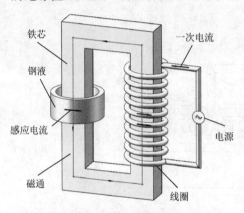

图 6.7　通道式感应加热中间包机理

图 6.7 给出了通道式感应加热中间包原理。通道式感应加热中间包原理与单相交流变压器相似。多匝线圈相当于变压器的一次回路，通道中流动的钢水相当于二次回路，视为一匝二次线圈，当在一次回路中的线圈中施加单相工频交变电流时，交变的电流就在导磁体（铁芯）的闭合磁路中产生交变磁通，此交变的磁通进而在由导磁体匝链的通道内的钢水中产生感应电势。由于钢液是电的良导体，因此在钢液内部就会产生感应电流，从而产生焦耳热，促使钢液温度升高。由于感应电流在钢液中形成回路，其产生的焦耳热直接用于钢液加热，因此通道式感应加热具有较高的加热效率。

钢液从钢包进入中间包注入室，流经通道时被其自身的感应电流产生的焦耳热加热；加热后的钢液从通道流入中间包分配室，促使分配室内的钢液在短时间内升温。通道式感应加热技术具有以下特点：

（1）加热效率高。通道式感应加热是基于电磁感应原理，直接对钢液进行加热，其热损失小，加热效率一般可达到 90%以上。

（2）加热的响应性和控制性好。通道式感应加热能将电能直接转化为热能，输入功率控制和钢水加热同步进行。此外，输入功率可以根据钢包内的钢水量、时间间隔、浇铸条件等因素借助电气控制，再配以连续测温技术可防止中间包内钢水温度的波动。

（3）钢水无污染。加热钢水的热源来源于流经通道中的感应电流的焦耳热，无需气氛控制。

（4）夹杂物去除显著。在 Archimede 力的作用下，部分夹杂物会运动到通道表面而被去除；在热对流和洛伦兹力的箍缩效应的作用下，形成了有利于夹杂物上浮的上升流，促使夹杂物上浮至渣层而被去除。

（5）安装维护方便。尽管电磁感应加热器的闭合铁芯上下贯通地安装在中间包内，但因为其分为上下两部分，感应器与中间包很容易装卸，操作方便。

（6）由于需要在中间包内安装感应加热器、通道和冷风管道等装置，所以占用了中间包以及小车一定的空间，导致中间包容量的减小。

6.2　通道式感应加热中间包

6.2.1　电磁场

1. 基本假设

（1）忽略钢液的流动对磁场的影响。

（2）钢液、铁芯和线圈材料为各向同性，且物性参数为常数。

（3）通道式感应加热中间包内交变电磁场可简化为似稳电磁场。

2. 电磁场控制方程

电磁场控制方程由麦克斯韦方程组成。研究区域可分成涡流区和非涡流区两部分，遵循不同的控制方程[27]。在涡流区需要对磁场和电场进行描述；而在非涡流区，没有涡流电流密度，只有源电流密度，只需描述磁场。

（1）涡流区控制方程：

$$\nabla \times ([v] \nabla \times \vec{A}) - \nabla ([v] \nabla \cdot \vec{A}) + [\sigma] \left(\frac{\partial \vec{A}}{\partial t} + \nabla \varphi \right) = 0 \tag{6.1}$$

$$\vec{B} = \nabla \times \vec{A} \tag{6.2}$$

$$\nabla \cdot [\sigma] \left(-\frac{\partial \vec{A}}{\partial t} - \nabla \varphi \right) = 0 \tag{6.3}$$

$$\vec{E} = -\frac{\partial \vec{A}}{\partial t} - \nabla \times \varphi \tag{6.4}$$

（2）非涡流区控制方程：

$$\nabla \times ([v] \nabla \times \vec{A}) - \nabla ([v] \nabla \cdot \vec{A}) = J_s \tag{6.5}$$

$$\vec{B} = \nabla \times \vec{A} \qquad\qquad (6.6)$$

式中，$[\nu]$ 为磁阻率矩阵，m/H；$\vec{A}$ 为矢量磁势，T·m；$\vec{B}$ 为磁感应强度，T；φ 为标量电势，V；J_{s} 为源电流密度，A/m^2；$[\sigma]$ 为电导率矩阵，S/m；$\vec{E}$ 为电场强度，V/m；t 为时间，s。

3. 边界条件及求解步骤

在电磁场计算过程中，线圈、铁芯、钢液等电磁参数如表 6.1 所示。同时在空气层表面设置边界平行条件，计算收敛条件为残差小于10^{-4}。

表 6.1　感应加热中间包数学模拟中的参数

钢液相对磁导率	铁芯相对磁导率	钢液的电阻率	线圈相对磁导率	空气相对磁导率
1	1000	$1.4\times10^{-6}\Omega\cdot\text{m}$	1	1

4. 电磁场特性

图 6.8 给出了中间包通道式感应加热在中间包内所产生的电磁场。图 6.8（a）表明：通道内感应电流密度比注入室和分配室内感应电流密度至少高出一个数量级，且通道在靠近线圈一侧的电流密度和焦耳热均大于远离线圈一侧。因此，通道内钢液的加热效率高，是中间包钢液的主要加热区域；而注入室和分配室内钢液的加热效果可以忽略不计。这也是通道式感应加热中间包名称的由来。

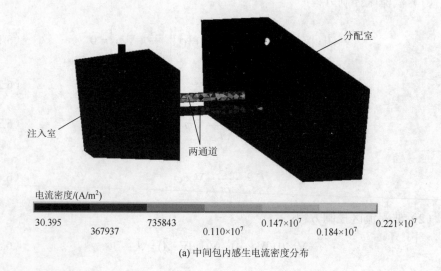

电流密度/(A/m²)

30.395　　　　　　735843　　　　　　0.147×10⁷
　　　367937　　　　　0.110×10⁷　　　0.184×10⁷　　0.221×10⁷

(a) 中间包内感生电流密度分布

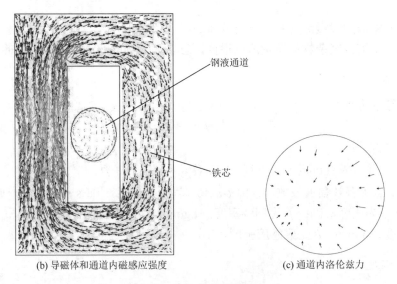

(b) 导磁体和通道内磁感应强度   (c) 通道内洛伦兹力

图 6.8 中间包电磁场分布

图 6.8（b）表明，磁力线基本都集中在铁芯内，且呈封闭的环状分布；较少的磁力线存在于中间包通道内且呈偏心分布。此现象的出现是因为铁芯的磁导率比钢液和空气高 3 个数量级。因此，通道式感应加热效率很高，可达到 90%以上。

针对中间包通道式感应加热与传统加热精炼技术的差异，必须指出如下几点：

（1）通道中的感应电流不是由励磁电流产生的一次磁场渗透到钢水中产生的，也不是感应器的漏磁场产生的，而是由感应器在闭合铁芯中产生交变磁通而产生的。

（2）通道必须与闭合铁芯匝链，否则磁通即使随时间变化，也不能在通道钢液内部产生足够大的感应电流。

（3）感应电流从一条通道流出，经中间包内钢水从另一条通道流入，形成感应电流的闭合回路。换言之，感应电流不能被断开。否则，通道中就不会产生感应电流环路，也就没有焦耳热。

（4）两个通道必须浸没在钢液中，即位于钢液面以下。

6.2.2 流场和温度场

1. 基本假设

（1）中间包内钢液流动是稳态不可压缩流体流动。

（2）中间包钢液液面是水平面，忽略中间包表面覆盖剂对钢液流动的影响。

（3）钢液的缓慢流动对电磁场分布的影响忽略不计。

（4）钢液内夹杂物的质量浓度很低，忽略夹杂物的运动对钢液流动的影响。

2. 流场控制方程

连续性方程：

$$\nabla \cdot (\rho \vec{u}) = 0 \tag{6.7}$$

动量方程：

$$\nabla \cdot (\rho \vec{u} \vec{u}) = -\nabla p + \nabla \cdot [\mu_{\text{eff}}(\nabla \vec{u} + (\nabla \vec{u})^{\text{T}})] + \rho \vec{g} + \vec{J} \times \vec{B} \tag{6.8}$$

式中，μ_{eff} 为有效黏度系数，且由 $k\text{-}\varepsilon$ 双方程模型确定，Pa·s；$\vec{g}$ 为重力加速度，m/s^2；p 为压强，Pa；ρ 为钢液密度，kg/m^3；$\vec{u}$ 为钢液速度，m/s；$\vec{J}$ 为传导电流密度，J/m^2；$\vec{B}$ 是磁感应强度，T。

3. 温度场控制方程

$$c_p \nabla \cdot (\rho T \vec{u}) = \nabla \cdot (\lambda_{\text{eff}} \nabla T) + S_T + Q \tag{6.9}$$

$$\lambda_{\text{eff}} = \lambda_0 + \frac{c_p \mu_{\text{t}}}{Pr_{\text{t}}} \tag{6.10}$$

式中，λ_{eff} 为钢液的有效导热系数，W/(m·K)；λ_0 为钢液的导热系数，W/(m·K)；c_p 为钢液的定压比热容，J/(kg·K)；μ_{t} 是湍流黏度，Pa·s；Pr_{t} 是湍流普朗特数；S_T 为黏性应力所做的变形功，J/(m^3·s)；$Q = \vec{J}_{\text{i}} \cdot \vec{J}_{\text{i}} / \sigma$ 表示感应加热产生的热源的体积能量密度，J/(m^3·s)；T 表示钢液温度，K。

4. 边界条件及求解步骤

研究的钢种为中碳钢，液相线温度为 1763K。壁面条件采用无滑移壁面并设定如表 6.2 所示的单位面积热损失。

表 6.2 感应加热中间包数学模拟中的参数

参数	参数值	参数	参数值
上表面热损失	7040W/m^2	钢液导热系数	41W/(m·K)
底面热损失	1800W/m^2	钢液热容量	750J/(Kg·K)
宽面热损失	3700W/m^2	长水口入口处钢液速度	0.6m/s
窄面热损失	4200W/m^2	长水口入口处钢液温度	1773K
通道表面热损失	1100W/m^2		

计算区域为正常浇铸时钢液所占据的中间包区域。在计算过程中，钢液的密度取 7000kg/m^3，黏度取 0.0065Pa·s。对于三维计算来讲，中间包边界条件如下：

（1）壁面：垂直于壁面的速度分量设为零，平行于壁面的速度、压力及 k、ε 采用无滑移边界；在与壁面相邻的节点上应用壁面函数。

（2）长水口出口：在长水口出口处钢液流速根据进出口流量守恒原则确定。长水口出口处湍流参数 k 和 ε 的设置如下：

$$k_{\text{inlet}} = 0.01u_{\text{inlet}}^2 \tag{6.11}$$

$$\varepsilon_{\text{inlet}} = u_{\text{inlet}}^2 / (d_0 / 2) \tag{6.12}$$

式中，d_0 是长水口出口直径。

（3）中间包出口：所有物理量在出口法线方向的梯度为零。

（4）自由液面：除垂直液面的速度分量设为零外，平行于液面的速度分量和其他变量沿自由液面法线方向的梯度均设为零。

利用 ANSYS 软件，通过求解控制方程得到中间包内的电磁力和焦耳热分布；由于计算电磁场的网格与计算流场、温度场的网格不是同一套网格，因此利用自编的 Fortran 程序进行网格插值；将插值后电磁力、焦耳热作为源项分别加入流场方程、温度场方程中，利用 CFX 软件求解含电磁力的动量守恒方程和含焦耳热的能量守恒方程从而获得电磁感应加热中间包内钢液流场和温度场[27]。在计算过程中，收敛标准为残差小于 10^{-4}。

5. 钢液流场

图 6.9 是无通道式感应加热下两流中间包钢液流场。图 6.9（a）表明，当无电磁感应加热时，中间包通道截面处的钢液切向速度较小，主要流动方式为单漩涡流动。图 6.9（b）表明，注入室内钢液流经通道，以射流形式直接冲向中间包对面包壁。

图 6.10 是通道式感应加热下两流中间包钢液流场。图 6.10（a）表明，施加感应加热后，中间包通道内钢液切向速度很大，靠近线圈的一侧（右侧）的钢液切向速度大于远离线圈的一侧（左侧），并且在通道内上部和下部形成双漩涡流动。此双漩涡流动与通道内分布不均匀的磁感应强度和电流密度产生了图 6.8（c）所

1m/s

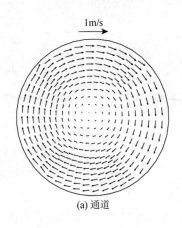

(a) 通道

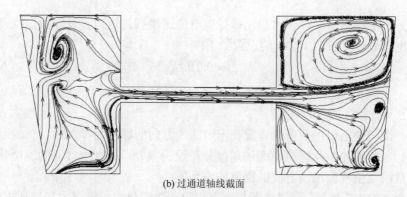

(b) 过通道轴线截面

图 6.9　无通道式感应加热下中间包钢液流场

示的方向指向通道中心的偏心电磁力。图 6.10（b）表明，钢液在通道内流向分配室的同时发生旋转，进入分配室后由于惯性继续旋转搅拌分配室内钢液，有利于减小死区体积分数和使钢液温度均匀分布，还会加强夹杂物的碰撞聚合而有利于夹杂物的去除。

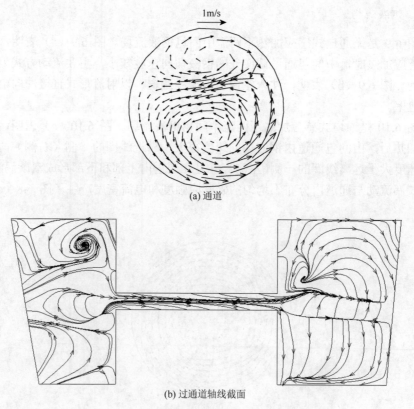

(a) 通道

(b) 过通道轴线截面

图 6.10　通道式感应加热下两流中间包钢液流场

6. 钢液温度场

图 6.11 是无通道式感应加热下两流中间包内钢液温度场。钢液在由左向右的流动过程中，由于中间包包壁和钢液顶部存在热损失，中间包出口处钢液温度比入口处温度下降了 10K。从整体上来看，钢液在中间包内流动过程中，由于热损失，钢液温度呈下降趋势，并且钢液在注入室→通道→分配室→出口的流动过程中，钢液温度呈现明显下降趋势。

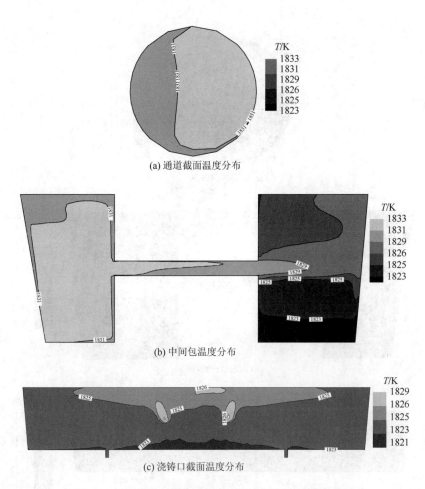

(a) 通道截面温度分布

(b) 中间包温度分布

(c) 浇铸口截面温度分布

图 6.11　无通道式感应加热下两流中间包内钢液温度场

图 6.12 表明，施加通道式感应加热后，钢液温度在截面上分布更不均匀，从左到右温度呈阶梯状增加。这是因为右侧紧邻线圈，磁通量密度比左侧要大，感应电流密度较大，从而产生更多的焦耳热。采用感应加热装置对中间包温度进行

补偿后，虽然中间包包壁和顶部均与外界进行换热，但中间包出口处钢液温度与长水口处温度相同，温度得到了有效的补偿。温度的快速上升是通道式感应加热产生的结果，在分配室内钢液温度的下降是因为感应电流产生的焦耳热不足以弥补分配室侧壁和包底的热损失。当然，冶金工作人员可以根据钢液所需要的过热度对感应加热功率进行调整，从而使中间包温度符合要求。钢液在注入室→通道→分配室→出口的流动过程中温度呈上升→上升→上升→下降的趋势，浇铸口截面温度分布相比无感应较为均匀，最大温差约为 1K。

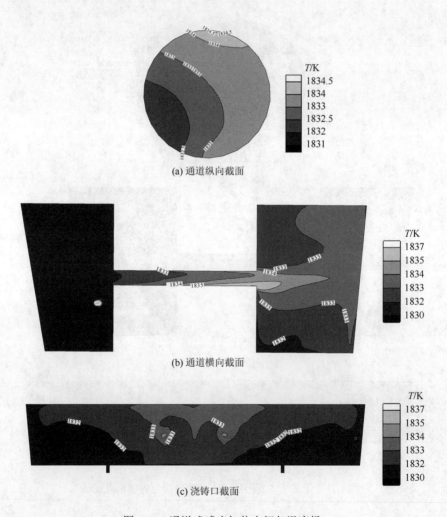

(a) 通道纵向截面

(b) 通道横向截面

(c) 浇铸口截面

图 6.12　通道式感应加热中间包温度场

图 6.12 还表明，分配室内的钢液温度分布是不均匀的，进入分配室热后钢液

存在一定温差，因密度差异会形成上升流，从而避免"底流"的发生。这种过热的上升流与中间包中较冷钢水的激烈混合，使钢水快速升温并均匀化。

综上所述，通道式感应加热技术在中间包的应用，不仅可以对出钢温度或者精炼加热温度的严格要求，而且对生产工艺过程不顺行以及连铸初期开浇、末期浇铸、换包等特定条件下的钢液温度急剧下降的问题，给出了一个解决方案。采用中间包感应加热技术，能够保证对窄范围的低过热度恒温浇铸的特殊钢种实现稳定顺利多炉次连浇工艺，改善铸坯质量，提高生产率。

6.3　中间包 RTD 曲线

连铸中间包停留时间分布（RTD）曲线可以定量地表征中间包内钢液宏观混合并判别短路流的存在。在中间包入口处脉冲地注入示踪剂，在中间包出口处监测示踪剂的浓度随时间的变化即可获得钢液在中间包内的 RTD 曲线。该曲线可以定量地反映中间包内流体流动特性。利用 RTD 曲线来分析中间包内的流动特性已成为国内外众多研究者优化中间包流场及控流装置的重要手段[29-38]。

6.3.1　基本假设

（1）示踪剂在中间包流体中的输运速度等于当地的流体速度。
（2）示踪剂的物性参数与中间包内流体的物性参数相同。

6.3.2　控制方程

中间包内示踪剂的传输方程是一个三维非稳态对流扩散微分方程。

$$\frac{\partial(\rho_f C)}{\partial t} + \nabla \cdot (\rho_f \vec{u}_f C) = \nabla \cdot (\rho_f D_{eff} \nabla C) \tag{6.13}$$

$$D_{eff} = D_0 + \frac{\mu_t}{\rho_f Sc_t} \tag{6.14}$$

其中，D_{eff} 是有效扩散系数，m^2/s；D_0 是示踪剂扩散系数，m^2/s；μ_t 是湍流黏度，$Pa \cdot s$；Sc_t 是湍流施密特数；C 是示踪剂的无量纲浓度。

6.3.3　初始条件和边界条件

求解中间包内示踪剂传输方程需要初始条件和边界条件。在 $t=0$ 时刻，将一个小球置于钢包长水口出口处，并令此小球内示踪剂的初始浓度为 1；在中间包其他位置处，示踪剂浓度的初始值均为零。

中间包内示踪剂传输方程的边界条件如下：

（1）中间包壁面：示踪剂在壁面处无扩散，即示踪剂浓度沿壁面的法向方向的导数为零。

（2）钢包长水口出口：示踪剂浓度沿钢包长水口出口法线方向的导数为零。

（3）中间包出口：流体在中间包出口处充分发展流动，故示踪剂浓度沿中间包出口法线方向的导数为零。

（4）自由液面：示踪剂在自由液面法向方向无扩散，即示踪剂浓度沿自由液面法线方向的导数为零。

求解示踪剂传输方程所用的网格与中间包流场网格相同，在计算过程中收敛标准为在每个时间步内各物理量的残差小于10^{-5}。

6.3.4 单流中间包 RTD 曲线处理方法

在水模型实验中，通常采用的"刺激-响应"实验技术获得中间包 RTD 曲线。具体过程可简述如下：

（1）在钢包长水口中下部设置一个支管，与示踪剂脉冲加入装置相连。

（2）在中间包出口处设置电导电极，电导电极通过导线与电导率仪相连接，并利用数据采集卡实时地将测得的出口处溶液的电导率数据存储至计算机。

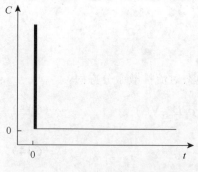

图 6.13　示踪剂的脉冲式加入

（3）因为 NaCl 在水溶液中完全电离，因此水溶液的电导率与溶液 NaCl 浓度呈线性关系。这样，中间包出口处溶液电导率随时间变化的曲线就能转换为溶液 NaCl 浓度随时间变化的曲线，即 RTD 曲线。通常示踪剂（NaCl 水溶液或 KCl 水溶液）的加入方式一般为脉冲式，如图 6.13 所示。

如果中间包内流体流动是理想活塞流，那么脉冲加入的示踪剂不会与周围的流体混合，而是经过一段时间后全部从中间包出口脉冲流出。换言之，中间包 RTD 曲线呈现脉冲输出特征，如图 6.14（a）所示。如果中间包内流体流动是理想全混流，则脉冲加入的示踪剂会立即与中间包内流体充分混合，中间包内流体的示踪剂浓度处处相等，这样在中间包出口处的流体也同时出现了示踪剂；接着伴随着出口处流体的流出和中间包入口处流体的流入，中间包流体内示踪剂浓度逐渐下降。换言之，中间包 RTD 曲线呈现逐渐衰减趋势，如图 6.14（b）所示。如果中间包内只有一个理想活塞区和一个理想全混区，那么无论流体是先经过全混区再经过活塞区，还是先经过活塞区再经过全混区，中间包出口处流体示踪剂浓度首先在一段时间内为零，然后突然产生一个阶跃式上升，最后逐渐衰减。换言之，中间包 RTD 曲线首先是一个零水平段，然后是阶跃式上升，最后逐渐下降，如图 6.14（c）所示。在实际的连铸中间包内流体流动属于非理想流动，并不存在理想的活塞流和理想的全混流，因此，实际的中间包 RTD 曲线为示踪剂浓度经过一个零水平段后有一个快速上升阶段，然后是逐渐衰减阶段，如图 6.14（d）所示。

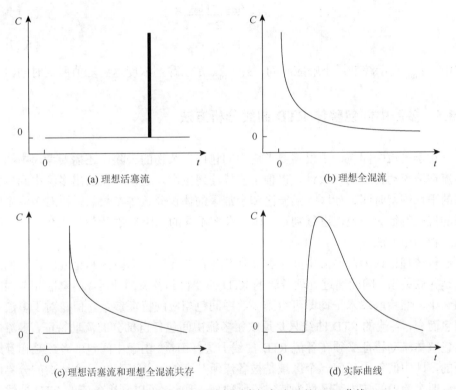

(a) 理想活塞流　　　　　　　　　　　　(b) 理想全混流

(c) 理想活塞流和理想全混流共存　　　　　　(d) 实际曲线

图 6.14　脉冲式加入示踪剂后中间包出口处 RTD 曲线

采用脉冲注入法获得 RTD 曲线后，由于 Sahai 修正方法的计算公式与物理背景不相符合，建议采用经典组合方法[31, 36]来处理单流和多流中间包 RTD 曲线，从而正确评估中间包内钢液流动特性。

对于单流中间包，理论停留时间为

$$\tau = V / F_V \tag{6.15}$$

式中，V 是中间包盛装钢液的体积，m^3；F_V 是中间包出口的体积流量，m^3/s；τ 是中间包钢液的理论停留时间，s。

如果出口处示踪剂浓度用 C 表示，则中间包平均停留时间 $\bar{t}$ 为

$$\bar{t} = \frac{\int_0^\infty Ct\,\mathrm{d}t}{\int_0^\infty C\,\mathrm{d}t} \tag{6.16}$$

则中间包死区体积分数 v_d、活塞区体积分数 v_p 和全混区体积分数 v_m 的计算式分别为

$$v_\mathrm{d} = 1 - \frac{\bar{t}}{\tau} \tag{6.17a}$$

$$v_\mathrm{p} = \frac{t_{\min} + t_{\max}}{2\tau} \tag{6.17b}$$

$$v_\mathrm{m} = 1 - v_\mathrm{d} - v_\mathrm{p} \tag{6.17c}$$

式中，$t_{\min}$ 是示踪剂最小响应时间，s；$t_{\max}$ 是示踪剂浓度达到峰值所需时间，s。

6.3.5　多流中间包整体 RTD 曲线分析方法

对于多流中间包，不仅需要考虑中间包内夹杂物的去除，还需要考虑中间包各流钢液流动特征的一致性，以便于安排连铸生产。通常，在求出多流中间包各流的平均停留时间、死区、活塞区和全混区的体积分数等参数后，再对多流中间包的流动特征的一致性进行判定。由于存在不同的判定参数[31, 32, 35, 36, 38]，因此存在多种判定方法。

传统理论认为，多流中间包各流具有各自的死区、活塞区和全混区，它们之间是并联关系，因此通过处理各流的 RTD 曲线得到各流的死区、活塞区和全混区的大小，然后取算术平均即可得到多流中间包相应的特征参数。但是对于多流中间包而言，各流的 RTD 曲线只是反映了多流中间包各自部分的流动特征，多流中间包整体流动特征必须在各流 RTD 曲线上进行衡量。由于中间包的各流是相互连通的，即中间包内任何一个区域是被各流所共享的，并不存在一个清晰的分界面来标明多流中间包内某区域为特定流所独享，因此，可以利用各流的 RTD 曲线来构建多流中间包整体的 RTD 曲线[36]，再通过处理多流中间包整体的 RTD 曲线来定量研究多流中间包钢液的整体流动特征，而各流钢液的流动特征可通过选取适当的特征参数进行比较。

设一个中间包有一个入口和 n 个出口。在入口处流体的体积流量为 F_V（单位 $\mathrm{m^3/s}$），示踪剂的加入量为 M（单位 mol），中间包每个出口的体积流量为 F_V/n（单位 $\mathrm{m^3/s}$），设在时刻 t 时中间包出口处示踪剂平均浓度为 C（单位 $\mathrm{mol/m^3}$），且在时刻 t 时中间包第 i 个出口处示踪剂平均浓度为 c_i（单位 $\mathrm{mol/m^3}$）。那么在 t 和 $t+\mathrm{d}t$ 时间间隔内从反应器内流出的示踪剂总量为

$$F_V C \, \mathrm{d}t = \sum_{i=1}^{n} \frac{F_V}{n} c_i \, \mathrm{d}t \qquad (6.18)$$

因此，单入口多出口中间包的整体 RTD 曲线可表示为

$$C = \frac{1}{n} \sum_{i=1}^{n} c_i \qquad (6.19)$$

事实上，式（6.19）中的浓度可以推广为质量浓度、摩尔浓度或体积浓度。

对于多流中间包可以通过整体 RTD 曲线得到多流中间包的死区、活塞区和全混区，从而分析多流中间包内钢液的流动特性。由于示踪剂最小响应时间 $t_{\min}$ 和示踪剂浓度达到峰值所需时间 $t_{\max}$ 仅涉及部分 RTD 曲线数据，而平均停留时间 $\bar{t}$ 的计算使用了全部 RTD 曲线数据，因此可采用各流的平均停留时间作为关键参数，利用标准方差来考察各流关键参数的分散程度[32]。

$$S = \sqrt{\frac{\sum_{i=1}^{n}\left(\bar{t}_i - \frac{1}{n}\sum_{i=1}^{n}\bar{t}_i\right)^2}{n-1}} \qquad (6.20)$$

如果标准方差越小，意味着各流的一致性程度越高。

6.3.6　多流中间包 RTD 曲线实例分析

图 6.15 给出了一个八机八流连铸机的异型四流中间包。中间包长 $a = 6.25\mathrm{m}$，两侧宽度分别为 $b = 0.9\mathrm{m}$ 和 $c = 1.8\mathrm{m}$，相邻两流的间距为 $d = 1.3\mathrm{m}$，钢液液面与包底的距离为 1m。

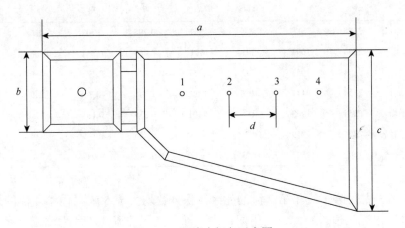

图 6.15　四流中间包示意图

图 6.16 是利用数值方法获得了中间包水模型的 RTD 曲线。在本实验中，最小响应时间定义为达到峰值浓度的 1% 所需的最小时间。由于第 1、2、3 和 4 流与钢包长水口的距离逐渐增大，平均停留时间 $\bar{t}$、最小响应时间 t_{min} 和浓度峰值时间 t_{max} 也相应增加，如表 6.3 所示。这是因为中间包第 1 流出口与钢包长水口的距离最近，因此第 1 流的最小响应时间最短，峰值浓度最高；中间包第 4 流出口与钢包长水口的距离最远，示踪剂需较长时间才能到达；同时，钢液在行进的过程中，其内示踪剂浓度不断下降，因此第 4 流的最小响应时间最长，峰值浓度最低，并且最小响应时间和浓度峰值时间之间的差异最大。

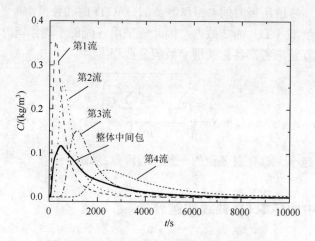

图 6.16　各流和整体中间包的停留时间曲线

表 6.3　四流中间包水模型实验结果经典组合方法

项目	τ/s	$\bar{t}$/s	t_{min}/s	t_{max}/s	$\bar{\theta}$	v_d	v_p	v_m
第 1 流	2354	702	51	257	0.298	0.702	0.065	0.233
第 2 流	2354	1091	201	591	0.463	0.537	0.168	0.295
第 3 流	2354	1951	492	1157	0.829	0.171	0.350	0.479
第 4 流	2354	4111	1077	2400	1.746	−0.746	0.739	1.008
算术平均	2354	1963	455	1101	0.834	0.166	0.331	0.504
整体中间包	2354	1919	53	485	0.815	0.185	0.114	0.701
方差	0	1523	453	942	0.647	0.647	0.296	0.352

表 6.3 表明第 1 流和第 2 流的死区体积分数均大于 50%，而第 4 流的死区体积分数则出现负值。实际上，中间包内大部分区域的流体流动为湍流，死区仅存在于中间包包壁和挡墙的流动边界层内。因此对各流计算的死区不符合客观物理

现实。文献[35]证明了多流中间包单流 RTD 曲线的死区体积分数与活塞区和全混区的体积分数之和小于 1，也说明了对每流分别求死区体积分数是没有意义的。因此，对多流中间包各流数据分别进行处理的传统理论是不合理的。

6.4　中间包夹杂物的运动轨迹

6.4.1　基本假设

（1）由于中间包内夹杂物浓度很低，因此可以忽略夹杂物运动对钢液流动的影响。

（2）夹杂物的形状为球形，并在运动过程中保持不变。

（3）夹杂物运动到中间包自由液面和中间包壁时，立即被液面和中间包包壁吸附。

6.4.2　控制方程

颗粒弹道模型即 Lagrangian 方法[39-55]常用来描述中间包内钢液中夹杂物的运动轨迹。

$$\frac{\pi}{6}d_p^3\rho_p\frac{d\vec{u}_p}{dt} = \frac{1}{8}\pi d_p^2 C_D\rho_f\,|\,\vec{u}_f - \vec{u}_p\,|\,(\vec{u}_f - \vec{u}_p) + \frac{\pi}{6}d_p^3\rho_f\frac{d\vec{u}_f}{dt}$$
$$+ \frac{\pi}{12}d_p^3\rho_f\left(\frac{d\vec{u}_f}{dt} - \frac{d\vec{u}_p}{dt}\right) + \frac{\pi}{6}d_p^3\rho_f\vec{g} - \frac{\pi}{6}d_p^3\rho_p\vec{g} \qquad (6.21)$$

式中，d_p 是夹杂物直径，m；$\vec{u}_p$ 是夹杂物的运动速度，m / s；C_D 是阻力系数；ρ_p 是夹杂物的密度，kg / m^3。

式（6.21）左端为夹杂物颗粒受力之和，右端第一项为阻力，第二项为由液相加速造成夹杂物颗粒周围产生压力梯度引起的作用力，第三项为虚拟质量力（或称附加质量力），是由夹杂物颗粒加速运动带动周围液体运动所需的额外力，第四项和第五项分别为夹杂物颗粒所受浮力和重力。

阻力系数 C_D 采用下式计算：

$$C_D = \begin{cases} \dfrac{24}{Re_p}(1 + 0.15Re_p^{0.687}) & Re_p < 1000 \\ 0.44 & Re_p \geqslant 1000 \end{cases} \qquad (6.22)$$

式中，Re_p 为颗粒雷诺数，可表示如下

$$Re_p = \frac{d_p \rho_f |\vec{u}_p - \vec{u}_f|}{\mu_f} \tag{6.23}$$

中间包内钢液的流动是一个湍流过程，夹杂物在钢液中的运动必须考虑夹杂物与钢液中离散涡之间的相互作用。从湍流理论可知，钢液中这些离散涡的生成和消亡可视为一个平稳的、可以重演的随机过程。为了准确地模拟这些离散涡，必须确定湍流涡团中流体脉动速度和涡团的生存时间。

根据湍流理论，流体脉动速度 $\vec{u}_f'$ 可近似地认为服从正态分布：

$$\vec{u}_f' = \varsigma \sqrt{2k/3} \tag{6.24}$$

而涡团的生存时间 t_L 可表示为

$$t_L = 0.15 \frac{k}{\varepsilon} \tag{6.25}$$

式中，ς 是服从正态分布的随机数；k 是湍动能，m^2/s^2；ε 是湍动能耗散率，m^2/s^3。

6.4.3　基本求解方法

在计算获得中间包稳态流场基础上，从中间包长水口出口随机释放夹杂物颗粒，并且夹杂物颗粒的初始速度与中间包入口处的钢液速度相同，采用变时间步长方法计算。当夹杂物颗粒到达液面或中间包壁时认为夹杂物被吸附去除，计算终止。收敛条件为残差小于 1×10^{-5}。其他计算参数如下：夹杂物和钢液密度分别为 $3900 kg/m^3$ 和 $7000 kg/m^3$，钢液动力黏度为 $0.0065 Pa \cdot s$。颗粒的数值解法通常采用 Runge-Kutta 方法。

6.4.4　夹杂物上浮速度

图 6.17 表示的是夹杂物颗粒在钢液中的上浮速度与夹杂物粒径、密度之间的关系[45]。夹杂物上浮速度随其密度增加而减小，随其粒径的增大而增大。虽然钢中非金属夹杂物的来源复杂，但它的密度一般是钢液密度的一半，其变化对夹杂物上浮速度的影响不明显；但布朗（Brown）碰撞、斯托克斯（Stokes）碰撞以及湍流碰撞则会造成夹杂物不断聚合、长大，其粒径变化范围较大。因此，与夹杂物的密度相比，粒径大小是影响其上浮去除的主要因素。

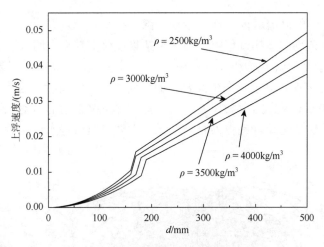

图 6.17　静止钢液中夹杂物的上浮速度

6.4.5　中间包内夹杂物运动轨迹

图 6.18 表明，受圆形湍流控制器狭小空间的限制，在湍流控制器内被迫转向的上升流股与来自钢包长水口的钢液下降流股相互碰撞后，以一定出口倾角离开湍流控制器而流向液面；然后，部分钢液在水口与导流坝之间形成回流区，部分钢液翻过导流坝进入分配室[55]。

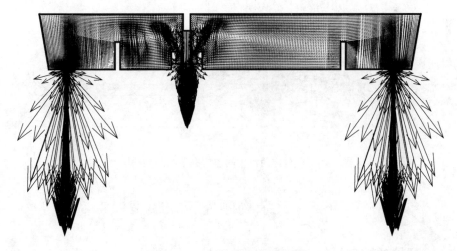

图 6.18　非对称两流中间包流场

图 6.19 表明，在钢液的夹带下，夹杂物首先进入湍流控制器。在狭小的湍流控制器内，夹杂物有较多的碰撞长大机会。离开湍流控制器后，部分夹杂物在水

口和导流坝之间的回流区内做环状运动，部分夹杂物越过导流坝后朝着中间包出口运动。在夹杂物的运动过程中，部分夹杂物能够上浮至中间包渣层而被去除，部分夹杂物被中间包侧壁吸附，部分夹杂物经中间包出口进入结晶器内[55]。

图 6.19 还表明，夹杂物在中间包内的运动轨迹呈锯齿状，这是湍流的影响结果；相对于100μm这样的大颗粒夹杂物而言，5μm夹杂物的运动轨迹受钢液的夹带作用更为明显，运动轨迹更为复杂，通过中间包出口进入结晶器的夹杂物数量也更多。

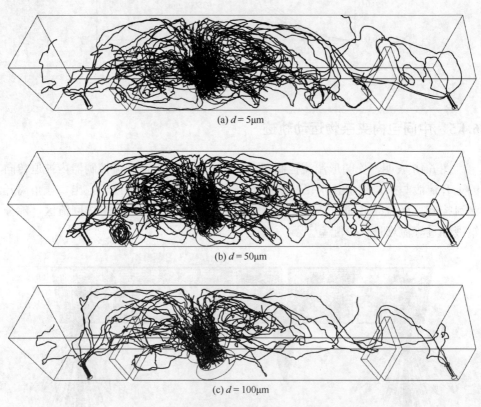

(a) $d = 5\mu m$

(b) $d = 50\mu m$

(c) $d = 100\mu m$

图 6.19　非对称两流中间包内夹杂物的运动轨迹

6.5　夹杂物碰撞长大模型

6.5.1　颗粒碰撞理论

颗粒碰撞理论表明，在单位时间、单位体积内，半径分别为 r_i 和 r_j 的两种球形颗粒之间的碰撞次数 N_{ij} 的计算式如下

$$N_{ij} = \beta(r_i, r_j)n_i n_j \tag{6.26}$$

式中，n_i 和 n_j 表示半径分别为 r_i 和 r_j 两种球形颗粒的数量密度，m^{-3}；$\beta(r_i, r_j)n_i n_j$ 表示颗粒之间的碰撞速率，m^3/s。颗粒之间的速度差异导致的颗粒之间的相对运动是在颗粒之间发生碰撞的直接原因。颗粒之间的碰撞聚合速率取决于碰撞机理[56-61]。钢液中夹杂物之间碰撞机理可以分为布朗碰撞、斯托克斯碰撞和湍流碰撞三种方式。

在高温钢液中，夹杂物在布朗运动过程中会发生相互碰撞。其碰撞速率计算式如下

$$\beta_B(r_i, r_j) = \frac{2KT}{3\mu_0}\left(\frac{1}{r_i} + \frac{1}{r_j}\right)(r_i + r_j) \tag{6.27}$$

式中，$K = 1.38 \times 10^{-23}\,\text{J/K}$，是玻尔兹曼（Boltzmann）常量。

如果忽略惯性力，只考虑颗粒所受的重力、浮力和黏滞力，那么半径为 r_p 的球形夹杂物颗粒在钢液中的终点上浮速度公式可表示为

$$u_p = \frac{2(\rho_p - \rho_f)}{9\mu_0}gr_p^2 \tag{6.28}$$

式中，ρ_p 表示夹杂物密度，kg/m^3。

如果在钢液中存在多个不同粒径的夹杂物，那么大粒径的夹杂物会以较大的上浮速度上浮，而小粒径的夹杂物则以较小的上浮速度上浮，因而不同粒径的夹杂物在上升过程中就会发生相互碰撞现象。其碰撞速率的计算式如下

$$\beta_S(r_i, r_j) = \frac{2g\pi\Delta\rho}{9\mu_0}|r_i^2 - r_j^2|(r_i + r_j)^2 \tag{6.29}$$

式中，$\Delta\rho$ 表示钢液密度和夹杂物密度之差，kg/m^3。

湍流是由无数不规则、不同尺度的涡旋相互掺混地分布在空间的一种流动现象。处于湍流流动的钢液中众多的夹杂物粒子，也会发生相互碰撞，其碰撞速率可表示为

$$\beta_T(r_i, r_j) = 1.3\sqrt{\frac{\varepsilon}{\nu_0}}(r_i + r_j)^3 \tag{6.30}$$

当夹杂物粒径小于 1μm 时，布朗碰撞是造成夹杂物颗粒相互碰撞的主要因素，湍流碰撞次之，斯托克斯碰撞最次。当夹杂物粒径处于 1～10μm 范围内时，湍流碰撞变为主要因素，布朗碰撞和斯托克斯碰撞成为次要因素且它们的碰撞速率处于同一数量级。当夹杂物粒径大于 10μm 时，湍流碰撞和斯托克斯碰撞是主要因素，并且湍流碰撞速率和斯托克斯碰撞速率比布朗碰撞高 2～6 个数量级。由于粒径小于 5μm 的夹杂物对铸坯质量不会产生负面影响，并且铸坯的大多数内生夹杂物粒

径一般处在 100μm 以下,因此在中间包夹杂物数学模型中仅考虑湍流碰撞和斯托克斯碰撞两种碰撞形式[60-62]。

6.5.2　基本假设

(1) 忽略夹杂物运动对钢液流动的影响。

(2) 在发生碰撞聚合前,夹杂物运动相互独立。

(3) 铝氧反应非常迅速,夹杂物形核瞬间完毕。

(4) 不考虑钢液中脱氧反应产生的夹杂物。

(5) 钢液中夹杂物间碰撞以湍流碰撞和斯托克斯碰撞为主,布朗碰撞的贡献可以忽略。

6.5.3　控制方程

工业实验表明,夹杂物的数量密度分布函数 $f(r)$ 与夹杂物颗粒半径 r 满足指数关系:$f(r) = Ae^{-Br}$,其中 A 和 B 均为随时间和空间变化的参数。因此,描述夹杂物碰撞长大的数量及质量守恒方程可表示为

$$\nabla \cdot [\rho_f (\vec{u}_N + \vec{u}_f) N^*] = \nabla \cdot (\rho_f D_{eff} \nabla N^*) + S_{Sto} + S_{Tur} \tag{6.31}$$

$$\nabla \cdot [\rho_f (\vec{u}_C + \vec{u}_f) C^*] = \nabla \cdot (\rho_f D_{eff} \nabla C^*) \tag{6.32}$$

式中,N^* 是夹杂物的数量密度,$\mathrm{m^{-3}}$;C^* 是夹杂物的体积浓度;D_{eff} 是有效扩散系数,$\mathrm{m^2/s}$;S_{Sto} 和 S_{tur} 分别是斯托克斯碰撞和湍流碰撞引起的夹杂物单位时间内数量密度的减少量,$\mathrm{m^{-3}/s}$,分别表示如下

$$S_{Sto} = 2.6\alpha \left(\frac{\pi \rho \varepsilon}{\mu_0}\right)^{\frac{1}{2}} N^{*2} r^{*3} \tag{6.33a}$$

$$S_{tur} = -\frac{10\pi g \Delta \rho}{9\sqrt[3]{6}\mu_0} N^{*2} r^{*4} \tag{6.33b}$$

式中,α 是有效碰撞系数。

由于夹杂物密度小于钢液密度,因此夹杂物在竖直方向存在上浮速度:

$$u_{Nz} = \frac{2}{\sqrt[3]{36}} \cdot \frac{2\Delta \rho g}{9\mu} \cdot r^{*2} \tag{6.34a}$$

$$u_{Cz} = \frac{20}{\sqrt[3]{36}} \cdot \frac{2\Delta \rho g}{9\mu} \cdot r^{*2} \tag{6.34b}$$

6.5.4　边界条件和收敛条件

中间包覆盖剂和壁面对夹杂物有吸附去除作用。而夹杂物可通过对流和扩散两种方式到达中间包覆盖渣和中间包壁面附近。

针对夹杂物数量密度及体积浓度两个微分方程，中间包覆盖渣对夹杂物的吸附通量可表示为

$$F_{\mathrm{Nslag}} = 0.8\left(u_{\mathrm{Nz}}N^* - \frac{\mu_{\mathrm{eff}}}{Sc}\frac{\partial N^*}{\partial n}\right) \tag{6.35a}$$

$$F_{\mathrm{Cslag}} = 0.8\left(u_{\mathrm{Cz}}C^* - \frac{\mu_{\mathrm{eff}}}{Sc}\frac{\partial C^*}{\partial n}\right) \tag{6.35b}$$

针对夹杂物数量密度及体积浓度两个微分方程，中间包内壁对夹杂物的吸附通量可表示为

$$F_{\mathrm{Nwall}} = \max\left[\left(-u_{\mathrm{Nz}}N^*\cdot\sin\theta + \frac{1}{100\sqrt[3]{6}}\cdot\frac{\tau_0}{\rho\nu_1}\cdot N^*\cdot r^*\right),0\right] \tag{6.36a}$$

$$F_{\mathrm{Cwall}} = \max\left[\left(-u_{\mathrm{Cz}}C^*\cdot\sin\theta + \frac{4\pi}{75\sqrt[3]{6}}\cdot\frac{\tau_0}{\rho\nu_1}\cdot N^*\cdot r^{*4}\right),0\right] \tag{6.36b}$$

式中，τ_0 是湍流壁面摩擦力，$\mathrm{N/m}^2$；θ 是壁面法线方向与竖直向上方向的夹角。

采用控制容积法将上述微分方程离散成差分方程。夹杂物计算收敛判定标准为进出口夹杂物流量差＜0.1%和残差＜1×10^{-5}。

6.5.5　中间包内夹杂物碰撞长大行为

图 6.20 表明，来自钢包长水口的钢水流股在下行过程中，速度逐渐下降，但影响范围逐渐增大；到达中间包底部后，钢水流股沿包底向四周散开；部分钢水沿包底运动到导流坝后，受导流坝的约束，被迫沿导流坝向上运动；部分钢水在导流坝和钢包长水口之间形成回流区；部分钢水越过导流坝，流向中间包出口。由于在钢包长水口附近和中间包出口附近存在较大的速度梯度，因此这两个区域的湍动能耗散率较大。

图 6.21 表明，夹杂物的空间分布明显受钢液流动行为的影响。具体分布特点如下：

（1）钢包长水口处夹杂物数量密度最大。

（2）随着钢液的流动，夹杂物不断地碰撞聚合，造成了夹杂物数量密度的减小。

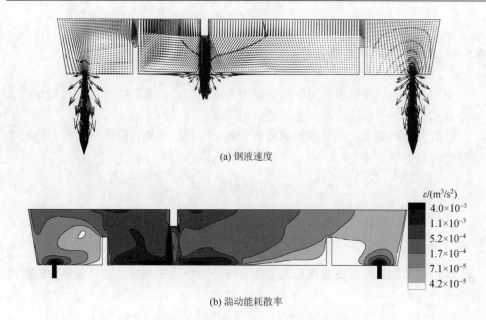

(a) 钢液速度

(b) 湍动能耗散率

图 6.20　导流坝作用下非对称中间包内钢液流场

（3）由于保护渣与中间包侧壁能够吸附夹杂物，因此在液面和侧壁处的夹杂物数量密度较小。

（4）在中间包左侧出口处存在一个环流区域，因此夹杂物的数量密度和体积浓度分布均在相应位置出现类似环状分布。

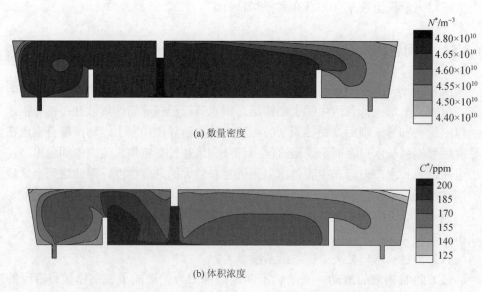

(a) 数量密度

(b) 体积浓度

图 6.21　导流坝作用下非对称中间包内夹杂物碰撞聚合特征

参 考 文 献

[1] Kemeny F，Harris D J，McLean A，et al. Fluid flow studies in the tundish of a slab caster[C]. Continuous casting of steel：Proceedings of the 2nd Process Technology Conference. Chicago：The Process Technology Division，Iron and Steel Society of the American Institute of Mining，Metallurgical，and Petroleum Engineers. 1981：232-245.

[2] Heaslip L J，McLean A，Sommerville I D. Continuous casting volume one-chemical and physical interactions during transfer operations，Warrendale[C]. PA：Iron and Steel Society of AIME，1983.

[3] 王建军，包燕平，典英. 中间包冶金学[M]. 北京：冶金工业出版社，2001.

[4] 景琳琳，袁守谦，李都宏，等. 中间包冶金技术[J]. 金属材料与冶金工程，2011，39（4）：56-59.

[5] 孙海轶，李成斌，李丽影，等. 近年来中间包技术的发展[J]. 材料与冶金学报，2002，1（1）：36-40.

[6] Sahai Y. Tundish technology for casting clean steel: A review[J]. Metallurgical and Materials Transactions B，2016，47（4）：2095-2106.

[7] Chattopadhyay K，Isac M，Guthrie R I L. Physical and mathematical modelling of steelmaking tundish operations：A review of the last decade（1999-2009）[J]. ISIJ International，2010，50（3）：331-348.

[8] Mazumdar D，Guthrie R I L. The physical and mathematical modelling of continuous casting tundish systems[J]. ISIJ International，1999，39（6）：524-547.

[9] 钟良才. 湍流控制器及大板坯连铸中间包结构优化[D]. 沈阳：东北大学，2004.

[10] Wang Y，Bhong Y，Wang B，et al. Numerical and experimental analysis of flow phenomenon in centrifugal flow tundish[J]. ISIJ International，2009，49（10）：1542-1550.

[11] 钟云波，孟宪俭，任忠鸣，等. 离心中间包净化钢液的物理模拟[J]. 上海金属，2006，28（1）：14-18.

[12] Tripathi A. Numerical investigation of electro-magnetic flow control phenomenon in a tundish[J]. ISIJ International，2012，52（3）：447-456.

[13] 赵利荣，王斌，钟云波，等. 电磁净化中间包内流场的数值模拟[J]. 上海金属，2008，30（6）：46-50.

[14] 毛斌，陶金明，孙丽娟. 中间包冶金新技术——离心流动中间包[J]. 连铸，2008，（2）：8-11.

[15] 毛斌，陶金明，蒋桃仙. 连铸中间包通道式感应加热技术[J]. 连铸，2008，（5）：4-8.

[16] 钟良才，张庆峰，刘春，等. 四机四流大方坯连铸中间包结构优化[J]. 炼钢，2005，21（4）：14-16.

[17] Ramos-Banderas A，Morales R D，Garcia-Demedices L，et al. Mathematical simulation and modeling of steel flow with gas bubbling in trough type tundish[J]. ISIJ International，2003，43（5）：653-662.

[18] 张美杰，汪厚植，顾华志，等. 气幕挡墙对中间包内钢液流场影响的数值模拟[J]. 钢铁研究学报，2006，18（6）：17-20.

[19] 杨红岗. 连铸中间包气幕挡墙水模拟实验研究[J]. 中国冶金，2007，17（4）：42-44.

[20] 詹树华，王建军，仇圣桃，等. 底吹气中间包内流动与夹杂物控制[J]. 安徽工业大学学报，2006，23（4）：367-372.

[21] 三木祐司,北冈英应,别所永康,等. 远心分离タンディッシュによる溶钢中介在物の分离[J]. 铁と钢,1996,82（6）：40-45.

[22] 王赟，钟云波，任忠鸣，等. 离心中间包内钢液流动的数值模拟[J]. 金属学报，2008，44（10）：1203-1208.

[23] 橘高節生，脇田修至，佐藤孔司，等. 新日本制铁ツイントーチ式タンディッシュプラズマ加热装置"NS-Plasma II NS-Plasma II"[J]. 新日铁技报，2005，382：16-20.

[24] 李润生，李延辉，周大刚，等. 中间包钢水等离子加热技术在我国应用中的问题与探讨[J]. 钢铁，1999，34（1）：70-73.

[25]　Ohara A，Sakurai M，Tokushige Z，et al. Development of heating unit of molten steel in tundish（development on the controlling method of casting temperature in continuous casting-I）[J]. Transactions ISIJ, 1983, 23（9）: b238.

[26]　三浦龙介，本原良治，田中宏幸，等. 八幡厂 No.2 连铸机におけるタソディッッ诱导加热装置の导入と操业[J]. 铁と钢，1995，81（8）: T30-T33.

[27]　代传民，雷洪，毕乾，等. 通道式感应加热中间包的数值模拟[J]. 炼钢，2015，31（4）: 54-58.

[28]　孙海波，闫博，张家泉. 连铸中间包通道式感应加热设备设计与应用现状[J]. 上海金属，2012，34（1）: 43-48.

[29]　Sahai Y，Emi T. Melt flow characterization in continuous casting tundishes[J]. ISIJ International, 1996, 36（6）: 667-672.

[30]　Sahai Y，Ahuja R. Fluid flow and mixing of melt in steelmaking tundishes[J]. Ironmaking and Steelmaking, 1986, 13（5）: 241-247.

[31]　Lei H. New insight into combined model and revised model for RTD curves in a multi-strand tundish[J]. Metallurgical and Materials Transactions B, 2015, 46（6）: 2408-2413.

[32]　樊俊飞，张清朗，朱苗勇，等. 六流 T 形连铸中间包内控流装置优化的水模研究[J]. 钢铁，1998，33（5）: 24-28.

[33]　毕学工，李宏玉，刘光明，等. 基于 RTD 曲线连铸中间包优化设计数值模拟[J]. 武汉科技大学学报，2010，33（4）: 343-346.

[34]　潘宏伟，程树森. 多流中间包流动特征的数学模型[J]. 北京科技大学学报，2009，31（7）: 815-820.

[35]　郑湖国，朱苗勇. 多流连铸中间包各流流动特性一致性的判别[J]. 过程工程学报，2006，6（4）: 522-526.

[36]　雷洪，赵岩，鲍家琳，等. 多流连铸中间包停留时间分布曲线总体分析方法[J] 金属学报，2010，46（9）: 1109-1114.

[37]　王建军，彭世恒，肖泽强. 多流中间包流动特征分析的全流量模型[J]. 炼钢，1998，（5）: 27-29.

[38]　赵岩，雷洪，陈海耿，等. 两流非对称中间包流场准对称化的数学物理模拟[J]. 中国冶金，2011，21（9）: 21-25.

[39]　Aboutalebi M R，Hasan M，Guthrie R I L. Coupled turbulent flow, heat, and solute transport in continuous casting process[J]. Metallurgical and Materials Transaction B, 1995, 26（4）: 731-744.

[40]　Santis M D，Ferretti A. Thermo-fluid-dynamics modelling of the solidification process and behaviour of non-metallic inclusions in the continuous casting slabs[J]. ISIJ International, 1996, 36（6）: 673-680.

[41]　Miki Y，Thomas B G，Denissov A，et al. Model of inclusion removal during RH degassing of steel[J]. Iron and Steelmaker, 1997, 24（8）: 31-38.

[42]　Miki Y，Thomas B G. Modeling of inclusion removal in a tundish[J]. Metallurgical and Materials Transaction B, 1999, 30（4）: 639-654.

[43]　Hou Q，Yue Q，Wang H，et al. Modelling of inclusion motion and flow patterns in swirling flow tundishes with symmetrical and asymmetrical structures[J]. ISIJ International, 2008, 48（6）: 787-792.

[44]　Lopez-Ramirez S，Barreto J J，Palafox-Ramos J，et al. Modeling study of the influence of turbulence inhibitors on the molten steel flow, tracer dispersion, and inclusion trajectories in tundishes[J]. Metallurgical and Materials Transaction B, 2001, 32（4）: 615-627.

[45]　雷洪，朱苗勇，赫冀成. 连铸结晶器内非金属夹杂物运动行为模拟[J]. 过程工程学报，2001，1（2）: 138-141.

[46]　王建军. 中间包夹杂物运动行为的数模研究[J]. 炼钢，2001，17（4）: 40-43.

[47]　Ho Y H，Hwang W S. Numerical simulation of inclusion removal in a billet continuous casting mold based on the partial-cell technique[J]. ISIJ International, 2003, 43（11）: 1715-1723.

[48]　Li B，Tsukihashi F. Numerical estimation of the effect of the magnetic field application on the motion of inclusion

in continuous casting of steel[J]. ISIJ International，2003，43（6）：923-931.

[49]　张邦文，邓康，雷作胜，等. 连铸中间包中夹杂物聚合与去除的数学模型[J]. 金属学报，2004，40（6）：623-628.

[50]　Yuan Q，Thomas B G，Vanka S P. Study of transient flow and particle transport in continuous steel caster molds：Part II. Particle transport[J]. Metallurgical and Materials Transaction B，2004，35（4）：703-714.

[51]　张美杰，汪厚植，黄奥，等. 气幕挡墙中间包钢水流动的数值模拟[J]. 特殊钢，2006，27（1）：30-32.

[52]　Zhang L，Thomas B G. Numerical simulation on inclusion transport in continuous casting mold[J]. Journal of University of Science and Technology Beijing，2006，13（4）：293-300.

[53]　刘光穆，石绍清，邓康，等. 电磁制动对 CSP 结晶器内夹杂物行为的影响[J]. 钢铁，2007，42（7）：22-25.

[54]　Zhang L，Wang Y，Zuo X. Flow transport and inclusion motion in steel continuous-casting mold under submerged entry nozzle clogging condition[J]. Metallurgical and Materials Transaction B，2008，39（4）：534-550.

[55]　赵岩，邢国成，雷洪. 两流非对称中间包内夹杂物行为[J]. 工业加热，2017，46（6）：17-20.

[56]　Joo S，Han J W. Inclusion behavior and heat-transfer phenomena in steelmaking tundish operations：part II. Mathematical model for liquid steel in tundishes[J]. Metallurgical Transactions，1993，24B（5）：767-777.

[57]　Zhang L. Effect of thermal buoyancy on fluid flow and inclusion motion in tundish without flow control devices—Part II：Inclusion motion[J]. Journal of Iron and Steel Research International，2005，12（5）：11-17.

[58]　金焱，毕学工，薛正良. 连铸中间包中夹杂物粒度分布的研究[J]，炼钢，2011，27（2）：52-55.

[59]　Zhang L，Taniguchi S. Fluid flow and inclusion removal in continuous casting tundish[J]. Metallurgical and Materials Transactions，2000，31B（2）：253-266.

[60]　Lei H，Nakajima K. Mathematical model for nucleation，Ostwald ripening and growth of inclusion in molten steel[J]. ISIJ International，2010，50（12）：1735-1745.

[61]　Lei H，He J C. A dynamic model of alumina inclusion collision growth in the continuous caster[J]. Journal of Non-Crystalline Solids，2006，352（36）：3772-3780.

[62]　赵岩. 两流非对称中间包控流装置的数学物理模拟及优化[D]. 沈阳：东北大学，2012.

第 7 章　铸坯凝固过程模拟

合金的凝固过程涉及宏观传输（传热、传质、流动）、相变热力学（相平衡、相界面、化学平衡）与凝固动力学（溶质再分配、形核、生长）等多种复杂机制。析出合金相的种类及分布、成分偏析、晶粒结构等均对成品质量及性能具有至关重要的影响。为此，学者们针对合金凝固过程从宏观、微观角度分别展开了广泛的实验与数值研究。其中，数值模拟手段通过与实验手段相互佐证，为揭示合金凝固过程规律提供了有力的支撑。

本章分别从宏观传输、微观晶体生长以及连接宏观、微观过程的桥梁——凝固路径预测三方面阐述合金凝固过程规律。这三部分主要预测模型及相互关系如图 7.1 所示。

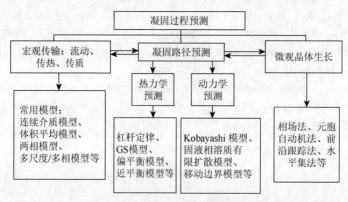

图 7.1　凝固过程主要预测模型及相互关系

7.1　合金凝固路径预测

合金的凝固路径是指合金在凝固过程中随温度下降，各相析出顺序以及各相分数、相成分变化规律。通常将描述凝固路径的模型称为微观偏析模型。

微观偏析模型是联系宏观和微观过程的纽带，它描述在枝晶臂间距范围内发生的局部溶质扩散过程。在枝晶凝固过程中，溶质元素在固液两相中溶解度的差异导致了微观偏析。这种在枝晶尺度上产生的溶质再分配现象直接影响合金自身的凝固、偏析、缩松和热裂等凝固缺陷的产生。凝固微观偏析模型通常基于微区域内的溶质质量平衡进行推导，主要任务是给出溶质浓度（质量浓度 w_s 或 w_l）与固相分数（质量分数 f_s 或体积分数 g_s）的函数关系。

凝固微观偏析模型的发展经历了从二元合金到多元合金,从预测枝晶相凝固到预测枝晶、包晶、共晶等多相凝固共存的过程。从预测机理上划分,微观偏析模型可分为考虑热力学平衡条件下充分扩散的热力学模型和考虑有限扩散及冷却速率影响的动力学模型。另外,从解的形式上来看,二元合金微观偏析规律可能给出解析解,而三元及以上多元合金微观偏析模型多为需联立求解偏微分方程的数值解模型,更精确的模型还需要耦合热力学平衡计算。图 7.2 和图 7.3 分别给出二元、多元合金的微观偏析模型分类。

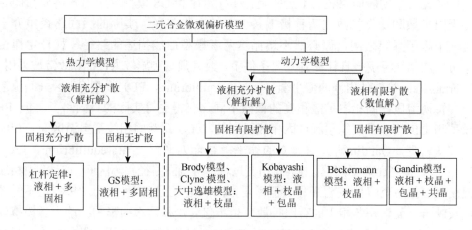

图 7.2　二元合金微观偏析模型分类

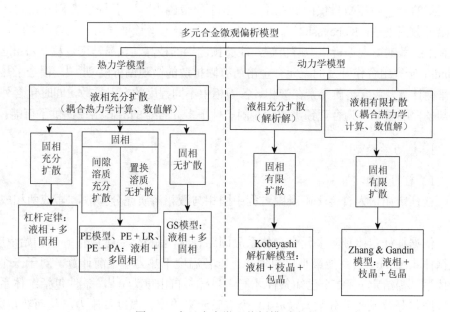

图 7.3　多元合金微观偏析模型分类

7.1.1　多元合金微观偏析模型

多元合金体系中通常多相共存，存在复杂的热力学平衡关系，因此，凝固路径不能仅参照伪二元合金平衡相图来简单确定，需要耦合热力学平衡计算。利用诸如 JMatPro、Thermo-Calc、Pandat 等商业软件内嵌的杠杆定律（lever rule，LR）[1]、Gulliver-Scheil（GS）模型[1]，可快捷、方便地进行热力学平衡计算，预测出多元合金的凝固路径。不足的是，杠杆定律和 GS 模型仅给出各溶质在固相均无限扩散和均无扩散这两种极端条件下的凝固路径，实际的凝固路径虽介于这两个极端界限之间，但必然不遵循这两者模型曲线描述的路径。杠杆定律由于可由液相线温度一直计算到室温条件下，数值预测实施较为便捷，故常被采用。Thermo-Calc 等软件内嵌的偏平衡（partial equilibrium，PE）模型[2]可区分间隙溶质和置换溶质在固相中扩散程度的截然不同，获得更符实际的凝固路径。但 PE 模型和 GS 模型都仅能预测至固相线温度处，无法跟踪固相线至室温区间各相继续演变机理。Gandin 研究组建立的偏平衡结合近平衡（para-equilibrium，PA）模型[3, 4]，预测涵盖了液-固、固-固相变过程，将凝固路径预测区间由液相-固相线温度范围拓展至液相-室温范围。但需要指出的是，上述四种热力学模型仍不能准确反映合金元素在各相中的有限扩散，也不包含冷却速率的影响。动力学模拟软件 Dictra[5]虽能预测多元合金相变，并包含冷却速率及溶质有限扩散的影响，但目前预测的合金固相数量仅限制在不多于 3 个的范围内[2, 5]。各国学者们开发的溶质有限扩散模型中，Kobayashi[6]基于 Brody-Flemings 模型[7]推导出多元合金溶质在固相有限扩散的微观偏析模型解析解，能够预测钢的枝晶、包晶转变过程。Zhang 与 Gandin 研究组合作开发的三元合金溶质有限扩散的微观偏析模型[8, 9]，耦合了热力学平衡计算，包含溶质元素在液相、各固相中不同程度的有限扩散，同时包含外部冷却条件的影响，为合理预测实际凝固条件下多元合金的凝固路径提供了可能。

1. 热力学模型

1）杠杆定律

杠杆定律认为合金平衡凝固过程中固相与液相溶质充分扩散，固/液两相成分均匀。

依据杠杆定律预测多元合金体系凝固路径时，保持体系浓度恒等于初始浓度，遵循体系 Gibbs 自由能最小化原理，进行各温度下热力学平衡计算。对于一个 n 元体系，需给定 $n+2$ 个已知条件才能满足体系自由度为 0[1]，条件包括：体系总量（摩尔分数或质量分数）、$(n-1)$ 个溶质元素浓度、温度及压力，从而获得固、液相均充分扩散条件（杠杆定律）下的凝固路径。

在实际的凝固过程中，溶质元素在固相中传质很慢，难以达到充分扩散，因此该模型在实际应用中有一定的局限性。

2）GS 模型

GS 模型认为溶质元素在固相中无扩散，并且假定溶质元素在液相中完全互溶。

依据 GS 模型预测多元合金体系的凝固路径时，新相从剩余液相中析出，已析出的固相呈冻结状态，对新相的析出没有贡献。在各温度下，将体系浓度取为剩余液相浓度进行热力学平衡计算，获得凝固界面各相的平衡浓度；而液相浓度即为液相界面浓度，固相浓度累加之前各温度层析出的溶质质量，加权得到固相平均浓度。

GS 模型只适用于冷却速率高于 $100℃/s$ 的凝固过程，并且不能很好地预测合金凝固终了处溶质浓度。

3）偏平衡模型

偏平衡（PE）模型由 Kozeschnik[10]及 Chen 和 Sundman[2]提出，模型区分了置换溶质与间隙溶质在固相中扩散程度的明显差异：置换溶质无扩散，间隙溶质（如钢中的 C、O、N、H 及 B 元素）充分扩散。PE 模型中，溶质扩散程度介于杠杆定律和 GS 模型的极限情况之间。与 GS 模型相同，PE 模型中新相仍从液相中析出，但不同于 GS 模型的是，PE 模型依据间隙溶质化学势相等进一步调整了固相平均成分和相分数。

下面以 Fe 基合金为例给出 PE 模型遵循的方程。这里，仅将溶质碳（C）视为间隙溶质，其他各溶质均视为置换溶质。需要说明的是，考虑多个间隙溶质并存的情形可以很方便地由本模型扩展得到。

在某一温度下，多相（即液相和各固相 $s_1, s_2, \cdots, s_m$）间的偏平衡过程视作等同于多个两相（即液相和固相 s_1，液相和固相 $s_2, \cdots$，液相和固相 s_m）间的偏平衡过程。间隙溶质 C 在各相间化学势相等 [方程（7.1）] 和质量守恒 [方程（7.2）]；置换溶质在各相中保持 u 分数（定义为 $w_{i \neq C}/(1-w_C)$）不变 [方程（7.3）] 及质量守恒 [方程（7.4）]。

$$\mu_C^l = \mu_C^{s_1} \tag{7.1}$$

$$f^l[(w_C^l)' - (w_C^l)]/[1-(w_C^l)'] + \sum_{j=1}^{m}\{f^{s_j}[(w_C^{s_j})' - (w_C^{s_j})]/[1-(w_C^{s_j})']\} = 0 \tag{7.2}$$

$$(w_{Fe}^l)' = [1-(w_C^l)']/[1-(w_C^l)](w_{Fe}^l) \tag{7.3a}$$

$$(w_{Fe}^{s_1})' = [1-(w_C^{s_1})']/[1-(w_C^{s_1})](w_{Fe}^{s_1}) \tag{7.3b}$$

$$(f^l)' = [1-(w_C^l)]/[1-(w_C^l)'](f^l) \tag{7.4a}$$

$$(f^{s_1})' = [1-(w_C^{s_1})]/[1-(w_C^{s_1})'](f^{s_1}) \tag{7.4b}$$

式中，(w_C^l)、$(w_C^l)'$ 是偏平衡前后 C 在液相中的质量浓度，wt%；$(w_C^{s_1})$、$(w_C^{s_1})'$ 是偏平衡前后 C 在固相 s_1 中的平均质量浓度，wt%。

$$(w_C^{s_1}) = \sum_k ({}^k w_C^{s_1} \, {}^k f^{s_1}) \Big/ \sum_k {}^k f^{s_1} \tag{7.5}$$

${}^k w_C^{s_1}$ 是随温度下降的凝固过程中第 k 步上新生成的 C 的质量浓度，wt%；f^l、$f^{s_1} = \sum_k {}^k f^{s_1}$ 是第 k 步上液相和固相 s_1 的质量分数。

热力学平衡计算在 Thermo-Calc/TQ 程序界面[11]下进行，钢系合金的热力学参数取自 TCFE6 数据库[12]。C 的化学势通过已知相成分在每一温度下进行单相热力学平衡计算获得。计算中温度步长取为-1℃，当液相质量分数小于 10^{-4} 时结束计算，得到偏平衡条件下的凝固路径。

4）近平衡模型

近平衡（PA）模型描述相界面保持局部平衡的固-固相转变过程，如包晶转变、共析转变等。在此期间，固相中间隙元素充分扩散，而置换元素无扩散，保持冻结状态。

以固相 s_1 向固相 s_2 转变为例，间隙元素仍取 C 元素。PA 模型中，间隙元素需满足相间化学势相等 [式（7.6）] 及质量守恒 [式（7.7）]；置换元素则需满足在两相中混合化学势相等 [式（7.8）]、u 分数相等 [式（7.9）] 及相间总质量守恒 [式（7.10）]。

$$\mu_C^{s_1} = \mu_C^{s_2} \tag{7.6}$$

$$w_C^{s_1} \cdot f^{s_1} + w_C^{s_2} \cdot f^{s_2} = (w_C^{s_1})' \cdot (f^{s_1})' + (w_C^{s_2})' \cdot (f^{s_2})' \tag{7.7}$$

$$\sum_{i \neq C} u_{i \neq C}^{s_1} \mu_{i \neq C}^{s_1} = \sum_{i \neq C} u_{i \neq C}^{s_2} \mu_{i \neq C}^{s_2} \tag{7.8}$$

$$\frac{w_{i \neq C}^{s_1}}{1-w_C^{s_1}} = \frac{(w_{i \neq C}^{s_1})'}{1-(w_C^{s_1})'}, \quad \frac{(w_{i \neq C}^{s_1})'}{1-(w_C^{s_1})'} = \frac{(w_{i \neq C}^{s_2})'}{1-(w_C^{s_2})'} \tag{7.9}$$

$$\sum_{j=1}\sum_{i \neq C} w_{i \neq C}^{s_j} \cdot f^{s_j} = \sum_j \sum_{i \neq C} (w_{i \neq C}^{s_j})' \cdot (f^{s_j})' \tag{7.10}$$

式中，上标 "'" 代表近平衡过程后的值。

将 PE 模型与 PA 模型相结合，既考虑了间隙溶质和置换溶质不同的扩散能力，又实现对固-固相转变过程的预测，将凝固路径预测范围延伸到固相线以下接近室温的位置，预测结果更贴近实际的合金凝固路径。

2. 动力学模型

1）固相溶质有限扩散模型——Kobayashi 模型

Kobayashi 通过求解 Brody-Flemings 溶质扩散方程，获得了液相无限扩散、固相有限扩散条件下方程近似解的离散表达式。

$n+1$ 时刻液相浓度 $w_{j,n+1}$ 通过给定固相率 $f_{s,n+1}$ 由式（7.11）求得：

$$w_{j,n+1} = (w_{j,n} - \Delta w_{j,n})\left(\frac{P_{j,n+1}}{P_{j,n}}\right)^{\varsigma_j}\left[1 + \frac{k_{p,j}(1-k_{p,j})\beta_j^3}{2\gamma_j(1-\beta_j k_{p,j})^3}(Q_{j,n+1}-Q_{j,n})\right] \quad (7.11)$$

其中

$$\gamma_j = \frac{8D_j\Delta t}{\lambda^2(f_{s,n+1}^2 - f_{s,n}^2)} \quad (7.11a)$$

$$\beta_j = \gamma_j/(1+\gamma_j) \quad (7.11b)$$

$$P_{j,n} = 1-(1-\beta_j k_{p,j})f_{s,n} \quad (7.11c)$$

$$\varsigma_j = \frac{k_{p,j}-1}{1-\beta_j k_{p,j}} \quad (7.11d)$$

$$Q_{j,n} = \left(1-\frac{1+\beta_j}{2}k_{p,j}\right)\frac{1}{P_{j,n}^2} - [5-(2+3\beta_j)k_{p,j}]\frac{1}{P_{j,n}} - [3-(1+2\beta_j)k_{p,j}]\ln P_{j,n} \quad (7.11e)$$

$f_{s,n+1}$ 是 $n+1$ 时刻固相率，为质量分数；$w_{j,n+1}$ 是 $n+1$ 时刻溶质 j 液相质量浓度；$\Delta w_{j,n}$ 是 n 时刻沉积相析出导致的溶质浓度变化；λ 是二次枝晶间距（m），采用实验关联式 $\lambda = A\dot{T}^{-m}$ 确定。其中，A、m 为实验常数，$\dot{T}$ 是固液相线间平均冷却速率，由式（7.11f）确定。

$$\dot{T} = \frac{T_{liq}-T}{t-t_{ls}}, \quad t > t_{ls} \quad (7.11f)$$

$k_{p,j}$ 是溶质 j 的固液相间分配系数；D_j 是溶质 j 的固相扩散系数，m^2/s，

$$D_j = D_0 \exp\left(-\frac{Q}{RT}\right) \quad (7.11g)$$

$n+1$ 时刻单元温度 $T(K)$，在假设合金液为理想稀溶液并保持固液界面局部平衡条件下，由 $w_{j,n+1}$ 和 $f_{s,n+1}$ 共同决定[13, 14]：

$$\frac{1}{T} = \frac{1}{T_m} + \frac{R}{\Delta H_{ls}}\sum_j(1-k_{p,j})\frac{w_{j,n+1}}{W_j} \quad (7.12)$$

式中，T_m 是纯溶剂元素熔点，K；ΔH_{ls} 是凝固潜热，J/kg；W_j 是溶质 j 的原子量，kg/mol。

同时，焓 $h\,(\mathrm{J/m^3})$ 与温度 T、固相率 $f_{\mathrm{s},n+1}$ 时刻存在以下关系，

$$h_{n+1} = \rho\Delta H_{\mathrm{ls}}(1 - f_{\mathrm{s},n+1}) + \rho c_p T_{n+1} \tag{7.13}$$

式中，ρ 是密度，$\mathrm{kJ/m^3}$；c_p 是比热容，$\mathrm{J/(kg\cdot K)}$。

首先，求解非稳态导热微分方程，获得全场焓分布；联立式（7.11）、式（7.12）、式（7.13）进行反复迭代，获得 $f_{\mathrm{s},n+1}$ 的收敛解；进而求得此时刻温度场。

简言之，Kobayashi 模型求解了固相的有限扩散，并能应用于多元合金体系。模型表达式简洁，编写程序方便。

2）基于容积平均理论的液、固相溶质有限扩散模型

针对一多元多相体系传热传质过程，基于容积平均法，可以建立固、液相溶质均有限扩散的多元合金微观偏析模型[15-18, 8, 9]。

如图 7.4 所示，建立球形凝固区域以及固相 $s_1^{(1)}$、$s_1^{(2)}$、$s_2^{(2)}$ 和不同成分液相 $1^{(0)}$、$1^{(1)}$、$1^{(2)}$ 在凝固区域中的分布。枝晶和包晶相在半径为 R 的球体中心形核。在 $R^{(1)}$ 处划分糊状区 $(1) = s_1^{(1)} + 1^{(1)}$ 和晶外液相区 $(0) = 1^{(0)}$ 边界。在 $R^{(2)}$ 处划定糊状区 $(2) = s_1^{(2)} + s_2^{(2)} + 1^{(2)}$ 和糊状区 $(1) = s_1^{(1)} + 1^{(1)}$ 边界。

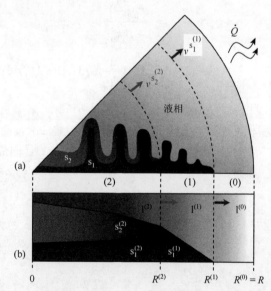

图 7.4　晶外区（0）、晶内区（1）和（2）中枝晶相 s_1、包晶相 s_2 以及液相 1 分布

（1）模型假设：①各相固定不动，具有常密度且相等。②体系为球体，球半径为 R，外表面面积为 A，体积为 V。③固相 s_1 和 s_2 在球心处过冷的液相 1 中形核，并沿径向方向生长。相 s_1 形成枝晶结构，以其枝晶尖端位置 $R^{(1)}$ 为边界划分区域，外部区域标记为（0）区，由晶外液相 $1^{(0)}$ 组成。内部糊状区（1）为固相 s_1 [记为 $s_1^{(1)}$] 和晶内液相 $1^{(1)}$ 的混相区。固相 s_2 形成包晶结构。晶尖位置 $R^{(2)}$ 处为（2）

区和（1）区边界分界面。包晶相 $s_2^{(2)}$ 在（2）区晶间液相 $l^{(2)}$ 和初生相 $s_1^{(2)}$ 间生成。④在 s / l、s / s 和 l / l 相间界面处以及区域边界处考虑溶质质量交换，而在 $s_1^{(1)}/l^{(0)}$ 和 $s_2^{(2)}/l^{(1)}$ 边界处不考虑质量交换，迁移速度直接由动力学模型给出。⑤基于 Lewis 数（热扩散率和溶质扩散系数之比，$Le = \alpha / D$）$\gg 1$，温度在整个体系内均匀分布。⑥各相界面处于热力学平衡状态。⑦晶体尖端生长速度由多元合金的生长动力学模型来计算，模型联立抛物形枝晶尖端溶质扩散的 Ivantsov 解[19, 20]和界面稳定性准则[21]进行求解。

针对图 7.4 的凝固区域，建立如下容积平均方程。

假设 α 相被 α/β 相界面所包围，忽略宏观扩散流通量，则有

（2）相 α 质量守恒方程

$$\frac{\partial g^{\alpha}}{\partial t} = \sum_{\beta(\beta \neq \alpha)} S^{\alpha/\beta} v^{\alpha/\beta} \tag{7.14}$$

（3）相 α 溶质守恒方程

$$g^{\alpha} \frac{\partial \langle w_i^{\alpha} \rangle^{\alpha}}{\partial t} = \sum_{\beta(\beta \neq \alpha)} S^{\alpha/\beta} (w_i^{\alpha/\beta} - \langle w_i^{\alpha} \rangle^{\alpha}) \left(v^{\alpha/\beta} + \frac{D_i^{\alpha}}{l_i^{\alpha/\beta}} \right) \tag{7.15}$$

（4）相 α、相 β 间质量守恒

$$v^{\alpha/\beta} + v^{\beta/\alpha} = 0 \tag{7.16}$$

（5）相 α 和相 β 间溶质平衡

$$(w_i^{\alpha/\beta} - w_i^{\beta/\alpha}) v^{\alpha/\beta} + \frac{D_i^{\alpha}}{l_i^{\alpha/\beta}} (w_i^{\alpha/\beta} - \langle w_i^{\alpha} \rangle^{\alpha}) + \frac{D_i^{\beta}}{l_i^{\beta/\alpha}} (w_i^{\beta/\alpha} - \langle w_i^{\beta} \rangle^{\beta}) = 0 \tag{7.17}$$

（6）体系能量守恒

$$\frac{\partial \langle h \rangle}{\partial t} = \sum_{\alpha} \left(\langle h^{\alpha} \rangle^{\alpha} \frac{\partial g^{\alpha}}{\partial t} + g^{\alpha} \frac{\partial \langle h^{\alpha} \rangle^{\alpha}}{\partial T} \frac{\partial T}{\partial t} + g^{\alpha} \sum_i \frac{\partial \langle h^{\alpha} \rangle^{\alpha}}{\partial \langle w_i^{\alpha} \rangle^{\alpha}} \frac{\partial \langle w_i^{\alpha} \rangle^{\alpha}}{\partial t} \right)$$
$$= -\frac{\alpha_{\text{ext}} S_{\text{ext}}}{\rho} (T - T_{\infty}) \tag{7.18}$$

式中，α_{ext} 为体系和环境（温度恒为 T_{∞}）热交换的表观换热系数。

（7）界面比表面积和扩散长度。界面比表面积定义为

$$S^{\alpha/\beta} = A^{\alpha/\beta} / V \tag{7.19}$$

假定界面为平板形状，在区域边界处各比表面积表示为

$$S^{l^{(1)}/l^{(0)}} = 3[R^{(1)}]^2 / R^3 \tag{7.19a}$$

$$S^{s_1^{(1)}/s_1^{(2)}} = (g^{s_1^{(1)}} / g^{(1)})(3[R^{(2)}]^2 / R^3) \tag{7.19b}$$

$$S^{l^{(2)}/l^{(1)}} = (g^{l^{(1)}} / g^{(1)})(3[R^{(2)}]^2 / R^3) \tag{7.19c}$$

在区域内各相间界面处，各比表面积分别为

$$S^{1^{(1)}/s_1^{(1)}} = 2g^{(1)} / \lambda_2 \tag{7.19d}$$

$$S^{1^{(2)}/s_2^{(2)}} = S^{s_2^{(2)}/s_1^{(2)}} = g^{(2)}(2/\lambda_2) \tag{7.19e}$$

在 α/β 界面处，元素 i 在 α 相中的扩散长度定义为

$$l_i^{\alpha/\beta} = -(w_i^{\alpha/\beta} - \langle w_i^\alpha \rangle^\alpha) / (\partial w_i / \partial n)|_{\alpha/\beta} \tag{7.20}$$

假定在各相间溶质分布呈抛物型，在（k）区（$k = 1$ 或 2）中相间界面处溶质在 α 相中的扩散长度为

$$l_i^{\alpha/\beta} = (g^\alpha / g^{(k)})(\lambda_2 / 6) \tag{7.20a}$$

式中，在 $s_1^{(1)} / 1^{(1)}$ 界面，$\alpha = s_1^{(1)}$ 及 $1^{(1)}$；在 $s_1^{(2)} / s_2^{(2)}$ 界面，$\alpha = s_1^{(2)}$；在 $s_2^{(2)} / 1^{(2)}$ 界面，$\alpha = 1^{(2)}$；λ_2 为二次枝晶臂间距。

假定以 $s_2^{(2)}$ 相中部为界溶质呈对称分布，在 $s_1^{(2)} / s_2^{(2)}$ 相间界面和 $s_2^{(2)} / 1^{(2)}$ 相间界面处 $s_2^{(2)}$ 相的扩散长度为

$$l_i^{\alpha/\beta} = (g^{s_2^{(2)}} / g^{(2)})(\lambda_2 / 12) \tag{7.20b}$$

在液相中，通过设定准静态的扩散分布来考虑沿径向的扩散，$l_i^{1^{(0)}} / 1^{(1)}$ 和 $l_i^{1^{(1)}} / 1^{(2)}$ 的表达式详见文献[16-18]。

（8）尖端生长动力学。（1）和（2）区域边界的推进速度分别与固相 $s_1^{(1)}$ 和 $s_2^{(2)}$ 的尖端生长速度相等。固相 $s_1^{(1)}$ 在（0）区中液相内以枝晶形式生长，固相 $s_2^{(2)}$ 在（1）和（0）区域的液相中呈包晶生长，它们的生长速度求解遵循同样的步骤：均需联立求解超饱和度公式［方程（7.24）］、界面稳定性准则［方程（7.26）］、界面热力学平衡方程［方程（7.21）］。

求解固相 $s_1^{(1)}$ 的枝晶生长速度需联立以下各式：

$$T_L(\langle w_i^{1^{(0)}} \rangle^{1^{(0)}}) - T = \sum_i \frac{\partial T}{\partial w_i^{1^{(0)}/s_1^{(0)}}}(\langle w_i^{1^{(0)}} \rangle^{1^{(0)}} - w_i^{1^{(0)}/s_1^{(0)}}) + \frac{2\Gamma^{s_1^{(0)}}}{r^{s_1^{(0)}}} \tag{7.21}$$

$$\Omega_i = \frac{w_i^{1^{(0)}/s_1^{(0)}} - \langle w_i^{1^{(0)}} \rangle^{1^{(0)}}}{w_i^{1^{(0)}/s_1^{(0)}} - w_i^{s_1^{(0)}/1^{(0)}}} \tag{7.22}$$

$$k_i^{s_1^{(0)}/1^{(0)}} = \frac{w_i^{s_1^{(0)}/1^{(0)}}}{w_i^{1^{(0)}/s_1^{(0)}}} \tag{7.23}$$

$$\Omega_i = Iv(Pe_i) = Pe_i \exp(Pe_i)E_1(Pe_i) \tag{7.24}$$

$$Pe_i = \frac{r^{s_1^{(0)}} v^{s_1^{(0)}/1^{(0)}}}{2D_i^1} \tag{7.25}$$

$$r^{s_1^{(0)2}} v^{s_1^{(0)}/1^{(0)}} = \frac{1}{4\pi^2} \sum_i \frac{D_i^1 \Gamma^{s_1^{(0)}}}{(\partial T / \partial w_i^{1^{(0)}/s_1^{(0)}}) w_i^{1^{(0)}/s_1^{(0)}} (k_i^{s_1^{(0)}/1^{(0)}} - 1)} \tag{7.26}$$

其中，$T_L(\langle w_i^{1^{(0)}}\rangle^{1^{(0)}})$ 为多元合金体系中固相 $s_1^{(1)}$ + 液相相图中成分为 $\langle w_i^{(0)}\rangle^{1^{(0)}}$ 处的液相面温度值。

当计算包晶相 $s_2^{(2)}$ 向（1）区以及（0）区中的液相中生长的速度时，上述方程组中，液相面温度替换为平均成分 $\langle w_i^{1^{(0+1)}}\rangle^{1^{(0+1)}}$ 下的温度 $T_L(\langle w_i^{1^{(0+1)}}\rangle^{1^{(0+1)}})$，这里成分 $\langle w_i^{1^{(0+1)}}\rangle^{1^{(0+1)}}$ 为液相 $1^{(1)}$ 和 $1^{(0)}$ 成分经相分数加权平均后的平均成分。

（9）相边界 $1^{(k-1)}/1^{(k)}$（$k=1,2$）和 $s_{k-1}^{(k-1)}/s_{k-1}^{(k)}$（$k=2$）处成分。在 $1^{(0)}/1^{(1)}$ 相边界处具有连续性条件诸如 $w_i^{1^{(0)}/1^{(1)}} = w_i^{1^{(1)}/1^{(0)}}$，结合方程（7.17）和相边界处的连续性条件，可获得 $1^{(0)}/1^{(1)}$、$1^{(1)}/1^{(2)}$、$s_1^{(1)}/s_1^{(2)}$ 边界处的成分。

（10）热力学数据及相平衡参数。通过直接耦合 Thermo-Calc 软件及其 PTERN 数据库[22]，可得到 Fe-C-Cr 三元合金系热力学数据及相平衡参数。

求解步骤如下：①随着体系的冷却，由合金瞬时成分通过热力学平衡计算获得合金相形核温度。当过冷度大于预设的形核过冷度时，初晶、包晶相在球形区域中心依次形核。②确定区域边界迁移速度 [上面（8）部分]，界面比表面积、界面扩散长度 [上面（7）部分]，固/固界面和固/枝晶间液相界面成分与界面速度 [方程（7.16）和方程（7.17）] 以及区域边界成分 [上面（9）部分]。③由 Gear 方法依次迭代求解总的质量守恒 [方程（7.14）]、溶质质量守恒 [方程（7.15）] 和体系能量守恒方程 [方程（7.18）] 直至收敛，从而得到随体系温度变化的各相分数和平均相成分。

3）移动边界模型——DICTRA 软件

在动力学模拟软件 DICTRA 中，采用移动边界模型[5, 23]预测合金凝固路径。其中，单相区（2 或 3 个）由局部平衡下的尖锐相界面分隔开，界面迁移受溶质出入界面的扩散速率控制。

针对一个 n 元合金系，在某一温度下，相 α 从液相 L 中凝固析出。

相界面迁移速率由求解扩散通量方程来获得：

$$v(c_k^{L/\alpha} - c_k^{\alpha/L}) = J_k^{L/\alpha} - J_k^{\alpha/L} \quad (k=1,2,\cdots,n) \tag{7.27}$$

式中，v 是界面速率，m/s；$c_k^{L/\alpha}$、$J_k^{L/\alpha}$ 分别是界面液相组分 k 质量浓度和扩散通量（m/s）；$c_k^{\alpha/L}$、$J_k^{\alpha/L}$ 分别是界面 α 相组分 k 质量浓度和扩散通量（m/s）。

其界面扩散通量由界面浓度和相浓度之差计算得出。各相平均浓度通过联立各相扩散方程 [式（7.28）] 和菲克定律 [式（7.29）] 来求得：

$$\frac{\partial c_k^\Phi}{\partial t} = -\nabla J_k^\Phi \quad (\Phi = L, \alpha; k=1,2,\cdots,n) \tag{7.28}$$

$$J_k = -\sum_{j=1}^{n-1} D_{kj}^n \nabla c_j \tag{7.29}$$

式中，c_k^Φ、J_k^Φ 分别是相 Φ 中组分 k 质量浓度和扩散通量（流量密度）（m/s）；

D_{kj}^n 是组分 k 在组分 j 浓度梯度中的化学扩散系数,以组分 n 的浓度梯度为因变量, $\mathrm{m^2/s}$。D_{kj}^n 与原子迁移率 M_i 和热力学因子的关系如下

$$D_{kj}^n = \sum_{i=1}^n (\delta_{ik} - c_k V_{\mathrm{m}}) c_i M_i \left(\frac{\partial \mu_i}{\partial c_j} - \frac{\partial \mu_i}{\partial c_n} \right) \tag{7.29a}$$

式中,δ_{ik} 是克罗内克符号;V_{m} 是摩尔体积,$\mathrm{m^3/mol}$;μ_i 是组分 i 的化学势,$\mathrm{J/mol}$。

由绝对反应速率理论,原子迁移率表示为

$$M_i = M_i^0 \exp\left(-\frac{Q_i}{RT} \right) \frac{1}{RT} = \exp\left(-\frac{Q_i - RT \ln M_i^0}{RT} \right) \frac{1}{RT} = \exp\left(-\frac{G_i}{RT} \right) \frac{1}{RT} \tag{7.29b}$$

式中,M_i^0 是频率因子,$\mathrm{m^2/s}$;Q_i 是活化能,$\mathrm{J/mol}$;G_i 是广义活化自由能,$\mathrm{J/mol}$, G_i 随组分的变化关系可由熟知的 Redlich-Kister-Muggianu 多项式来描述。

计算步骤如下:

(1)温度持续下降。在某一温度下,联立扩散方程和菲克定律,求解获得相浓度。

(2)通过热力学平衡计算获得界面浓度。

(3)求解扩散通量平衡方程,获得界面速率。

(4)移动界面位置,并调整网格点信息。重复步骤(1)计算,直至计算结束指标。

7.1.2　模型验证

针对钢系七元合金 Fe-C-Mn-Si-P-Al-S,将本研究 DICTRA 软件计算的动力学模拟结果、结合 Thermo-Calc 热力学平衡计算的 GS、LR、PE 和 PE + PA 预测结果与文献测量结果[4]进行对比。

七元合金 Fe-C-Mn-Si-P-Al-S 成分如表 7.1 所示。依据热力学计算获得液相线温度为 1509℃,凝固过程经历包晶反应区,依此设置动力学(DICTRA)模拟区域包括液相、BCC 相及 FCC 相区。设置动力学计算初始温度为 1520℃,冷却速率设为−0.05K/s。热力学计算中温度步长取为−1℃。计算至室温 20℃结束。

表 7.1　七元合金成分

成分	C	Mn	Si	P	Al	S	Fe
质量分数/wt%	0.21	1.64	0.24	0.032	0.09	0.007	余量

七元合金凝固路径预测结果与文献对比如图 7.5 所示。动力学(DICTRA 软

件）及热力学模型（结合 Thermo-Calc 热力学平衡计算的 GS、LR、PE 和 PE + PA 模型）预测结果曲线的变化趋势与实验测得的数据点变化趋势相近，且与文献中各模型的计算结果相符，从而验证了动力学和热力学模型的合理性。

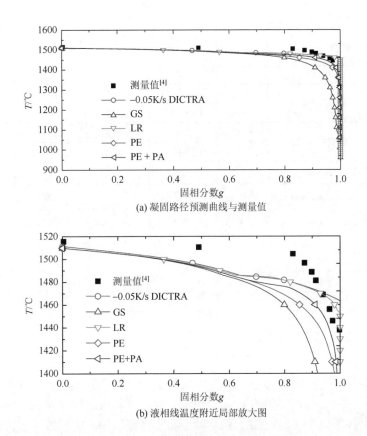

(a) 凝固路径预测曲线与测量值

(b) 液相线温度附近局部放大图

图 7.5　Fe-C-Mn-Si-P-Al-S 合金凝固路径预测

7.1.3　动力学与热力学预测的多元合金凝固路径

　　计算针对 Fe-0.6wt%C-10wt%Cr 合金，参数见表 7.2，溶质的基准扩散系数由 Thermo-Calc 软件/MOB2 动力学数据库[24]给出，各固相中溶质的扩散系数取其形核温度时数值并在模拟过程中保持为常数。模拟在闭合体系、常压状态下进行。对比了溶质有限扩散模型与 PE、GS、LR 模型模拟的凝固路径的差异。

　　溶质有限扩散模型采用参数见表 7.2 中列 P 数据。通过调整扩散系数和二次枝晶臂间距，再现 LR、GS 和 PE 模型预测的凝固路径，如图 7.6 所示。

表 7.2　体系物性参数、初始和边界条件

参数		数值			
热力学数据库		Thermo-Calc 软件/PTERN[22]			
名义浓度 $w_{i,0}$ /wt%	i = C	0.6			
	i = Cr	10			
液相扩散系数 D_i^l /(m²/s)	i = C	10^{-8}			
	i = Cr	10^{-9}			
		P[24]	LR	GS	PE
BCC 相扩散系数 $D_i^{s_1}$ /(m²/s)	i = C	6×10^{-9}	6×10^{-9}	10^{-16}	6×10^{-9}
	i = Cr	1.7×10^{-11}	10^{-10}	10^{-16}	10^{-16}
FCC 相扩散系数 $D_i^{s_2}$ /(m²/s)	i = C	10^{-9}	6×10^{-9}	10^{-16}	6×10^{-9}
	i = Cr	2.7×10^{-13}	10^{-10}	10^{-16}	10^{-16}
二次枝晶臂距 λ_2 /m		20×10^{-6}	6×10^{-6}	30×10^{-6}	20×10^{-6}
BCC/液相界面 Gibbs-Thomson 系数 $G^{s_1^{(1)}}$/(K·m)		10^{-9}	10^{-13}		
FCC/液相界面 Gibbs-Thomson 系数 $G^{s_2^{(2)}}$/(K·m)		1.9×10^{-9}	1.9×10^{-13}		
密度/(kg/m³)		7674			
体系半径 R/m		10^{-3}			
初始温度/K		1739.46			
形核过冷度/K		0			
换热系数 α_{ext} /[W/(m²·K)]		40			
环境温度 T_∞ /K		293			

图 7.6 中，粗实线＋标识**的曲线代表了采用表 7.2 列 P 所示参数模拟的结果（图例——L-P，标识**如 FCC、BCC 等），细实线+空心符号（图例—▫—L-P_LR）、半实心符号（图例—◩—L-P_GS）和全实心符号（图例—■—L-P_PE）的曲线分别为采用表 7.2 相应列参数由溶质有限扩散模型再现的 LR、GS 和 PE 模型的凝固路径。而由 LR、GS 和 PE 模型直接预测的凝固路径由无符号细短划线、细点划线及细实线 [图例----L(LR)、-----L(GS)、——L(PE)加标识**（**）表示 [标识**（**）如 FCC（GS）、FCC（LR）、BCC（PE）等]。

LR 定律设定溶质在固、液相中完全混合，这表明，在各模型中，LR 定律采用最大的扩散系数以获得最薄的扩散长度。为接近这个极限，人为增大固相中 C 和 Cr 的扩散系数使之接近由 MOB2 数据库得到的液相中的扩散系数数值。二次枝晶臂间距设为一小值，6μm。由图 7.6 可见，细实线＋空心符号的曲线（图例—▫—L-P_LR）再现了由 Thermo-Calc 软件即完全采用热力学平衡计算得到的结果。在包晶点 1726.61K 处，包晶相 FCC（s_2）快速耗尽了初晶 BCC 相（s_1），凝固结束在 1672.84K，凝固组织结构为单一的 FCC 相。

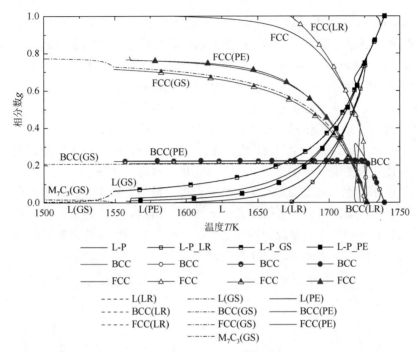

图 7.6　采用溶质有限扩散模型（标识为 P）预测的凝固路径

GS 模型假定溶质元素在固相无扩散，因此扩散层厚度与其他模型相比最大。为达到该假定条件，C 和 Cr 在固相中的扩散系数均设定为一很小值（$10^{-16}\text{m}^2/\text{s}$），二次枝晶臂间距设为 $30\mu\text{m}$。在此微小的固相溶质扩散条件下，BCC/FCC 界面不发生移动。结果正如图 7.6 中带有半实心符号的细实线曲线（图─■─L-P_GS 等）所示，已生成的 BCC 相如冻结般不再发生变化，不发生包晶转变。枝晶/包晶界面锁定不动，所形成的 BCC 和 FCC 相分数随冷却进行保持恒定。并且，凝固结束处推迟到较低温度的共晶点处。本计算结束在第一个共晶点，即 M_7C_3 相的形核温度为 1549.27K。

PE 模型中，固相中溶质按扩散程度分为间隙溶质和置换溶质，扩散系数有所差异。本例中，C 的扩散系数设为与 LR 模型相同，而 Cr 的扩散系数与 GS 模型相同。二次枝晶臂间距选择 $20\mu\text{m}$，以提供介于 LR 和 GS 间的适宜的扩散长度。已经获知，C 的快速扩散和 Cr 的无扩散对于 BCC/FCC 界面的移动没有影响。由于缺少溶质元素的扩散，界面保持不动。于是，当 FCC 生成时，已形成的 BCC 相仍保持不变。图 7.6 中带有实心符号的细实线曲线（图例─■─L-P_PE 等）的预测与这一分析相符，PE 模型也没有预测出包晶转变的发生。最终，凝固结束在 M_7C_3 相形核处，形核温度高于 GS 模型值，为 1560.15K。

更一般的情形是采用 MOB2 数据库中提供的扩散系数并给定一定厚度的扩散长度，二次枝晶臂间距取为 $20\mu\text{m}$。Gibbs-Thomson 系数数量级在 $10^{-9}\text{K}\cdot\text{m}$。由表 7.2 中数据可知，C 的扩散系数非常大，而 Cr 的值高于 PE 模型。结果如图 7.6 所示，预测的凝固路径（粗实线，图例——L-P 等）介于 LR 和 PE 模型结果之间。凝固在 1590.81K 结束，尚未形成 M_7C_3 相。凝固路径接近 LR 模型结果，但能够预测出包晶转变过程。在接近包晶点的 1726.66K，BCC 相快速被 FCC 相消耗殆尽。

综上所述，溶质有限扩散下多元合金多相微观偏析模型，结合热力学平衡计算，能准确获知相平衡信息。模型包括冷却速率和固液相溶质扩散系数的定量影响，能够预测 Fe-C-Cr 合金枝晶凝固、包晶转变过程。通过调整扩散系数和二次枝晶臂间距，模型能够再现 LR、GS 和 PE 模型极端扩散条件下的结果，从而验证了模型的正确性。通过模型预测，能够合理诠释由于糊状区快速增长和溶质扩散引起的包晶转变所导致的再辉现象，如图 7.7 所示。溶质有限扩散下多元合金多相微观偏析模型能够定量反映冷却速率的影响，再与宏观传输模型相耦合，预测多元合金凝固过程方面显示出特有的潜力。

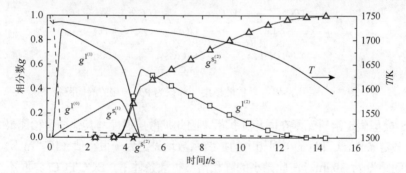

图 7.7　采用溶质有限扩散模型的温度、相分数以及区域分数随时间变化曲线

7.1.4　热力学、动力学模型预测合金凝固路径特点分析

热力学模型在热力学平衡状态下对凝固路径进行预测，结合热力学平衡计算及可靠的合金数据库，可以灵活模拟多元、多相体系合金的凝固路径。本研究下，热力学模拟结果与冷却速率为 –0.05～–0.2K/s 的 DICTRA 动力学模拟结果均相符。

热力学模型中，LR 模型和 GS 模型是两种极限情况，LR 模型体现平衡凝固，溶质在固、液两相均充分扩散；GS 模型则设定溶质在液相充分扩散而在固相无扩散。实际的固相扩散介于这两种极限情况之间。

一些常用的商业软件如 Thermo-Calc、Pandat、MatCalc、ChemAPP、TerFKT、PmlFKT 等常采用 LR 模型、GS 模型和 PE 模型。这些模型假定液相溶质分布均匀，这对于扩散系数很大且存在流动的情况是合理的。对于固相，LR 模型假定溶质扩散仍很快，可以保持一均匀的溶质场，这一假定仅对于诸如 C、O 和 N 等间隙溶质成立。另外，置换溶质在固相中扩散非常慢以至于其扩散常可略去，这对应于 GS 模型的假设条件，通常对于 Al 基和 Ni 基合金，这是合理的。而对于钢系合金，PE + PA 模型更合理，它考虑了间隙溶质的充分扩散和置换溶质的弱扩散，通过平衡各相中间隙溶质的化学势使其相等来实现，并能够预测固-固相转变。各商业软件中，对于合金的凝固路径的预测可通过耦合上述四种模型，调用热力学及动力学数据库的数据来实现。然而，液相中充分扩散的假设可能会导致出现偏差的预测结果。

动力学模型描述了扩散驱动下多元合金中相转变过程，模型能够考虑实际冷却速率、各相中溶质元素有限扩散系数对凝固路径的影响。合金凝固路径可采用动力学计算软件（如 DICTRA[5]，结合 MOB2[24]动力学数据库）进行预测，但 DICTRA 软件可模拟的合金元素数量及相数量有限；模拟有时不能预测完全液相直至室温的全程凝固过程。例如，对于 Fe-C-Mn-Si-P-Al-S 七元体系，合金相设为三相-液相、FCC 相和 BCC 相，DICTRA 模拟只能计算至 746℃。Fe-C-Cr 三元系可设置合金相数量至四相（液相、FCC 相、BCC 相、M$_3$C 相），但 DICTRA 模拟只能计算至 630℃。

Kobayashi 模型给出了 Brody-Flemings 方程的解析解，可预测多元合金包括枝晶、包晶相的凝固过程，模型包含了二次枝晶臂距和冷却速率的影响，能够与宏观传输过程相结合。并且，模型表达式较为简化，计算速度较快。

模拟凝固过程中，为了更系统准确地分析枝晶生长，需要精确跟踪凝固过程中的溶质场。Beckermann 等[15, 25, 26]率先开发了二元合金体系中等轴枝晶凝固偏析模型。模型针对过冷液相中初生枝晶相生长过程，考虑了各相中溶质的有限扩散，以及影响凝固路径的两个主要参数：二次枝晶臂间距和冷却速率的作用，获得区域中固相、晶间液相和晶外液相的凝固变化规律。Gandin 等[16-18]扩展了上述模型，使之能够同时预测二元合金中枝晶、共晶结构共存[27]以及枝晶、包晶和共晶结构共存至凝固结束时的情形[16]，并进一步推广到三元合金枝晶和包晶凝固过程[8, 9]。该模型能够很容易由三元体系推广到多元体系。

预测凝固过程时，微观偏析模型与宏观传输方程相耦合是准确预测合金凝固路径和组织结构的有效途径。从精确预测合金相的析出顺序以及相成分、相分数随温度的演变过程的角度考虑，首推 Gandin、Zhang 等的微观偏析模型[16, 8, 9]；在模拟实际铸件过程中，简单且计算速度快的模型，首推基于一维凝固情形的 Kobayashi 模型[6]。

7.2　凝固宏观偏析预测

合金凝固宏观传输过程是一个热量、动量和溶质传输耦合的综合过程，热量、动量和溶质传输对最终凝固后材料的宏观偏析及内部质量具有重要影响。凝固研究的核心内容之一就是改善溶质成分偏析。

7.2.1　偏析形成机理

宏观偏析是指在整个铸件中大于晶粒尺寸范围的合金成分的不均匀分布[28]，由铸件在凝固过程中游离或熔断固相的沉浮以及液相在糊状区内枝晶间的流动[29, 30]等因素造成。宏观偏析按分布方向可分为水平偏析和垂直偏析；按偏析带形态可分为带状偏析和通道偏析（如 A 形、V 形、倒 V 形偏析等）；按偏析的直接成因可分为正偏析、逆偏析、比重偏析等。几种宏观偏析的特征如表 7.3 所示。

表 7.3　宏观偏析种类及形成特征

分类方法	偏析类型	偏析的形成特征
直接成因	正偏析	铸型内溶质分布与溶质再分配规律一致，对于平衡分配系数小于 1 的合金，先凝固区域的溶质浓度低于后凝固区域
	逆偏析	铸型内溶质分布与正偏析正好相反，原因是铸件内部富含高浓度溶质的液相穿过粗大的枝晶间通道流到铸件表面
	比重偏析	比重偏析是由于组成合金各相的密度不同，在凝固过程中重者下沉、轻者上浮，常于凝固初期发生
偏析形态	通道偏析	富有低熔点溶质的液相在枝晶间流动并发生局部重熔
	带状偏析	平行于固-液界面的某一带状区域内出现的化学成分不均匀

对于铸锭而言，诸如 A 形偏析、V 形偏析、底部负偏析等均为典型的宏观偏析。宏观偏析会对铸件质量产生一定程度的不良影响，如在物理性能、机械性能、材料加工性能等方面出现差异，降低金属材料的抗腐蚀性能等。例如，钢锭中硫的偏析会破坏金属的连续性，在轧制或锻造时引起钢坯的热脆，轧制钢板时甚至引起夹层废品，严重影响钢板的冷弯性能；同时，硫的偏析会使承受交变载荷的零部件发生疲劳断裂；而磷的偏析能使钢材制品产生冷脆性，并促进钢的回火脆性。然而要在实际生产中获得化学成分完全均匀的铸件，尤其是大尺寸铸件，十分困难。因此，研究影响合金凝固过程中宏观偏析产生的因素，合理预测铸件产生宏观偏析的位置，以改进实际生产与铸造工艺，具有重要的指导意义。

宏观偏析的产生主要取决于合金凝固过程中溶质在固/液相中溶解度差异所导致的凝固前沿的溶质再分配以及糊状区内的溶质流动。随着凝固的进行，熔体流动带动了糊状区内枝晶间溶质的流动，从而引起整个铸件内溶质分布的不均匀，最终产生宏观偏析。溶质流动的起因主要有以下几方面[19]。

（1）自然对流或强制流动。在溶质浮升力与热浮升力作用下，合金凝固过程中液相及糊状区内部溶质浓度与温度分布不均匀，造成合金密度分布不均匀，进而在液相区及糊状区发生自然对流，溶质由凝固前沿被带入液相区，造成宏观偏析。在某些工艺中，合金凝固常伴随其他强制的运动，如磁场搅拌、冒口浇注、外部的振动、凝固过程中生成气泡等现象，这些现象会使铸锭内部发生强制对流，造成溶质分布不均匀。

（2）凝固收缩造成的流动。在凝固过程中，固相密度比液相密度大，合金的体积不断变化，糊状区的流体被挤压到液相区，溶质不断被带离凝固前沿，造成凝固前沿溶质贫乏。

（3）枝晶的沉浮。凝固过程中糊状区常伴随着微观枝晶的运动、等轴晶的析出[31]，由于固相密度大于液密度会向下沉积，型壁枝晶的脱落以及糊状区内熔断枝晶产生的碎片也会在糊状区发生沉浮，对于分配系数小于 1 的合金，由于枝晶溶质含量较低，枝晶沉浮造成溶质分布不均匀。

（4）外力作用。热应力、收缩应力、金属静压力、作用于凝固壳的外力等造成的固相骨架变形[32]，都会对铸锭的溶质分布产生影响。其中凝固收缩带来的补缩流动、热-溶质浮升力造成的自然对流与枝晶的沉浮，本质上都起因于固液相存在的密度差异，因此在宏观传输模型中考虑固液相密度差异的影响对准确预测凝固过程的宏观偏析十分重要。

在凝固过程中常见的通道偏析，是指小于整个铸件范围内的介观偏析。其形成是由于糊状区内晶间液体的流动速度超过等温线移动速度而导致局部重熔，增大了局部渗透率，从而更易产生液体流动，引起溶质的局部集聚。

7.2.2　宏观偏析预测的数学模型

学者们早已认识到宏观偏析数学模拟的重要性。1958 年，加拿大学者 Kirkaldy 和 Youdelis 发表简化枝晶模型[33]，这是首次对枝晶方式生长下一维合金凝固过程成分分布进行模拟，然而此模型仅考虑合金凝固和溶质再分配的作用，无法描述枝晶间液相流动对宏观偏析的影响。

20 世纪 60 年代，Flemings 等[34, 35]在合金凝固液相流动方程和简化的溶质传输方程的基础上，提出了"局部溶质再分配方程"，这可以对凝固过程的动量、热量与溶质传输过程进行定量描述，该模型首次对逆偏析（inverse segregation）、负偏析（negative segregation）、正偏析（positive segregation）甚至通道偏析（channel segregation）给出了统一的数学描述，并且该模型考虑了凝固收缩引起的流动对宏观偏析的影响。但该模型需要在计算时已知合金体系中的温度场与流场。

随后的 20 多年里，宏观偏析的研究多是以"局部溶质再分配方程"展开，孤立求解温度场与流场。直至 20 世纪 80 年代，Bennon 和 Incropera[36, 37]提出了连续介质模型，并对 NH₄Cl-H₂O 模拟合金以及 Sn-Pb 合金的凝固过程中宏观偏析形成进行了模拟。1995 年，Aboutalebi 等[38]将该模型应用于连铸过程中，建立了连铸坯二维凝固传热、紊流流动和溶质传输模型，模拟分析了方坯和圆坯内凝固坯壳分布及宏观偏析。随后，Ahmad 和 Combeau 等[39, 40]在忽略凝固收缩的抽吸作用引起流动的条件下，采用平均溶质守恒方程描述凝固过程中由热浮力、溶质浮力作用而产生的自然对流所引起的宏观偏析，对比了分别采用有限容积法和有限元法模拟自然对流条件下 Sn-5wt%Pb 和 Pb-48wt%Sn 合金凝固过程的差异，通过与基准实验——Hebditch 和 Hunt 实验[41]结果对照来验证模型，并深入分析了通道偏析产生的原因。

20 世纪 80 年代后，宏观偏析的数值模拟迅速发展，精确性也不断提高。至今，描述宏观偏析的模型主要有连续介质模型（continuum model）、体积平均模型（volume-averaged Model）、体积平均的两相模型（volume-averaged two-phase model）及多尺度/多相模型（multiscale/multiphase model）等。

1. 连续介质模型

1987 年，Bennon 和 Incropera[36, 37]基于经典混合理论建立了描述二元合金凝固过程质量、动量、能量与溶质传输的连续介质模型。该模型假定凝固过程中固相与液相充分混合，从而模糊了固相区、液相区以及糊状区的相间位置，即相与相之间没有明确的界面，整个凝固体系为一连续介质。溶质在固、液相中的浓度分布与液相分数的关系依平衡相图由局部热力学平衡推知。

在整个耦合计算过程中，固液相密度为常数，并且相等。为了考虑热-溶质浮升力在凝固过程中的作用，用 Boussinesq 近似描述浮升力项，考虑了温度、浓度变化引起的密度变化对液相区内熔体流动的影响。虽然浮升力项可以很好地描述由热-溶质浮升力造成的密度变化，但很难描述凝固收缩造成的密度变化，而且仅在浮升力项中考虑密度变化，这对预测宏观偏析的精确性造成一定影响。

2. 体积平均模型

体积平均模型的思想是对代表性体积单元内的微观守恒方程进行积分，进而得到与宏观场量相关的宏观守恒方程。体积平均模型是一种单区域模型，它可以将整个计算区域采用一套守恒方程进行描述。

1988 年，Beckermann 和 Viskanta[42-44]提出了二元合金体积平均模型，用于描述二元合金枝晶凝固。Ganesan 和 Poirier[45]采用体积平均法推导了描述合金凝固过程的质量、动量、能量和溶质传输守恒方程。模型中，糊状区由两种可互相渗透的相组成。在微观尺度上，每一相分别由通常的守恒方程描述，相关的场量在该相中分布连续，而在整个空间内分布不连续。在宏观尺度上，守恒方程通过在适当的体积单元内对微观守恒方程进行体积平均得到。Reddy 和 Beckermann[46]基于修正体积平均模型模拟了 Cu-Al 圆柱锭凝固过程中宏观偏析的形成。徐建辉等[47]在体积平均模型的基础之上建立了考虑凝固收缩作用的凝固过程及其液相流动的数学模型，结合 Scheil 方程，通过有限元法模拟了垂直定向凝固过程及其液相流动的非稳态过程规律。

连续介质模型和体积平均模型都可以很好地预测宏观偏析，但这两个模型都没有考虑微观尺度上晶粒形核、生长与迁移等现象。

3. 两相模型及多尺度/多相模型

两相或多相模型中，对各相分别采用不同的控制方程来描述。1991 年，Ni 和 Beckermann[48]提出了体积平均两相模型。模型分析了液相与固相运动，形核、界面过冷等微观现象及其对宏观偏析的影响。Schneider 和 Beckermann[49]运用体积平均法也建立了描述柱状晶凝固的两相模型。体积平均两相模型的优点在于考虑了形核及生长动力学对宏观传输的影响[50, 51]，很好地将宏微观不同尺度下的场量耦合到一起，且假设固相为单一的柱状晶相或等轴晶相，避免了考虑固相与固相间的相互作用。Wu 等[52, 53]更进一步建立了描述液相、柱状晶相与等轴晶相间相互作用的三相模型[52]和液相、柱状晶相、等轴晶相与气相（或渣相）间相互作用的四相模型[53]，以分析铸锭凝固过程中宏观偏析以及凝固收缩腔形成机理。

在两相模型的基础上，Wang 和 Beckermann[54, 55]进一步建立了描述固相与液相运动的等轴晶凝固的多尺度/多相模型。模型假设在枝晶间液相和晶粒外液相之间有一个界面，称为枝晶壳（dendrite envelope），并且定义为由一次和二次枝晶尖端所构成的光滑包络面。这样，所考虑的体积单元内就包含枝晶固相、枝晶间液相以及晶粒外液相三个不同的相。Wu 和 Ludwig[56, 57]随后也建立了一个考虑液相对流和晶粒下沉对球状等轴晶凝固影响的包含枝晶相、晶间液相以及晶外液相的三相体积平均模型。

多相模型为考虑凝固过程微观组织演变对宏观偏析的影响提供了一个模型框架，其中所涉及的流动对枝晶生长的影响以及微观传输现象的定量描述仍需进行大量的基础性研究。尽管目前国内外宏观偏析的数值模拟已取得大量进展，但是模型的准确性与实用性仍是研究努力的方向。对于一个全面的宏观偏析模型，除了要考虑微观组织演变的影响外，还要考虑凝固过程中固相、糊状区的变形和流动等因素的综合影响[58]。

7.2.3　连续介质宏观传输模型

合金的凝固一般存在固相、液相和糊状区三个区域（或固-液两相区），连续介质模型基于经典混合理论，将固相、液相以及糊状区整体视为一连续介质，其相体积分数存在归一化条件，即

$$g_s + g_l = 1 \tag{7.30a}$$

相质量分数定义为

$$f_s = \frac{g_s \rho_s}{\rho}, \quad f_l = \frac{g_l \rho_l}{\rho} \tag{7.30b}$$

式中，下标 s 和 1 分别表示固相和液相；f 是质量分数；g 是体积分数。

凝固过程是一个多相和多组分的传输过程，在凝固计算中很多物理量进行了体积平均或加权平均。例如，密度 ρ 和导热系数 λ 等物性参数采用体积分数加权的混合值：

$$\phi = g_1\phi_1 + g_s\phi_s \tag{7.31a}$$

而待求物理量（如速度 $\vec{V}$、比焓 h、溶质溶度 w）和物性参数（比热容 c_p）等物理量采用质量分数加权的混合值

$$\phi = f_1\phi_1 + f_s\phi_s \tag{7.31b}$$

当不考虑相密度变化时，$f_s = g_s$，$f_1 = g_1$。

1. 数学模型

1）基本假设

针对二元合金凝固过程，作如下假设：

（1）在液穴和固液两相区内流动的钢液可以认为是不可压缩牛顿流体。

（2）固、液两相比热容相等，密度相同，除浮升力项以外各项密度均为定值，符合 Boussinesq 关于密度的近似条件。

（3）凝固过程中仅考虑凝固潜热的释放，而不考虑诸如 Fe-C 二元合金 δ-γ 的相变潜热。

（4）合金凝固过程遵循局部热力学平衡。

（5）将糊状区视为均匀分布的多孔介质，渗透率模型采用 Kozeny-Carman 方程[59,60]描述。

2）连续性方程

$$\frac{\partial\rho}{\partial t} + \nabla\cdot(\rho\vec{V}) = 0 \tag{7.32}$$

3）动量方程

$$\frac{\partial(\rho u)}{\partial t} + \nabla\cdot(\rho\vec{V}u) = \nabla\cdot\left(\mu_{eff}\frac{\rho}{\rho_1}\nabla u\right) - \frac{\mu_1}{K}\frac{\rho}{\rho_1}(u-u_s) - \frac{\partial p}{\partial x} \tag{7.33a}$$

$$\frac{\partial(\rho v)}{\partial t} + \nabla\cdot(\rho\vec{V}v) = \nabla\cdot\left(\mu_{eff}\frac{\rho}{\rho_1}\nabla v\right) - \frac{\mu_1}{K}\frac{\rho}{\rho_1}(v-v_s) - \frac{\partial p}{\partial y} \tag{7.33b}$$

$$\frac{\partial(\rho w)}{\partial t} + \nabla\cdot(\rho\vec{V}w) = \nabla\cdot\left(\mu_{eff}\frac{\rho}{\rho_1}\nabla w\right) - \frac{\mu_1}{K}\frac{\rho}{\rho_1}(w-w_s) - \frac{\partial p}{\partial z} \tag{7.33c}$$
$$- \rho_{ref}g[\beta_T(T-T_{ref}) + \beta_s(w_{C,1}-w_{C,ref})]$$

流动体系内温度梯度或溶质梯度会导致密度梯度，使得密度较小的流体上升并通过密度较大的流体下沉来填补。这种由于温度或溶质浓度差异产生热-溶质浮力而导致的定向对流流动称为热-溶质自然对流。研究热-溶质自然对流时必须考虑浮升力影响。

对于温度差为 ΔT、溶质浓度差为 Δw 的钢液，利用 Boussinesq 近似，钢液密

度可表示为

$$\rho = \rho_{\text{ref}} + \Delta\rho = \rho_{\text{ref}}(1 - \beta_{\text{T}}\Delta T - \beta_{\text{s}}\Delta w) \tag{7.34}$$

其中，

$$\Delta T = T - T_{\text{ref}}, \quad \beta_{\text{T}} = -\frac{1}{\rho}\left(\frac{\partial\rho}{\partial T}\right) \tag{7.34a}$$

$$\Delta w = w - w_{\text{ref}}, \quad \beta_{\text{s}} = -\frac{1}{\rho}\left(\frac{\partial\rho}{\partial w}\right) \tag{7.34b}$$

式中，ρ_{ref} 是参考温度和参考浓度下的钢液密度，kg/m^3；T_{ref} 是特征温度（或参考温度），可选取液相线温度或浸入式水口处钢液温度作为参考温度，K；T 是钢液实时温度，K；β_{T} 是热膨胀系数（1/℃），通常是正值，对碳钢其值为 1.0×10^{-4} ℃$^{-1}$ [38]；w 是溶质质量浓度；w_{ref} 是参考浓度，选取与参考温度对应的钢液溶质浓度；β_{s} 是溶质膨胀系数，无量纲，其值或正或负，取决于溶质密度与合金液密度的差值。

如果在特征温度下单位体积流体的质量力为重力 $\vec{g}$，则温度为 T 的钢液单位体积质量力为

$$\rho_{\text{ref}}(1 - \beta_{\text{T}}\Delta T - \beta_{\text{s}}\Delta w)\vec{g} = \rho_{\text{ref}}\vec{g} - \rho_{\text{ref}}\beta_{\text{T}}(T - T_{\text{ref}})\vec{g} - \rho_{\text{ref}}\beta_{\text{s}}(w - w_{\text{ref}})\vec{g} \tag{7.35}$$

因此，温度为 T 的钢液所受重力可分为三项：第一项是特征温度下的钢液重力，第二项是由温度差引起的对钢液重力的修正，第三项是由浓度差引起的对钢液重力的修正。

由于铸造过程一般不涉及热源，只有水冷和空冷两种冷却方式，因此钢液温度小于水口出口处钢液温度。如果将浸入式水口处钢液温度作为参考温度 T_{ref}，则由式（7.35）可知，热浮升力的方向与重力加速度 $\vec{g}$ 的方向相同。对于碳钢中碳溶质，$\beta_{\text{s}} = 4.0\times10^{-5}$ (wt%)$^{-1}$ [38]，为正值，此时，溶质浮力方向与重力加速度方向相反。对于 Al-Si 合金，β_{s} 值为负，则溶质浮力方向与重力加速度方向相同。

需要指出的是，由于 $\rho_{\text{ref}}\vec{g}$ 比 $(\beta_{\text{T}}\Delta T + \beta_{\text{s}}\Delta w)\vec{g}$ 约高 2 个数量级，因此要体现热浮力和溶质浮力的效果，在计算过程中一般将重力项与压强梯度项合并。如果重力加速度 $\vec{g}$ 的方向与 z 轴方向重合，那么

$$
\begin{aligned}
&-\nabla p + \rho_{\text{ref}}\vec{g} \\
&= -\frac{\partial p}{\partial x}\vec{i} - \frac{\partial p}{\partial y}\vec{j} - \frac{\partial(p - \rho gz)}{\partial z}\vec{k} \\
&= -\frac{\partial(p - \rho gz)}{\partial x}\vec{i} - \frac{\partial(p - \rho gz)}{\partial y}\vec{j} - \frac{\partial(p - \rho gz)}{\partial z}\vec{k} \\
&= -\frac{\partial p^*}{\partial x}\vec{i} - \frac{\partial p^*}{\partial y}\vec{j} - \frac{\partial p^*}{\partial z}\vec{k} \\
&= -\nabla p^*
\end{aligned} \tag{7.36}
$$

达西（Darcy）定律指出，多孔介质中流体流动速度正比于压力梯度。视糊状区枝晶间隙为多孔介质，根据 Darcy 定律，在动量方程中采用 Darcy 阻力项 $\dfrac{\mu_1}{K}\dfrac{\rho}{\rho_1}(\vec{V}-\vec{V}_s)$，将固相区、液相区以及糊状区内的流动统一在同一方程中。Darcy 阻力项中渗透率普遍采用各向同性的 Kozeny-Carman 模型[59, 60]来描述：

$$K = \frac{\lambda_2^2}{180}\cdot\frac{g_1^3}{(1-g_1)^2} \tag{7.37}$$

式中，λ_2 是二次枝晶臂间距，m；g_1 是液相的体积分数。

这样，在固相区，孔隙率趋于零，Darcy 阻力项成为动量方程主导项，强制液相速度趋于固相速度（即凝固坯壳的运动速度），受壁面条件（拉坯速度）约束；在液相区，Darcy 阻力项可忽略，流体的湍流流动由湍流模型来描述；而在糊状区，随液相分数减小，由 Darcy 阻力项来相应减弱区域内流体流动。

模拟合金熔体凝固过程中流动行为可采用低雷诺数湍流模型[61-65]。这里选用目前应用较为广泛的 Jones 和 Launder 的低雷诺数 k-ε 双方程模型[64, 65]。

k 方程：

$$\frac{\partial(\rho k)}{\partial t}+\nabla\cdot(\rho\vec{V}k)=\nabla\cdot\left[\left(\mu_1+\frac{\mu_t}{\sigma_k}\right)\nabla k\right]+G-\rho\varepsilon+D+\frac{\mu_1}{K_p}k \tag{7.38}$$

ε 方程：

$$\frac{\partial(\rho\varepsilon)}{\partial t}+\nabla\cdot(\rho\vec{V}\varepsilon)=\nabla\cdot\left[\left(\mu_1+\frac{\mu_t}{\sigma_\varepsilon}\right)\nabla\varepsilon\right]+C_1f_1\frac{\varepsilon}{k}G-C_2f_2\frac{\rho\varepsilon^2}{k}+E+\frac{\mu_1}{K_p}\varepsilon \tag{7.39}$$

式中，动量方程中有效黏度 $\mu_{eff}=\mu_1+\mu_t$，Pa·s。 $\tag{7.40}$

紊流黏度采用 Kolmogorov-Prandtl 关系式计算，

$$\mu_t=\rho f_\mu C_\mu\frac{k^2}{\varepsilon}$$

模型中的常数及其他项的表达式可参见相关文献[64, 65]。

4）能量方程

$$\frac{\partial(\rho h)}{\partial t}+\nabla\cdot(\rho\vec{V}h)=\nabla\cdot(\Gamma_{eff}^h\nabla h)+\nabla\cdot(\Gamma_{eff}^h\nabla(h_s-h))-\nabla\cdot[\rho f_s(h_1-h_s)(\vec{V}-\vec{V}_s)] \tag{7.41}$$

式中，有效扩散系数为固液相、层流紊流的混合值，$\Gamma_{eff}^h=f_1\left(\dfrac{\mu_1}{Pr}+\dfrac{\mu_t}{Pr_t}\right)+f_s\dfrac{\mu_1}{Pr}$，

紊流普朗特数视为 0.9。层流普朗特数与材料比热容和导热系数具有恒等关系，$\dfrac{\mu_1}{Pr}=\dfrac{\lambda}{c_{ps}}$。

能量方程以焓作为求解变量，可对包括固相区、液相区和糊状区在内的整个

凝固区域建立统一的能量守恒方程。求出热焓后，再由焓和温度关系式得到节点的温度值。表 7.4 给出依据杠杆定律和焓与温度、液相分数间的守恒关系 $h = c_p \cdot T + f_l \cdot \Delta H_{ls}$ 得到的温度与液相分数关系式。

表 7.4　依据杠杆定律所确定的焓与温度、液相分数转换关系

条件	温度 T	液相分数 f_l
$h > h_{liq}$（液相区）	$T = (h - \Delta H_{ls}) / c_p$	$f_l = 1$
$h_e < h \leqslant h_{liq}$（糊状区）	$T = [h - \Delta H_{ls} \cdot f_l] / c_p$	$f_l = 1 - \dfrac{1}{1 - k_p} \dfrac{T - T_{liq}}{T - T_m}$
$h_{sol} < h \leqslant h_e$（糊状区）	$T = T_e$	$f_l = (h - c_p \cdot T_e) / \Delta H_{ls}$
$h \leqslant h_{sol}$（固相区）	$T = h / c_p$	$f_l = 0$

注：$h_{liq} = c_p \cdot T_{liq} + \Delta H_{ls}$，$h_{sol} = c_p \cdot T_{sol}$，$h_e = c_p \cdot T_e + f_{l,e} \cdot \Delta H_{ls}$，$f_{l,e}$ 为共晶（或包晶）反应线上溶质浓度 w 对应的液相分数。液相线温度 $T_{liq} = T_m + (T_e - T_m) \dfrac{w}{w_e}$，固相线温度 $T_{sol} = T_m + (T_e - T_m) \dfrac{w}{w_{es}}$，$T_e$、$w_e$、$w_{es}$ 分别为合金的共晶（或包晶）转变温度以及相应的液相、固相溶质浓度

5）溶质传输方程

以碳溶质为例，传输方程为

$$\frac{\partial(\rho w_C)}{\partial t} + \nabla \cdot (\rho \vec{V} w_C) = \nabla \cdot (\Gamma_{eff}^C \nabla w_C) + \nabla \cdot [\rho f_s D_{C,s} \nabla (w_{C,s} - w_C)]$$

$$+ \nabla \cdot \left[f_l \left(\rho D_{C,l} + \frac{\mu_t}{Sc_t} \right) \nabla (w_{C,l} - w_C) \right] - \nabla \cdot [\rho f_s (w_{C,l} - w_{C,s})(\vec{V} - \vec{V}_s)]$$

$$\text{（7.42）}$$

式中，有效扩散系数

$$\Gamma_{eff}^C = f_s \rho D_{C,s} + f_l \left(\frac{\mu_l}{Sc} + \frac{\mu_t}{Sc_t} \right)$$

紊流施密特数视为 1，层流施密特数 $Sc = \mu_l / \rho D_{C,l}$。

对于钢中其他溶质如硅、锰、磷、硫等，溶质传输方程表达式形式同上式。

2. 稳态凝固过程边界条件

以钢液连铸过程为例，稳态凝固过程边界条件设置如下：

（1）在水口出口处，钢液沿浇注方向流速依据出入结晶器的质量平衡计算得出，水平方向流速为 0；给定温度和碳浓度。紊流动能 k 及其耗散率 ε 依据经验公式（$k = 0.01 U_{in}^2$，$\varepsilon = k^{1.5} / R_{noz}$，其中 U_{in} 为钢液沿浇注方向的流速，R_{noz} 为水口半径）得出。

（2）在自由液面（弯月面）处，紊流动能及其耗散率、钢液温度和碳浓度等标量的梯度等于 0；速度与表面垂直分量等于 0，与表面平行分量梯度等于 0。

（3）在对称面处，同自由液面处条件，即：紊流动能及其耗散率、钢液温度和碳浓度等标量的梯度等于 0；速度与表面垂直分量等于 0，与表面平行分量梯度等于 0。

（4）在铸机出口处，各变量法向梯度均等于 0。

（5）在坯壳表面，在不考虑铸坯的塑性变形的条件下，坯壳移动速度等于拉坯速度。即沿拉坯速度方向的坯壳表面速度等于拉坯速度，水平方向的坯壳表面速度为 0。紊流动能及其耗散率均设为 0。碳浓度梯度等于 0。能量交换采用第三类边界条件

$$-\lambda \frac{\partial T}{\partial n} = \alpha(T_s - T_\infty) \tag{7.43}$$

式中，α 是坯壳壁面处对流换热系数；T_s 是壁面温度；T_∞ 是环境温度。

3. 稳态传输模型的离散及求解

传输模型需要求解连续方程、动量守恒方程、$k\text{-}\varepsilon$ 方程、能量守恒方程、溶质质量守恒方程，稳态传输方程可用一个通用微分方程式来表达。

$$\frac{\partial(\rho u_i \varphi)}{\partial x_i} = \frac{\partial}{\partial x_i}\left[\Gamma \frac{\partial \varphi}{\partial x_i} \right] + S \tag{7.44}$$

式（7.44）左端项表示对流项，右端第一项表示扩散项，右端第二项表示源项。如果将式中的各项 ρ、u、φ、Γ 和 S 赋予不同的物理意义，就可得到模型中的各方程[66]。

采用基于交错网格的有限容积法[66]来求解上述微分方程。在求解过程中，压力、湍动能、湍动能耗散率、焓、温度、固相率和溶质浓度设置在主网格节点上，而流体速度分量则定义在主网格的界面上。SIMPLE 算法计算流程如下：

（1）速度场、压力场、温度场和溶质浓度场赋初值。

（2）求解动量方程，得到速度场。

（3）求解压力校正方程，对压力进行校正，得到压力场。

（4）由压力校正值，对速度进行校正，得到速度场。

（5）求解 k 方程和 ε 方程，得到 k 和 ε 分布。

（6）求解能量方程，得到焓场。

（7）求解溶质质量守恒方程，得到溶质浓度场。

（8）通过焓与温度、液相分数之间的守恒关系求出温度以及液相分数分布。

（9）返回到第（2）步，求解含热浮力和溶质浮力的动量方程；重复整个过程，直至得到收敛解为止。

计算采用 Fortran 语言进行编程。由于方程组具有高度非线性，且各方程之间完全耦合，采用欠松弛以获得收敛解。稳态条件下计算收敛条件如下：

（1）压力修正方程的源项（全场的总质量源项）小于 10^{-3}，入口和出口的质量流量差小于 1%。

（2）能量方程的残差小于 10^{-3}。

（3）浓度方程的残差小于 10^{-4}。

7.2.4　方坯稳态凝固过程

对于 Fe-C 体系，由于固相中的碳保持相对高的反扩散，可以假定相界面处保持局部的热力学平衡。依据平衡相图，忽略固液相线的曲率，并由杠杆定律，得到液相分数 f_l 与液/固相中的溶质浓度 w_l、w_s 之间的微元关系，具体见表 7.4 关系。

应当指出的是，在微观角度上假定局部平衡，并不意味着存在宏观意义上的平衡，溶质对流、扩散的宏观分布由浓度守恒方程（7.42）来计算。

本例以 Fe-0.17wt%C 合金为对象，其合金物性参数及连铸工艺参数见表 7.5。计算采用三维稳态耦合模型，研究连铸方坯内的传输现象[67, 68]。

表 7.5　方坯的铸造工艺条件

工艺参数	数值	工艺参数	数值
截面尺寸/(m×m)	0.16×0.16	液相线温度 T_{liq}/℃	1524.0
水口直径/m	0.03	过热度 ΔT/℃	16.0
结晶器有效长度/m	0.78	结晶器段换热系数 α/[W/(m²·K)]	1279.0
铸速 V_c/(m/s)	0.035	二冷区换热系数 α/[W/(m²·K)]	1080.0
平衡分配系数 k_p	0.2	模拟铸坯长度/m	2.0
固相线温度 T_{sol}/℃	1495.0		

1. 铸坯内流场

图 7.8 给出铸坯纵向中心截面的流场，其中图 7.8（b）为图 7.8（a）的局部放大图，可以看出，水口入流在结晶器中上部形成回流，并在弯月面附近一部分回流沿固体壁面随已凝固的铸坯下行，至二冷区，主流股的流动逐渐呈平推流。图 7.8（a）中两条等值线分别对应液相分数 0.1、0.99，可以看出在固相区、糊状区及液穴内的流动趋势。

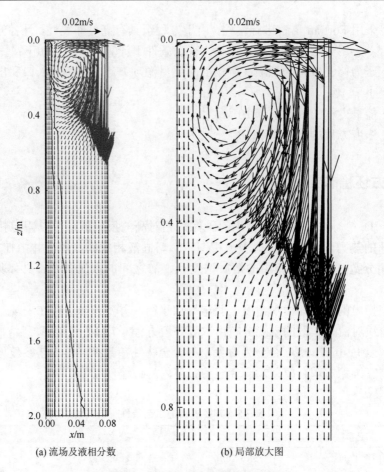

(a) 流场及液相分数　　　　(b) 局部放大图

图 7.8　铸坯纵向中心截面的流场

2. 温度场及凝固坯壳厚度

图 7.9 给出铸坯纵向中心截面温度分布。在截面上沿拉坯方向，等温线值逐层递减，在固相线（1495℃）与铸坯表面之间的区域为固相区。

定义液相分数低于 0.3 的区域为固相区。图 7.10 给出在纵向中心截面上沿拉坯方向凝固坯壳厚度分布曲线。在本计算条件下，结晶器出口处，凝固壳厚 0.012m，至弯月面下 2.0m 处，凝固壳厚 0.0166m。

3. 浓度场及溶质偏析

图 7.11 给出铸坯纵向中心截面浓度分布。在截面上沿拉坯方向等温线值逐层递减的同时，等浓度线值逐层递增，这与平衡相图上随浓度增加温度下降的趋势相符合。

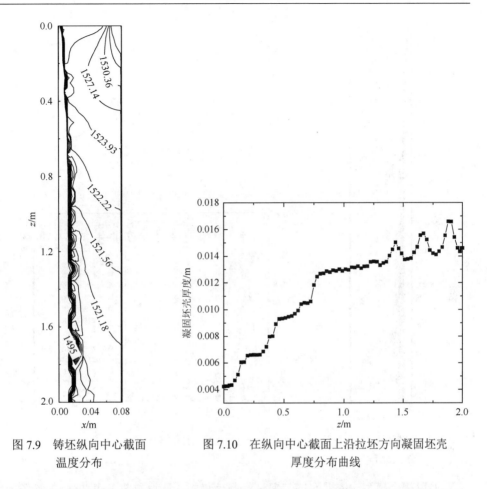

图 7.9　铸坯纵向中心截面
温度分布

图 7.10　在纵向中心截面上沿拉坯方向凝固坯壳
厚度分布曲线

　　溶质元素的偏析率为其局部混合浓度与初始浓度之比，用 w/w_0 表示。图 7.12 给出了沿拉坯方向各横截面中心线上溶质碳的偏析率及其相应的固相分数的变化。沿铸坯下行，固相分数曲线逐步向铸坯中心推进，即固相区逐步扩大，固相区中溶质碳的偏析率降为 0.23，排出的溶质在液相区中通过流体流动使其分布均匀，且沿铸坯下行截面上的偏析逐层加剧。在距弯月面 0.2m 层上，铸坯中心碳的偏析率为 1.046；而至计算出口（距弯月面 2m），该值已增至 1.233。

　　4. 凝固坯壳厚度预测与现场测量值对比

　　对某冶金工厂连铸漏钢坯壳进行测量。铸坯碳含量为 0.19%，截面尺寸为 115mm×115mm，如图 7.13 所示，漏钢坯壳总长度为 6m，在前 1m 段，每 100mm 取一个测量断面，后 5m 每 1m 取一个测量断面。在每个测量断面，分别测量坯壳四边的最大、最小厚度，并取其平均值作为铸坯凝固坯壳厚度。各截面漏钢厚度测量平均值如图 7.14 所示，漏钢坯壳形貌见图 7.15。

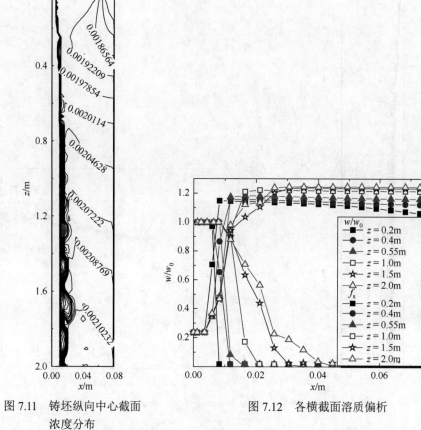

图 7.11　铸坯纵向中心截面　　　　　图 7.12　各横截面溶质偏析
　　　　浓度分布

采用耦合模型，依据漏钢工况进行数值模拟，计算参数见表 7.6。其流场计算结果与图 7.8 相近，以下主要给出凝固坯壳分布结果与实际工况进行对照。

表 7.6　模拟测量方坯的工艺条件

参数	数值	参数	数值
碳含量	0.19% C	固相线温度 $T_{sol}/℃$	1490.0
铸坯截面尺寸/(m×m)	0.115×0.115	液相线温度 $T_{liq}/℃$	1522.0
水口直径/m	0.03	过热度 $\Delta T/℃$	8.0
结晶器有效长度/m	0.6	结晶器段热流 $Q_{mold}/(W/m^2)$	$(2680-335\sqrt{z/V_{cast}})\times10^3$
拉坯速度 $U_c/(m/s)$	0.03	二冷区换热系数 $\alpha/[W/(m^2\cdot℃)]$	1080.0
平衡分配系数 k_p	0.2	模拟铸坯长度/m	2.0

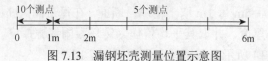

图 7.13　漏钢坯壳测量位置示意图

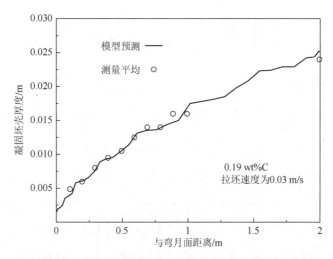

图 7.14　计算的凝固坯壳厚度分布与实测值（115mm×115mm 铸坯）

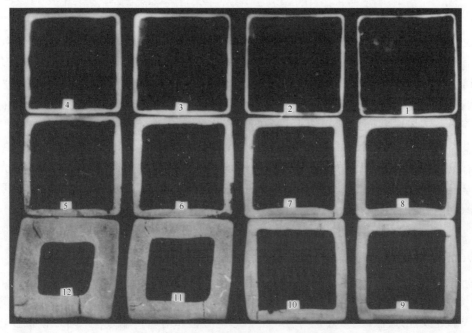

图 7.15　不同测量位置漏钢坯壳形貌[67]

　　图 7.14 为计算的凝固坯壳厚度与实测值的对比图。比较计算结果与测量平均值，两者吻合较好。另外，计算出的各水平截面的凝固坯壳形貌（图 7.16）与实际漏钢坯壳的形貌（图 7.15）相比，虽然由于计算网格的划分，计算位置与测量位置存在差异，但可以看出，两者很相近。因此，在工程计算误差范围内，计算模拟可以真实预测实际铸坯的凝固坯壳分布。

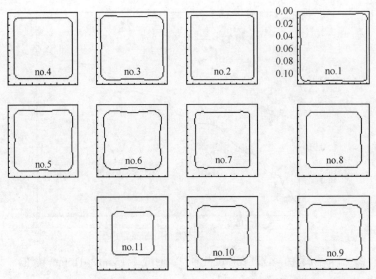

图 7.16　对应漏钢坯壳测量位置，所计算的铸坯各截面凝固坯壳形貌[67]

　　模拟结果还表明，注流沿行程对凝固坯壳的冲刷程度不同（图 7.8）。在结晶器上部靠近弯月面处，由于入流的回流较为剧烈，对初凝坯壳冲刷严重；随铸坯下行，流动渐趋平缓至充分发展流，坯壳趋于稳定生长。这里，应特别强调指出的是，即使在铸坯同一横截面上，由于注流在各方向流动形态及强弱的差异，铸坯横截面角部和边中心处的坯壳形状，或各对应的角部间、边间的厚度及形态也不尽相同（图 7.16）。这一模拟结果很好地解释了实测漏钢坯壳所看到的现象：在结晶器上部坯壳厚度不均，呈波浪状；而在结晶器下部，坯壳厚度均匀（图 7.15）。说明结晶器上部的回流冲刷是造成坯壳厚度不均的重要原因之一。

7.2.5　考虑凝固收缩的宏观偏析预测

　　连续介质模型[36, 37]是目前研究凝固过程宏观偏析较为实用的方法，通过离散求解连续性方程、动量守恒方程、能量守恒方程和溶质传输方程，可以模拟合金凝固过程中热-溶质浮升力引起的自然对流下宏观偏析的形成过程。凝固收缩作为溶质流动的另一主要成因，也可采用连续介质模型描述凝固收缩下的宏观偏析现象。在描述该现象的控制方程中引入凝固收缩影响的方式主要有两种：连续性方程中推导出与凝固收缩率相关的项[69-71]；动量方程中加入考虑凝固收缩的项[72-76]。这里主要介绍动量方程加入凝固收缩项的模型。另外，假设固液相密度相同的连续介质模型，其计算区域体积不发生变化；当考虑凝固收缩流动后，因固液相密度不同，整个计算区域会随着凝固的进行，体积不断缩减，需要处理计算区域体积变化的问题。

针对一矩形腔内二元合金的凝固过程进行传输模拟。模型引入假设如下：

（1）所研究的过程为笛卡尔坐标系下非稳态层流凝固过程。

（2）铸型内的熔体为不可压缩牛顿流体，黏度恒定。

（3）固、液两相比热容相等，固、液两相密度为常数，但不相等，符合 Boussinesq 关于密度的假设条件。

（4）固相视为固定无迁移，速度为零。

（5）合金凝固过程遵循局部热力学平衡。

（6）将糊状区视为均匀分布的多孔介质，渗透率模型采用 Kozeny-Carman 方程[59, 60]描述。

1. 数学模型

1）考虑凝固收缩的宏观偏析预测模型

连续方程：

$$\frac{\partial \rho}{\partial t} + \nabla \cdot (\rho \vec{V}) = 0 \tag{7.45}$$

动量方程：

$$\frac{\partial(\rho u)}{\partial t} + \nabla \cdot (\rho \vec{V} u) = \nabla \cdot \left(\mu_l \frac{\rho}{\rho_l} \nabla u \right) - \frac{\mu_l}{K} \frac{\rho}{\rho_l} (u - u_s) - \frac{\partial p}{\partial x} - \frac{C\rho^2}{K^{1/2}\rho_l} |u - u_s|(u - u_s)$$
$$- \nabla \cdot (\rho f_s f_l \vec{V}_r u_r) + \nabla \cdot \left(\mu_l u \nabla \left(\frac{\rho}{\rho_l} \right) \right)$$

$$\frac{\partial(\rho v)}{\partial t} + \nabla \cdot (\rho \vec{V} v) = \nabla \cdot \left(\mu_l \frac{\rho}{\rho_l} \nabla v \right) - \frac{\mu_l}{K} \frac{\rho}{\rho_l} (v - v_s) - \frac{\partial p}{\partial y} - \frac{C\rho^2}{K^{1/2}\rho_l} |v - v_s|(v - v_s)$$
$$- \nabla \cdot (\rho f_s f_l \vec{V}_r v_r) + \nabla \cdot \left(\mu_l v \nabla \left(\frac{\rho}{\rho_l} \right) \right) + \rho g[\beta_T (T - T_{ref}) + \beta_s (w_l - w_{ref})]$$

$$\tag{7.46}$$

式中，$\nabla \cdot \left(\mu_l u \nabla \left(\dfrac{\rho}{\rho_l} \right) \right)$ 与 $\nabla \cdot \left(\mu_l v \nabla \left(\dfrac{\rho}{\rho_l} \right) \right)$ 是凝固收缩项，主要描述凝固收缩流动，

如果固液相密度差为 0，则没有凝固收缩流动；$\dfrac{C\rho^2}{K^{1/2}\rho_l} |u - u_s|(u - u_s)$ 与 $\dfrac{C\rho^2}{K^{1/2}\rho_l}$

$|v - v_s|(v - v_s)$ 是二阶阻力项；C 是相互作用系数，$C = 0.13g^{-3/2}$；$\dfrac{\mu_l}{K} \dfrac{\rho}{\rho_l}(u - u_s)$ 与

$\dfrac{\mu_1}{K}\dfrac{\rho}{\rho_1}(v-v_s)$ 是一阶阻力项；$\nabla\cdot(\rho f_s f_1 \vec{V}_r u_r)$ 与 $\nabla\cdot(\rho f_s f_1 \vec{V}_r v_r)$ 是固相与液相的相互作用项，在固相或者液相中值为 0。

二阶阻力项与一阶阻力项主要描述糊状区内的流动。二阶阻力项在糊状区比一阶阻力项小一个数量级，本研究只考虑一阶阻力项。

能量方程：

$$\frac{\partial(\rho h)}{\partial t}+\nabla\cdot(\rho\vec{V}h)=\nabla\cdot\left(\frac{\lambda}{c_p}\nabla h\right)+\nabla\cdot\left[\frac{\lambda}{c_p}\nabla(h_s-h)\right]-\nabla\cdot[\rho(h_1-h)(\vec{V}-\vec{V}_s)]$$

$$(7.47)$$

溶质传输方程：

$$\frac{\partial(\rho w)}{\partial t}+\nabla\cdot(\rho\vec{V}w)=\nabla\cdot(\rho D\nabla w)+\nabla\cdot[\rho D\nabla(w_1-w)]-\nabla\cdot[\rho(w_1-w)(\vec{V}-\vec{V}_s)]$$

$$(7.48)$$

忽略固相中的扩散，$D=f_1 D_1$，$\rho=\rho_s g_s+\rho_1 g_1$；$f_s=\dfrac{g_s\rho_s}{\rho}$；$f_1=\dfrac{g_1\rho_1}{\rho}$。

焓、溶质浓度与温度及液相分数的转换关系需依据微观偏析模型确定，这里仍采用杠杆定律，依据表 7.4 处理上述变量间关系。

2）计算区域体积变化处理方法

将所研究的铸锭凝固过程的计算区域简化为二维矩形区域。考虑固液相密度的差异，随凝固的进行，合金熔体体积收缩。针对该熔体体积的变化，计算中常采用冒口补缩法、液面下降法等来处理区域变化。

（1）冒口补缩法[72]。其宗旨是保持计算区域体积不变，可灵活用于侧壁冷却或底面冷却方式中。在侧壁冷却方式下，采用冒口补缩法处理体积收缩时，在合金熔体最终凝固区域附近的自由液面处设置冒口，在凝固过程中不断注入初始浓度和温度的合金液，以补充凝固中减少的体积，确保计算区域体积不变。补充的质量以速度边界条件的形式引入计算过程中，在每个时间步内，通过计算区域内固液混合密度的变化来确定质量变化，并将质量变化转换为冒口处的入流速度。

（2）液面下降法[73-76]。液面下降法的宗旨是保持合金熔体质量守恒，将体积的减少转化为计算区域网格数的减少。该方法针对底面冷却、液面垂直下降的情形比较易于处理区域体积变化；而侧壁冷却方式下的网格处理则较为繁杂。在底面冷却方式下，液面下降的过程中计算区域保持质量守恒，在每个时间步内计算质量变化，由质量变化确定液面高度变化，当下降的液面高度累计达到一个 y 轴

方向网格尺寸 δy 时，该方向总网格数减 1，重置边界条件，继续计算。

3）边界条件及其离散处理

初始时刻全场速度为零，流场为无滑移边界条件。

对于左侧面冷却采用冒口补缩法的情况，初始时刻全场浓度分布均匀，左、右固体壁面、底面和顶面与周围环境均无质量交换。初始时刻全场温度分布均匀，除冷却壁面与周围环境对流换热以外，其余三个壁面与周围环境绝热。冒口处的速度根据补充的质量来确定。

对于底面冷却采用液面下降法的情况，初始温度、浓度分布均匀。除底面外其余三个壁面与周围环境绝热；上表面为自由表面，速度、温度、浓度取自由表面条件，液面高度根据质量变化来确定。

由于能量方程中以焓为求解变量，因此需要通过焓与温度的关系将以温度为变量的边界条件转换为以焓为变量的边界条件代入能量方程，通过附加源项法进行离散求解。

4）传输方程的离散与求解

采用控制容积积分法离散宏观传输方程（7.45）～方程（7.48），采用均匀划分的二维矩形网格，内节点法离散求解；利用全隐式差分格式处理非稳态项，交错网格下的 SIMPLE 算法[66]处理压力、速度的耦合，一阶迎风方案离散对流-扩散方程以及能量方程与溶质传输方程中的对流源项，中心差分格式离散扩散源项。离散后的动量方程采用块修正及三对角矩阵法（TDMA）进行迭代求解，能量方程与溶质传输方程采用三对角矩阵法进行迭代求解。为避免压差与压力绝对值过大，增加迭代误差，在计算区域内设定一个压力参考点，令其压力 $p \equiv 0$。

每一时间步内，收敛指标采用控制方程的相对残差 r 来控制，$r = R^{(n)}/R^{(0)}$，其中 $R^{(n)}$、$R^{(0)}$ 分别为第 n 次迭代与迭代开始时全场各节点的残差之和，即

$$R^{(n)} = \sum_{i,j} \left| A_P \phi_P - \sum_{nb} A_{nb} \phi_{nb} - b^{(n)} \right| \tag{7.49}$$

当相对残差 $r < 0.05 \sim 0.25$，即认为收敛，结束该时间步内的迭代。当全场的液相分数 $f_l = 0$ 时，全场计算终止。

2. 模型验证

在 Incropera 的研究中，考虑凝固收缩影响，模拟了 Pb-19.2wt%Sn 合金在高 0.05m、长 0.2m 二维矩形区域内的凝固过程[72]。在 Ahmad 等的研究中，仅考虑热-溶质浮升力造成的自然对流对宏观偏析的影响，模拟了 Pb-48wt%Sn 合金在高 0.06m、长 0.1m 的矩形腔内的凝固过程，并与实验结果进行了对比[39,40]。

本算例分别以 Pb-19.2wt%Sn 合金与 Pb-48wt%Sn 为研究对象，采用与 Incropera 等和 Ahmad 等相同的边界条件与初始条件，模拟其凝固过程。基于连续介质模型，在动量方程中添加凝固收缩项来描述凝固收缩流动。将铸型简化为二维几何模型，并采用冒口补缩法处理体积变化。

1）凝固收缩和热-溶质浮升力共同影响下的宏观偏析

采用考虑凝固收缩的宏观偏析模型，对 Pb-19.2wt%Sn 合金进行模拟。计算区域尺寸 200mm×50mm，物性参数如表 7.7 所示，凝固收缩系数 $\beta = 0.08$。合金液初始温度为 287℃，左侧竖直壁面与周围环境对流换热，其余三个壁面与周围环境绝热。采用冒口补缩的方式处理凝固过程中的体积变化，冒口尺寸为 50mm。

表 7.7　合金系物性参数

参数	符号	单位	Pb-19.2wt%Sn[72]	Pb-48wt%Sn[39]
初始成分	c_{ini}	wt%	19.2	48
初始温度	T_{ini}	℃	287	232
纯溶剂熔化温度	T_m	℃	327.5	327.5
分配系数	k_p	—	0.2	0.307
液相线温度	T_{liq}	℃	282.68	215.45
液相线斜率	m	℃/wt%	−2.334	−2.334
共晶/包晶温度	T_e	℃	183	183
共晶/包晶点液相成分	c_e	wt%	61.9	61.9
共晶/包晶点固相成分	c_{es}	wt%	18.3	18.3
参考成分	c_{ref}	wt%	19.2	48
参考温度	T_{ref}	℃	287	232
环境温度	T_{ext}	℃	20	25
热膨胀系数	β_T	℃$^{-1}$	1.09×10^{-4}	1×10^{-4}
溶质膨胀系数	β_s	(wt%)$^{-1}$	0.354	4.5×10^{-3}
固相密度	ρ_s	kg/m³	10800	9800
液相密度	ρ_l	kg/m³	10000	9000
动力黏度	μ	Pa·s	2.3×10^{-3}	1×10^{-3}
融化潜热	L	J/kg	30162	53550
比热容	c_p	J/(kg·K)	166.3	200
导热系数	λ	W/(m·K)	39.7	50
液相扩散系数	D_l	m²/s	1.05×10^{-9}	$1\times10^{-9[77]}$
二次晶臂间距	λ_2	μm	71	40
换热系数	α	W/(m²·K)	100	400
时间步长	Δt	s	0.05	0.01

　　图 7.17 是换热系数为 100W/(m²·K)，凝固进行 1000s 时的溶质浓度分布。对于 Pb-19.2wt%Sn 合金，在左壁面冷却条件下，热-溶质浮升力在铸锭内部形成顺时针流动的趋势。凝固前沿排出的溶质不断被熔体流动带入液相区中，形成如图 7.17（a）所示的偏析形态：在铸锭左下部形成负偏析，右上部形成正偏析。这与 Krane 和 Incropera 的预测结果相吻合 ［图 7.17（b）］。由此验证本研究采用的考虑凝固收缩流动的宏观偏析模型的可靠性。

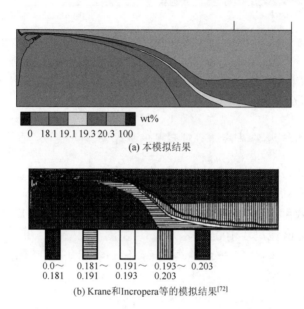

图 7.17　Pb-19.2wt%Sn 合金凝固进行到 1000s 时的浓度分布

　　2）仅考虑热-溶质浮升力的宏观偏析结果

　　假设固液相密度相等，将本模型中的动量方程略去凝固收缩项，即凝固收缩系数 $\beta = 0$，验证仅考虑热-溶质浮升力流动的宏观偏析模型的正确性。为与文献结果对照，针对 Pb-48wt%Sn 合金进行模拟，物性参数见表 7.7。计算区域尺寸为 100mm×600mm，熔体初始温度为 232℃，左侧竖直壁面与周围环境对流换热，其余三个壁面与周围环境绝热。

　　图 7.18 给出了 Pb-48wt%Sn 合金凝固结束时距铸型底面不同高度截面上溶质的相对浓度分布。可见，在区域左下部呈现明显负偏析，这是由于溶质 Sn 密度小，界面前沿析出后易上行，随熔体流向铸型右侧，使得左下部溶质浓度减小，呈现负偏析，而在区域右上部凝固末端出现严重正偏析。从图 7.18 可以看出，在区域中下部，本文计算结果与 Ahmad 等预测结果完全相符；而在区域顶部，本模拟出现通道偏析，计算结果与 Ahmad 等[39]预测结果整体趋势相同。

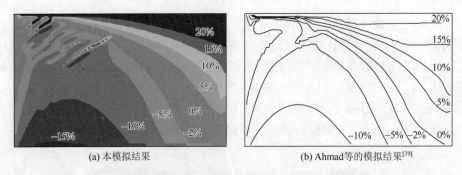

(a) 本模拟结果　　　　　　　　　　　　(b) Ahmad等的模拟结果[39]

图 7.18　　Pb-48wt%Sn 合金凝固进行到 400s 时溶质 Sn 的相对浓度分布

综上表明，采用本模型模拟凝固收缩与热-溶质浮升力导致的二元合金凝固过程偏析现象是准确可靠的。

3. 凝固收缩与热-溶质浮升力对宏观偏析综合影响

在实际的凝固过程中，凝固收缩与热-溶质浮升力对二元合金凝固过程中宏观偏析的影响是共存且相互影响的。所以本算例针对 Pb-48wt%Sn 合金，模拟同时考虑凝固收缩与热-溶质浮升力作用下的凝固过程[78]。其中凝固收缩系数取为 0.08，计算区域尺寸 100mm×60mm，左侧竖直壁面冷却，对流换热系数取为 400W/(m^2·K)，其余三个壁面绝热，采用冒口补缩法处理铸锭凝固过程中的体积变化，冒口尺寸 35mm。

图 7.19 是 Pb-48wt%Sn 合金同时考虑凝固收缩与热-溶质浮升力综合作用的计算结果。凝固结束后，在冷却壁面底部出现负偏析，在铸锭顶部出现正偏析，在负偏析区域与正偏析区域之间形成通道偏析。其中底部相对溶质浓度最低为–15%，

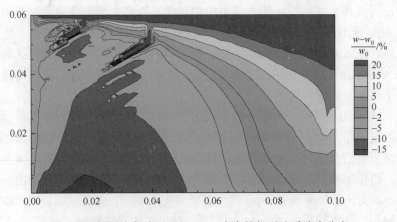

图 7.19　凝固结束时 Pb-48wt%Sn 合金的相对溶质浓度分布

通道内与铸锭顶部的相对溶质浓度最高为 25%,与仅考虑热-溶质浮升力作用的结果比较,铸锭底部负偏析的面积增加,通道偏析位置右移,这是因为在 Pb-48wt%Sn 合金铸锭的凝固过程中, 热-溶质浮升力引起的自然对流占主导地位,凝固收缩引起的流动较小。但凝固收缩会增加枝晶间流动,使通道偏析更严重;所引起的流动加快了溶质向右部凝固末端的迁移,造成铸锭底部溶质浓度更低,加重铸锭截面上的宏观偏析程度。

图 7.20 对比了凝固收缩、热-溶质浮升力与综合考虑两种作用的 Pb-48wt%Sn 合金模拟结果。图 7.20(a)对比了 $y = 30mm$ 处凝固 200s 时的速度分布,仅考虑凝固收缩作用时,速度几乎为零,而仅考虑热-溶质浮升力作用在液相区的速度比综合考虑两种作用的速度略小,这是由于凝固收缩增加了枝晶间流动,凝固收缩流动与热-溶质浮升力导致的顺时针流动方向相同,加大了液相的流动。当枝晶间流动增强后,溶质的迁移量随之增加,导致综合考虑凝固收缩与热-溶质浮升力作用时,铸锭的偏析程度加剧,如图 7.20(b)所示。

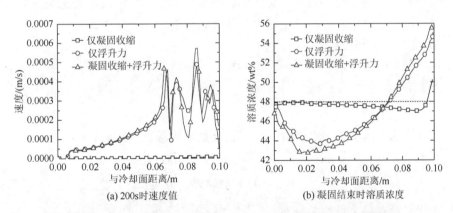

图 7.20　$y = 30mm$ 处 Pb-48wt%Sn 合金熔体速度及溶质浓度计算结果

7.2.6　铸坯非稳态凝固过程预测

在钢的连铸过程中,为改善铸坯中心偏析和疏松,通常采用电磁搅拌和轻压下技术。这二者都需要准确预测和判断铸坯凝固末端位置,从而确定施加搅拌和轻压下的合适位置。铸坯的凝固末端位置指铸坯中心液相完全凝固的位置,铸坯从结晶器弯月面开始到凝固末端的长度,称为铸坯的液穴长度或液穴深度。铸坯的凝固末端位置或液穴长度通常采用薄片移动模型(slice travelling method)进行研究,即将铸坯连铸过程简化为一个伴随液相流动与凝固的薄片的热传导过程。此方法主要用于对坯壳厚度、铸坯表面温度和液穴长度作出估算,由于在数学模型中不包括对流项，因此液穴中存在的对流换热效应只能通过人为增大导热系数的方式来考虑。在实际应用时，通过设定沿拉坯方向不同深度位置处的导热系数随固相分数和放大系数 M 变化的函数关系，部分反映实际连铸过程中各处对流强度存在差异的事实。

1. 薄片移动传热模型

1）假定条件

（1）忽略拉坯方向的传热，铸坯凝固过程简化为二维平面（即薄片）内非稳态传热过程。

（2）该薄片以铸坯同样拉坯速度随铸坯下行，从而获得距弯月面不同深度位置处的温度分布、凝固坯壳厚度及最终凝固末端位置。

（3）由于铸坯截面结构及冷却条件的对称性，可取铸坯 1/4 截面作为研究对象。

（4）将钢液流动对钢液内部传热的影响转化为增大导热系数来处理。

（5）除导热系数 λ 外，其他物性参数视为常数。

2）非稳态导热方程

根据傅里叶定律，二维平面内的非稳态导热微分方程为

$$\frac{\partial h}{\partial t} = \nabla \cdot (\lambda \nabla T) \tag{7.50}$$

式中，h 是单位体积的平均热焓，J/m^3；λ 是导热系数，$W/(m \cdot K)$。

对式（7.50）采用完全显式差分离散，得到离散方程

$$h_{n+1} = h_n + \nabla \cdot (\lambda \nabla T_n)\Delta t \tag{7.51}$$

通过迭代求解获得全场焓的分布。

3）Kobayashi 模型确定温度和固相率

考虑固相有限扩散，采用 Kobayashi 模型[6]求解温度和固相率，详见 7.1.1 节式（7.11）和式（7.12）。

对于 Fe-C 二元合金，模型公式中涉及的二次枝晶间距 λ 采用实验关联式 $\lambda = A\dot{T}^{-m}$ 给出，式中实验常数 $A = 143 \times 10^{-6}m$，$n = 0.41$[6]。碳的固相扩散系数表达式为 $D_j = D_0 \exp\left(-\frac{Q}{RT}\right) m^2/s$，其中在 δ 相中 $D_0 = 0.0127 \times 10^{-4} m^2/s$，$Q = 0.8109 \times 10^5 J/mol$；在 γ 相中 $D_0 = 0.15 \times 10^{-4} m^2/s$，$Q = 1.428 \times 10^5 J/mol$[6]。

给定 f_s，由式（7.11）、式（7.12）可求得 $n+1$ 时刻的温度分布。代入焓 h、温度 T 与固相率 f_s 之间的平衡关系式（7.13）进行反复迭代使其满足平衡关系，从而获得 $f_{s,n+1}$ 的收敛解及准确的温度场。

4）有效导热系数确定

通过引入有效导热系数来综合考虑对流对导热的影响：在固相区，固有导热系数仅视为温度的函数；在液相区，钢水流动加速了传热进程；在糊状区，树枝晶的生长减弱了钢水的对流运动。一般采用静止钢液导热系数的 M 倍来综合考虑对流传热的影响，即

$$\lambda_{\text{eff}} = \lambda_s f_s + (1 - f_s) \cdot M \cdot \lambda_s \qquad (7.52)$$

式中，λ_s 是固有导热系数，$W/(m \cdot K)$；f_s 是固相率，为质量分数；M 是对流影响传热的放大系数，为经验值。其中固有导热系数 λ_s 可表示为[79]

$$\lambda_s = \begin{cases} -0.042T + 61.4 & T \leqslant 840\text{℃} \\ 0.00986T + 17.8 & T > 840\text{℃} \end{cases} \qquad (7.53)$$

计算表明，当放大系数取为 M 后，在高温区域，液相占有分数较大，有效导热系数约为固有导热系数的 M 倍，代表对流换热强烈；而在低温区，液相分数逐渐减小至消失，有效导热系数逐渐等于固有导热系数。为了考察对流传热影响参数 M 对计算结果的影响，针对 Fe-C 合金铸坯，分别在结晶器及足辊水冷区、气雾冷却区取三组 M 参数：3、1.5，7、5，10、7 进行研究。

2. 计算条件及步骤

针对某钢厂矩形连铸坯，采用薄片移动模型模拟其非稳态凝固过程[80]。

1）控制方程离散和时间步长选取

针对 Fe-1wt%C 合金，物性参数如表 7.8 所示。铸坯横截面尺寸为 280mm×250mm，鉴于其对称性，取 1/4 截面作为研究对象，计算区域尺寸 140mm×125mm。采用二维均分网格、有限差分法显式离散热传导方程，其时间步长需满足稳定性条件

$$\Delta t \leqslant \frac{(\Delta x)^2 \rho c_p}{2\lambda} \qquad (7.54)$$

对于 Fe-1wt%C 铸坯，$\Delta t \leqslant 0.0673\text{s}$，取时间步长 $\Delta t = 0.002\text{s}$。

表 7.8　Fe-1wt%C 合金物性参数

参数	数值	参数	数值
C 浓度/%	1	C 浓度/%	1
液相线温度 T_{liq}/℃	1457	密度 ρ/(kg/m³)	7810
固相线温度/℃	1148	比热容 c_p/J/(kg·K)	690
纯 Fe 熔点/℃	1538	分配系数 k_p	0.30
凝固潜热 ΔH_{ls}/(kJ/kg)	187.6	共晶线液相浓度/%	4.3

注：表中凝固潜热 ΔH_{ls} 由式（7.12）确定

2）初始和边界条件

全场初始温度为 1497℃。1/4 截面计算区域如图 7.21 所示，区域中，对称面处温度梯度为 0。有水冷的一面采用第三类边界条件，

$$-\lambda \frac{\partial T}{\partial n} = \alpha(T_{\mathrm{s}} - T_{\infty}) \tag{7.55}$$

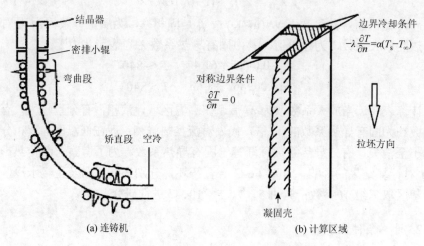

(a) 连铸机　　　　　　　　　　　　(b) 计算区域

图 7.21　铸坯边界冷却条件示意图[80]

铸坯表面各段冷却水水流密度与换热系数有如下关系[79]：

在结晶器区域，依据水冷区换热系数公式

$$\alpha = 1.165W^{0.67}T_{\mathrm{s}}^{-0.95}(1 - 0.004(T_{\infty} - 40)) \times 10^4 \tag{7.56}$$

采用数值拟合技术确定结晶器区域采用的常换热系数。

在足辊水冷区，采用式（7.56）计算换热系数。

在二冷区：

$$\alpha = 5.717T_{\mathrm{s}}^{0.12}W^{0.52}V_{\mathrm{a}}^{0.37} + \alpha_{\mathrm{rad}} \tag{7.57}$$

$$\alpha_{\mathrm{rad}} = 5.693\varepsilon\left[\left(\frac{T_{\mathrm{s}}+273}{100}\right)^4 - \left(\frac{T_{\infty}+273}{100}\right)^4\right]\Bigg/(T_{\mathrm{s}} - T_{\infty})$$

式中，α 是换热系数，W/(m²·K)；W 是水流密度，l/(m²·min)；T_{s} 是铸坯表面温度，℃；T_{∞} 是冷却水温度、环境温度，℃；V_{a} 是水雾气流速度，$V_{\mathrm{a}} = 15\mathrm{m/s}$；$\alpha_{\mathrm{rad}}$ 是辐射换热系数，W/(m²·K)；ε 是黑度，取 0.85。

铸坯各段冷却水流密度分布如表 7.9 所示，工艺参数见表 7.10。

表 7.9　铸坯冷却水流密度分布	
区域	水流密度/[L/(min·m^2)]
结晶器	2550
足辊区	30
二冷区	25
空冷区	0

表 7.10　工艺参数	
参数	数值
过热度/℃	39.8
初始温度/℃	1497
拉坯速度 V/(m/min)	0.52
冷却水、环境温度 T_∞/℃	25
有效导热系数影响参数 M：水冷区、空冷区	3、1.5；7、5；10、7

3）计算结束判据

依据现场工况，从弯月面至最后火焰切割铸坯处的长度为 28m。因此计算长度取为 28m。

3. 温度场

在实验现场，分别在 10.64m、12.75m、14.28m、15.86m、17.4m、20.09m、23.99m、27.11m 处采用红外测温枪（PT120 型红外测温仪）测量侧面（250mm 宽度截面）中点与上、下顶点的温度。

图 7.22 是不同 M 取值时实验结果与模拟结果的对比。由于模拟的对称性，模拟结果的上顶点温度与下顶点温度相同，即侧面顶点温度。而实际铸坯凝固过程中，由于存在弧形区，液穴上移，即 $T_{侧上} > T_{侧下}$。可以看出，M = 3、1.5 的预测结果与实测温度吻合较好，所以最终确定经验参数 M 在水冷区取为 3，气雾区取为 1.5。

受壁面冷却作用，图 7.22 中在 0～6m 范围内，温度随与弯月面的距离增加而减小，在 6m 附近温度存在一个拐点，这是由于在 6.015m 前铸坯在结晶器、足辊区和

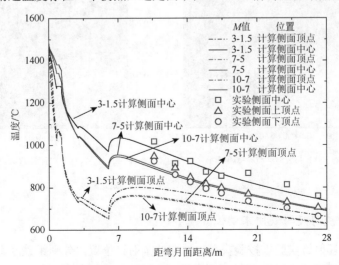

图 7.22　Fe-1wt%C 铸坯拉坯速度为 0.52m/min 时不同 M 值计算的温降曲线及与实测值对比

二冷二区、三区有喷水冷却，而 6.015m 后变为空冷，换热方式由气雾喷淋的复合换热变成仅辐射换热，热量传递变得困难，所以温度有所回升；之后，温度继续随与弯月面距离增加而减小。模型计算温度与测温数据相符，验证了模型的可靠性。

薄片在随铸坯向下移动的过程中，由于薄片边缘与中心的温度差异，热量从中心向薄片边缘传递。图 7.23 表明，在不同截面，Fe-1wt%C 合金铸坯截面温度随着与弯月面距离的增加而逐渐降低。由于截面呈矩形，等温线由铸坯中心向表面呈椭圆形分布。各截面固相分数分布（图 7.24）显示出，随铸坯下行，凝固坯壳（固相区，$f_s > 0.99$）逐渐增大、液相区（$f_s = 0$）和糊状区（$0.99 > f_s > 0$）逐渐缩小至消失的趋势。

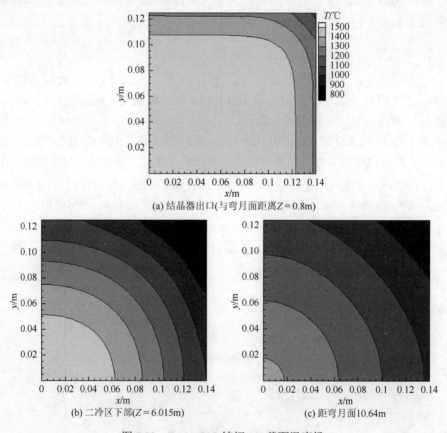

(a) 结晶器出口(与弯月面距离$Z = 0.8$m)

(b) 二冷区下部($Z = 6.015$m)　　　　(c) 距弯月面10.64m

图 7.23　Fe-1wt%C 铸坯 1/4 截面温度场

4. 凝固壳厚度与凝固末端位置

采用铸坯射钉实验以校验模型。选取两个射钉位置，分别距钢液弯月面 9.64m 和 10.64m，采用 ZG219 连铸坯凝固壳厚度检测仪进行射钉实验。射钉时，连铸坯

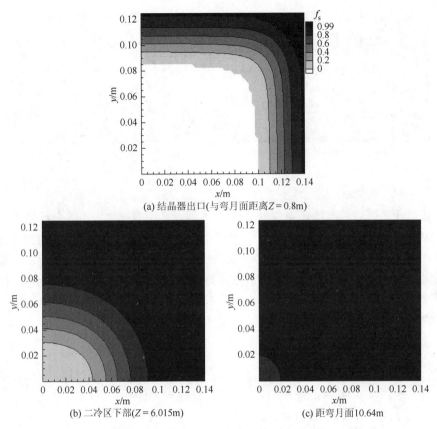

(a) 结晶器出口(与弯月面距离 $Z=0.8$m)

(b) 二冷区下部($Z=6.015$m)　　　　　(c) 距弯月面10.64m

图 7.24　Fe-1wt%C 铸坯 1/4 截面固相分数

凝固壳厚度检测仪垂直于铸坯侧表面，沿 280mm 铸坯尺寸方向射入。钉长 200mm，钉子成分为 60Si2Mn 合金（液相线 1451℃，固相线 1330℃），当 Fe-C 合金的中心处于液相区时，钉子处于熔化状态，硫元素在钉子和合金中充分扩散；当合金中心处于糊状区时，钉子也处于糊状区，硫的扩散使得钉子轮廓粗化；当合金中心处于固相区时，钉子处于糊状区，但硫在合金中扩散缓慢乃至停滞，钉子轮廓清晰。图 7.25 分别给出距弯月面 9.64m 和 10.64m 处采用硫印和电解腐蚀得到的凝固坯壳厚度。

(a) 距弯月面9.64m处，280mm截面凝固壳厚度约110mm，液穴约为60mm宽(硫印)

(b) 距弯月面10.64m处，280mm截面凝固壳厚度约140mm，液穴约为0mm宽(电解腐蚀)

图 7.25　铸坯射钉结果图

数值计算得到的凝固坯壳厚度如图 7.26 所示，在固相率为 1 的曲线右下部区域，表示完全凝固的固相区，而在固相率介于 0.01～1 的两条曲线之间的区域，表示糊状区。工程中，一般取 $f_s = 0.7$ 的曲线来确定凝固壳厚度。可以看出，随着方坯沿拉坯方向不断冷却，凝固壳的厚度逐渐增大。至弯月面下 10.46m，凝固坯壳厚度达到 0.14m，此为铸坯截面尺寸（280mm）的一半，则铸坯完全凝固。得到液穴长度为 10.46m，此处为凝固末端位置。

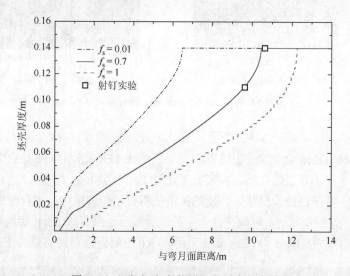

图 7.26　沿拉坯方向凝固坯壳厚度的变化

将数值模拟液穴长度与经验公式进行对比。由液芯长度经验公式[81]

$$L = \frac{D^2 v}{4K^{*2}} \qquad (7.58)$$

式中，L 是液芯长度，m；D 是铸坯厚度，mm；v 是拉坯速度，m/min；K^* 是综合凝固系数，mm/min^2。

综合凝固系数，取方坯的经验常数 28～35，得到液穴长度范围为 9.12～14.25m。模拟计算得到的液穴长度 10.46m 介于经验公式范围内。而数值模拟结合了实际的冷却条件，结果更为准确。

7.3　凝固组织预测

合金凝固组织预测是指在晶粒尺度上对合金凝固、微观组织演变过程进行模拟，旨在揭示凝固过程规律，深入理解凝固过程中产生的各种物理现象。数值研究逐渐发现，在宏观模拟中没有考虑晶粒形核、生长动力学过程与潜热释放关系的模拟结果，较为粗糙。鉴于宏观传热、传质、流动影响微观形核和生长的温度和浓度条件，而微观形核和生长释放的潜热又反过来影响温度、溶质等宏观场的分布，有必要将宏观过程模拟与晶粒形核、生长过程相结合，以提高温度场的模拟精度，为微观模拟中至关重要的过冷度的准确计算提供条件。通过建立合理的数学模型，得到更符合实际凝固过程的模拟结果，实现对凝固组织的预测和控制。

7.3.1　凝固组织预测模型概述

图 7.27 给出了模拟凝固过程的典型模型及其模拟尺度范围。实际应用中，可根据模拟尺度需要进行选择。

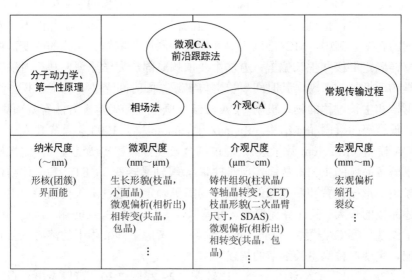

图 7.27　模拟凝固过程的典型模型及其模拟尺度范围[83]

　　随着微观、介观尺度模型的不断发展，凝固过程中众多复杂的现象，诸如不同取向多晶粒的竞争生长、柱状晶在流动熔体中凝固的偏斜生长行为，二次晶臂（SDAS）模拟、二元、三元及多元合金的微观偏析、共晶结构及其二维模型向三维模型的扩展等，逐渐被揭示出来。

　　分子动力学模型[82]是一套分子模拟方法，通过求解牛顿运动方程或拉格朗日方程、哈密顿方程，在纳米尺度上考察粒子的运动，计算获得体系的热力学参数和其他宏观性质参数。通过分子动力学模拟可获得诸如固液界面能、液相扩散系数、动力学系数等热力学和动力学参数信息，是定量描述和预测凝固组织的重要基础。

　　预测凝固组织形貌的方法主要分为两类：模拟晶粒外轮廓面的迁移和模拟糊状区固液（S/L）界面的迁移。前者包括：介观元胞自动机（cellular automaton，CA）法、蒙特卡罗（Monte Carlo，MC）法，后者包括：微观 CA 法、相场（phase field，PF）法、前沿跟踪（front tracking，FT）法，水平集（level set，LS）法，等等。

　　相场法[84]属于确定模型，能够将凝固过程的溶质守恒方程与形核、生长过程耦合起来。通过在模型中引入相场函数来区分不同相区，避免了跟踪相界面的困难。相场方程反映了扩散、有序化势与热力学驱动力的综合作用，把相场方程与温度场、溶质场、流场及其他外场耦合，可对金属液的凝固过程进行真实的模拟，并能够清晰显示凝固过程中枝晶长大、粗化的生长细节。不足的是，受计算条件限制，模拟尺寸较小。

　　CA 法[85]和 MC 法[86]属于随机模型，能够将凝固过程的能量方程与形核、生长过程相结合，模拟过程中跟踪固液界面的移动，适于描述柱状晶的形成及与等轴晶间的转变。其中，MC 法基于界面能最小原理，依据界面能的改变，由随机概率取样确定形核和生长位置，方法主要依赖凝固热力学原理，缺乏对晶粒生长动力学物理机制的考虑，其时间步长也与实际凝固时间无关。而 CA 模型考虑了异质形核和生长过程的物理机制。CA 法结合概率性和确定性方法有效预测铸锭、方坯、板坯等的凝固晶体结构。Rappaz 和 Gandin[85]于 1993 年首先建立了介观尺度的 CA 模型（μm～cm 数量级），通过耦合宏观传热和传质过程（确定性模型），逐个求解各晶粒的生长，从而实现对柱状晶/等轴晶转变（CET）和晶体结构的预测。模型中形核位置和新晶核的结晶方向随机确定，通过引入枝晶尖端生长动力学描述晶核的长大。其计算速度快，可模拟较大尺寸铸件。Zhu 和 Hong[87]进一步建立了微观尺度 CA 模型（nm～μm 数量级），考虑了固液相中的溶质扩散和溶质再分配，实现对枝晶生长细节的描述。

　　图 7.28 给出了 CA 法的分类。比较图 7.29 和图 7.30，可以看出介观、微观CA 法模拟枝晶结构上的差别。

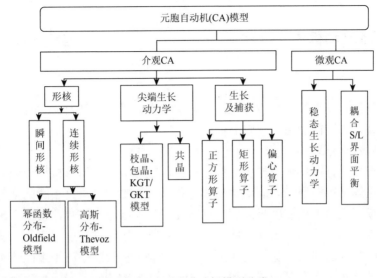

图 7.28 元胞自动机模型分类

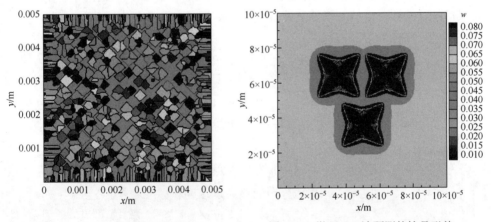

图 7.29 CA 法预测的晶粒轮廓　　　图 7.30 微观 CA 法预测的枝晶形貌

Dilthey 和 Pavlik[88]，Nastac[89]，Beltran-Sanchez 和 Stefanescu[90, 91]开发了 FT 法，通过求解传热、溶质传输方程结合适当的界面条件，直接模拟遵循固液（S/L）尖锐界面动力学规律的枝晶生长。通过边界节点随界面条件的推移，前沿跟踪法能显式确定 S/L 界面形状和位置，代价是需要进行复杂的数值计算，因此模拟实际合金的凝固过程将耗费较高的计算成本。

　　水平集法是 Osher 等[92]提出的一种零等值面方法，在许多复杂界面追踪问题中得到应用。模型将 S/L 界面视为零等值面，将水平集方程与动量方程、能量守恒方程、溶质传输方程相耦合，采用欧拉型界面跟踪法跟踪和模拟 S/L 界面的迁移，从而实现预测 S/L 界面迁移、界面变形、合并与分离过程。

7.3.2　元胞自动机法

1. 介观元胞自动机法

介观元胞自动机模型预测的是晶粒轮廓演变，模型包括对晶体形核、晶体生长及其长大过程遵循的捕获规则的描述。

1）晶粒形核模型

异质形核是指在熔体中异质颗粒上进行晶粒形核。异质形核模型分为瞬间形核模型和连续形核模型[93]，瞬间形核模型指在某一临界过冷度下瞬间全部形核。连续形核模型认为形核密度是温度（过冷度）的连续分布函数，模型考虑了形核过冷度的影响和形核的连续性，能够体现由各临界形核过冷度来表征的多形核点簇在熔体中共存的现象，更接近实际过程，目前已被较广泛应用于晶体生长的模拟。连续分布函数有幂函数分布（Oldfield 模型）[94]或高斯函数分布（Thevoz 模型）[95]。Oldfield 模型可调整参数较少。在 Thevoz 连续形核模型中，形核点分布采用统计函数（形核密度随过冷度变化的高斯分布函数）来确定，

$$\frac{\mathrm{d}n}{\mathrm{d}(\Delta T')} = \frac{n}{\sqrt{2\pi} \cdot \Delta T_\sigma} \exp\left[-\frac{1}{2}\left(\frac{\Delta T' - \Delta T_{\max}}{\Delta T_\sigma} \right)^2 \right] \tag{7.59}$$

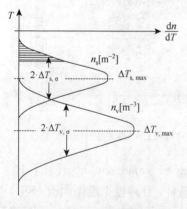

图 7.31　高斯形核分布函数[95]

如图 7.31 所示，在铸型壁和熔体中分别采用两套异质形核参数：型壁形核参数 n_s、$\Delta T_{s,\max}$、$\Delta T_{s,\sigma}$，熔体形核参数 n_v、$\Delta T_{v,\max}$、$\Delta T_{v,\sigma}$。其中 n 为最大形核密度，$\Delta T_{\max}$ 和 ΔT_σ 分别为形核分布的最大过冷度和标准偏差。

将 Thevoz 连续形核模型取极限条件 $\Delta T \rightarrow 0℃$，即对应于瞬间形核模型。Rappaz 和 Gandin[85]、Zhang 和 Nakajima 等[96, 97]在其 CA 模拟中采用了此形核模型并利用式（7.59）判断各 CA 单元的形核概率，即在一个微观时间步长 δt 上，若一个 CA 单元的形核概率 $P_v = \delta n \cdot V_{CA}$（$V_{CA}$ 为单元体积）大于某个随机数，则该单元形核。δn 为形核密度随过冷度 $\mathrm{d}(\Delta T)$ 增加而产生的变化。一旦此 CA 单元形核后，该单元的状态即刻由液态转变为固态，并被赋予一个随机的晶体学取向 θ。

2）晶体生长动力学

在介观尺度的 CA 法中，晶粒由枝晶臂尖端界定的轮廓线/面所界定。因此，

介观尺度的 CA 法模拟凝固过程中晶粒外轮廓的演变，但不描述 S/L 界面本身的迁移。

枝晶尖端生长动力学描述了稳态生长条件下枝晶尖端生长速率与局部过冷度（为成分过冷、曲率过冷和热过冷之和）的函数关系。当局部过冷度仅考虑成分过冷时，生长速率由 KGT 模型[98]或 LKT 模型[99]来描述。当存在流体流动时，Gandin 等考虑了流动方向对枝晶生长速度的影响，提出了流场下的枝晶尖端生长动力学模型——GGAN 模型[100]。模型如下[100, 101]：

枝晶尖端过冷度 ΔT 表示为成分过冷 ΔT_c 与曲率过冷 ΔT_r 之和：

$$\Delta T = mw_0 \left(1 - \frac{1}{1-(1-k_p)\Omega} \right) + \frac{2\Gamma}{r} \tag{7.60}$$

其中，超饱和度定义为

$$\Omega = (w^* - w_0) / [w^*(1-k_p)] \tag{7.61}$$

流场下超饱和度与生长佩克莱（Peclet）数 Pe_v 的关系式为

$$\Omega = Pe_v \exp(Pe_v) \left\{ E_1(Pe_v) - E_1\left(Pe_v \left(1 + \frac{4}{ARe_{2r}^B Sc^c \sin(\theta/2)} \right) \right) \right\} \tag{7.62}$$

其中，生长佩克莱数为

$$Pe_v = \frac{rv_{tip}}{2D_l} \tag{7.62a}$$

流动佩克莱数为

$$Pe_u = \frac{ru}{2D_l} \tag{7.62b}$$

雷诺数为

$$Re_{2r} = \frac{2ru}{\nu} = \frac{4Pe_u}{Sc} \tag{7.62c}$$

施密特数为

$$Sc = \frac{\nu}{D_l} \tag{7.62d}$$

ν 为运动黏度；常数 $A = 0.5773$，$B = 0.6596$，$C = 0.5249$。

指数积分函数

$$E_1(Pe_v) = \int_{Pe_v}^{\infty} \frac{\exp(-\tau)}{\tau} d\tau \tag{7.62e}$$

由多项式插值进行计算[102]，θ 为枝晶生长方向与流动方向夹角，u 为相对于固态枝晶尖端的流体流动速度，这里假定固相枝晶静止，则 u 即为宏观流动计算出的局部速度。v_{tip} 为枝晶尖端生长速度，D_l 为液相扩散系数，稳定性常数 σ^* 取 $(4\pi^2)^{-1}$，m 为液相线斜率，Γ 为 Gibbs-Thomson 系数。

界面稳定性准则表达为

$$r^2 v_{tip} = \frac{D_1}{\sigma^*} \frac{\Gamma}{mw^*(k_p - 1)} \tag{7.63}$$

联立式（7.60）～式（7.63），通过输入局部过冷度 ΔT、宏观流动速度 u 及方向夹角 θ，即可得到枝晶生长半径 r 和枝晶尖端生长速度 v_{tip} 的值。

为节省计算时间，多数学者将上述生长动力学模型曲线进行插值，采用简化得到的生长速率与过冷度的多项式或幂函数关系式。

3）流场下偏心生长捕获算子[103]

在 CA 网格体系中，已形核的晶粒逐渐长大，依据生长速率，可获知其生长轮廓。当邻居单元（邻居关系推荐采用 8 邻居 Moore 关系，而非 4 邻居 von Neumann 关系）网格中心陷入母单元的生长轮廓内，称为该单元被母单元的生长所捕获。Gandin 等[85, 103-105]开发了三种生长捕获算子：正方形生长捕获算子、矩形生长捕获算子、偏心生长捕获算子。

均匀温度场中等轴晶粒的二维生长轮廓接近于正方形[106]。受此启发，Rappaz 和 Gandin 最初开发了**正方形生长捕获算子**[85]，算子中，形核晶粒和被捕获的晶粒均以正方形的轮廓（二维）生长。图 7.32（a）给出采用正方形生长捕获算子在均

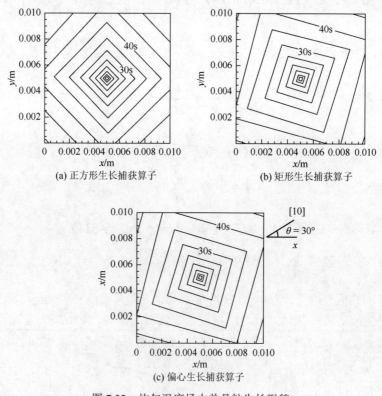

(a) 正方形生长捕获算子　　　　　　(b) 矩形生长捕获算子

(c) 偏心生长捕获算子

图 7.32　均匀温度场中单晶粒生长形貌

匀温度场下模拟的单晶粒生长形貌（晶粒外轮廓）。可以看出，随凝固的进行，当捕获邻居单元后，晶粒簇的晶体学取向受 CA 网格各向异性的影响会偏离其初始取向，须对生长方向不断修正来保持其晶体取向，这使得该方法难以应用于非均匀温度场，仅适用于均匀温度场条件。

其后，Gandin 和 Rappaz 开发出改进这一问题的**矩形生长捕获算子**[104]。在矩形生长捕获算子的二维模型中，形核点晶粒生长轮廓为正方形，当其生长面 [如（11）面] 超过某邻点时，该邻点被捕获并以此时的矩形生长轮廓继续生长。图 7.32（b）和图 7.33（a）给出采用矩形生长捕获算子分别在均匀/梯度温度场下模拟的单晶粒生长形貌。可以看出，矩形生长捕获算子能够保持形核点晶粒的最初取向而不需要修正，适用于梯度温度场条件。该算子的缺点是不易推广到三维计算。

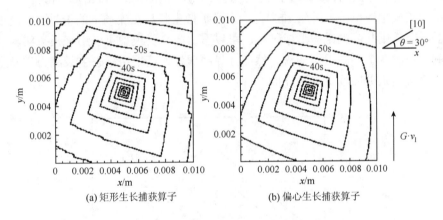

(a) 矩形生长捕获算子　　　　　　(b) 偏心生长捕获算子

图 7.33　梯度温度场中单晶粒生长形貌

最终，Gandin 等开发出**偏心生长捕获算子**[103, 105]，它适用于均匀、梯度温度场下的晶粒生长 [图 7.32（c）和图 7.33（b）]；在描述流场下二维晶粒生长时，晶粒生长轮廓能由纯扩散条件下规则的正方形形状变为不规则的偏心四边形形状，有效地反映流动引起的晶粒生长轮廓不对称的现象，并易于推广到三维计算。

4) 晶粒生长[103, 101]

流场下合金凝固过程中，随着枝晶臂与流动方向夹角的不同，其尖端生长速度不同。这样，晶核的生长轮廓逐渐变为不规则形状。二维模拟时，晶核的生长轮廓为不规则四边形。为此，采用不规则四边形的生长捕获算子，模拟枝晶的生长演变。

图 7.34 给出了一个单晶粒在流场和温度场的双重作用下的生长形貌演变过程。设定一沿 x 轴正向流速为 0.1m/s 的均匀流场，全场温度在–0.1K/s 的冷却速率下均匀冷却。晶粒的[10]取向沿 x 轴正方向。由晶粒的生长形貌演变可以看出，

流体流动破坏了枝晶生长的对称性。由于流动增强了逆流方向枝晶边界层上的质量传输，枝晶沿逆流方向生长速度加快。

2. 微观元胞自动机法

微观 CA 法用来模拟 S/L 界面的迁移，即模拟枝晶的生长细节。模拟枝晶生长的微观 CA 法分为两类：一类是基于稳态枝晶尖端生长动力学模型，另一类是基于 S/L 界面边界条件的数值解。

第一类模型在 CA 网格体系上求解传热、溶质传输方程，在各网格单元上算得的溶质成分和温度用于计算局部过冷度，从而依据稳态枝晶尖端生长动力学模型（如 KGT 或 LKT 模型）获得唯一的 S/L 界面速度。这类模型的基本假定是在 S/L 枝晶界面上任一点的移动均遵照同一稳态尖端动力学模型。Zhu 和 Hong[87, 107-109] 采用此类模型模拟了二维/三维单晶、多晶扩散生长和在流场下的生长，以及规则共晶、非规则共晶的组织形成过程。可以看出，这类模型可以用来模拟实验可观察到的各种合金凝固组织形貌。然而，界面迁移速度采用稳态生长动力学模型的假设使得结果更接近于定性分析。

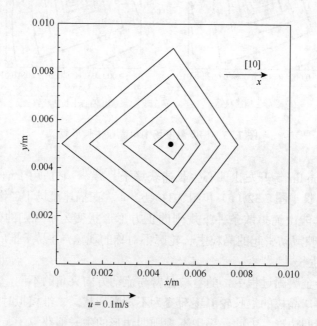

图 7.34　流场下的单晶粒生长形貌

第二类模型求解传热和溶质传输方程并联立 S/L 界面的局部平衡条件来描述枝晶生长。它避免了采用稳态生长动力学模型来获得界面迁移速度的假设，从而显现出独特的优越性。然而，为获得枝晶分支生长特征，在计算 S/L 界面固相分数增长或在捕获新的界面单元时需引入局部扰动。在早期 Dilthey 和 Pavlik[88]以及 Nastac[89]模型中，枝晶生长受 CA 网格强各向异性的影响，生长方向朝向网格坐标轴方向。之后，Beltran-Sanchez 和 Stefanescu[90, 91]采用虚拟跟踪 S/L 尖锐界面的方案解决了枝晶生长受网格各向异性影响的问题，实现模拟低佩克莱数下的枝晶生长。

为改进上述不足，Zhu 和 Stefanescu[110]进一步提出了二维前沿跟踪法来模拟低佩克莱数下的枝晶生长。S/L 界面的生长速率采用局部界面成分平衡方法来确定，能够准确模拟枝晶由初始非稳态生长逐步发展到稳态生长阶段。该方法不需要采用稳态尖端生长动力学模型，同时，采用了 Beltran-Sanchez 和 Stefanescu[90, 91]的虚拟跟踪 S/L 界面的方案来显式捕获新的界面单元。实际的 S/L 界面前沿由各界面单元的固相分数来隐式标定。这种混合方案可直接处理复杂的界面形状变化，并保持了 S/L 尖锐界面转变的概念。后来，该方法又被 Zhu 等[111, 112]拓展到三维和考虑熔体对流的情形［借助格子-Boltzmann 方法（LBM）］中。

总之，介观 CA 法模拟的是晶粒轮廓的演变，可直接模拟铸锭中晶粒的凝固过程，近年来用于模拟晶粒结构与宏观偏析形成的相互关系上[103, 113, 114]。微观 CA 法模拟 S/L 界面的推进，可用来直接模拟枝晶结构、微观偏析、共晶结构等。微观 CA 法是相场法和介观 CA 法之间的桥梁。将微观 CA 法应用于多元合金体系将是其进一步发展方向[115]。

7.3.3 介观元胞自动机-控制容积法耦合模型

1. 双向耦合模型

将元胞自动机（CA）组织预测模型与控制容积法（FV）相耦合，采用 FV 法建立宏观流动、传热、溶质传输模型，采用 CA 模型模拟微观形核、生长过程，由杠杆定律与微观界面热力学平衡联系，实现双向耦合。模型反映了流场下晶体逆流生长特性，考虑了温降导致的形核、生长以及形核、生长引起的固相分数变化对宏观场的影响，能够预测凝固过程中再辉、晶间偏析等现象，反映合金液流动对合金的溶质分布以及凝固组织形貌的作用规律[103, 116-118]。

Gandin 等[103, 113, 116]建立了宏观/微观双向耦合的元胞自动机-有限元方法，模拟了 Pb-48wt%Sn、Ga-5wt%In 合金在二维矩形腔内、Sn-3wt%Pb 合金在三维矩形腔内的凝固过程，研究了晶粒结构、晶粒沉降运动对宏观偏析、通道偏析的影响。Zhang 等[117, 118]采用元胞自动机-控制容积（CA-FV）法，模拟分析了 Al-7wt%Si 合金凝固过程中热浮力、溶质浮力和凝固晶粒结构对液穴内流动方式及偏析模式（晶内、晶间偏析）的影响。

预测凝固组织的元胞自动机模型与宏观传输模型的双向耦合模式如图 7.35 所示。

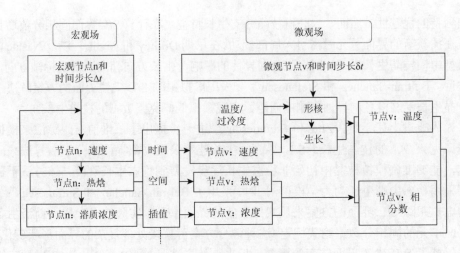

图 7.35　CA-FV 双向耦合流程图

耦合求解过程如下：

（1）由冷却条件，通过宏观传输控制方程（如 7.2.3 节公式）在宏观 FV 节点上计算出热焓、浓度和速度分量，并插值到微观 CA 单元上。

空间插值依据微观 CA 单元变量 ξ_v 与宏观单元变量 ξ_{n_i} 的几何拓扑关系，如式（7.64）和式（7.65）所示。在二维计算区域中，宏观 FV 网格为较大尺寸的矩形网格，可采用内节点法划分；微观 CA 网格为二次枝晶臂距尺寸上的正方形网格，可采用外节点法划分。CA 网格与 FV 网格叠加于同一计算区域。

$$\xi_v = \sum_{i=1}^{4} c_v^{n_i^F} \xi_{n_i} \qquad (7.64)$$

$$\xi_n = \frac{1}{\varLambda_n} \sum_{i=1}^{N_v^n} c_{v_i}^n \xi_{v_i} \qquad (7.65)$$

式中，N_v^n 是宏观节点 n 可见的微观 CA 单元 v 的个数，包括宏观单元 n 辖内所属所有 CA 单元；$\varLambda_n$ 是各插值系数的代数和，$\varLambda_n = \sum_{i=1}^{N_v^n} c_{v_i}^n$；$c_v^{n_i^F}$ 是一个 FV 单元内各节点变量值对内部一个 CA 单元 v 变量的贡献；$c_{v_i}^n / \varLambda_n$ 为一个 FV 单元 n 变量所得到的 CA 单元 v 变量的贡献，这里的 CA 单元 v 指 FV 单元 n 可见的各 CA 单元。

（2）在微观 CA 单元上，由热焓和浓度计算得出新的温度和固相分数。根据液相单元的过冷度变化，采用瞬间形核模型[119]计算形核，根据固相单元的过冷度和局部流速，采用 GGAN 模型描述流场下枝晶尖端生长动力学，采用偏心生长捕获算子描述晶粒长大，从而计算晶粒生长和捕获，更新 CA 单元状态（液相至固相）及温度和固相分数。

（3）将微观 CA 单元上的温度和固相分数反馈回宏观 FV 节点。

（4）随着冷却进行，晶体不断形核和生长，直至全场完全凝固。当宏观全场固相分数 $f_s =1$ 时，计算结束。

2. 单向耦合模型

预测凝固组织的元胞自动机模型与宏观传输模型的单向耦合模式如图 7.36 所示。

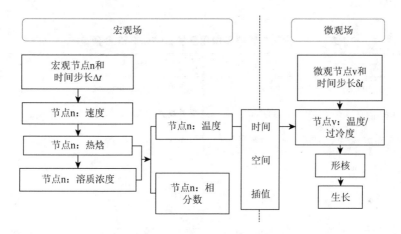

图 7.36　CA-FV/FD 单向耦合流程图

宏观-微观单向耦合模型仅将温度作为联系宏观、微观计算过程的纽带，其宏观温度场可通过求解非稳态导热微分方程获得（如采用 7.2.6 节公式）。仅是单向地将宏观 FV 或 FD 节点上的温度直接插值到微观 CA 节点上。微观形核、生长均由过冷度（局部温度与液相线温度的差值）决定。微观形核常采用瞬间形核模型和连续形核模型，晶粒生长动力学可采用 KGT 模型，采用偏心生长捕获算子描述晶粒的竞争长大。微观形核、生长引起的固相分数和温度等的变化不反馈回宏观节点[119]。从宏观到微观的插值包括宏观/微观时间、空间的双重插值。

宏观-微观单向耦合模型虽然是一种简化的弱耦合模型，但也可以反映出凝固组织与冷却条件变化的定量关系，同时计算简便快捷，因此模型也得到广泛应用。

7.3.4　宏微观双向耦合预测铸锭凝固组织

采用宏微观双向耦合模型，针对 Al-7wt%Si 合金铸锭的二维凝固过程进行了数值模拟。边界条件设置为：铸锭四壁均为固体壁面，无壁面速度。仅左壁面与外界换热，给定以焓为变量的冷却速率 $\dot{h}$，其余三个壁面为绝热条件。各壁面上浓度梯度为 0。初始条件为：全场速度初值 $u = v = 0$，初始浓度 $w_0 = 0.07$，初始温度 $T = 620\,℃$，初始液相分数 $f_1 = 1$。Al-7wt%Si 合金的主要物性参数和计算参数如表 7.11 和表 7.12 所示。计算区域尺寸为 $0.01\text{m} \times 0.01\text{m}$，划分宏观单元尺寸为 $1\text{mm} \times 1\text{mm}$，微观 CA 单元尺寸为 $50\,\mu\text{m} \times 50\,\mu\text{m}$，CA 单元邻居采用 8 邻点的 Moore 邻居关系。

表 7.11　宏观传输模型中用到的 Al-7wt%Si 合金参数

参数	数值	参数	数值
动力黏度 $\mu_1 / (\text{Pa·s})$	1.38×10^{-3}	共晶线上液相浓度 w_e /%	12.6
凝固潜热 $\Delta H_{ls} / (\text{J}/\text{kg})$	387400	共晶线上固相浓度 w_{es} /%	1.48
热膨胀系数 β_T / K^{-1}	$1 \times 10^{-4[117]}$	浓度参考值 w_{ref} /%	7
溶质膨胀系数 β_s /wt%$^{-1}$	$-4.0 \times 10^{-2[117]}$	渗透率系数 K_0 / m^2	$5.56 \times 10^{-11[37, 38, 67]}$
共晶温度 T_e /℃	577	左壁面以热焓表示的冷却速率 $\dot{h} / [\text{J}/(\text{kg·s})]$	-4000
温度参考值 T_{ref} /℃	620	宏观 FV 时间步 Δt /s	0.002

表 7.12　微观模型中用到的物性参数和计算参数

参数	数值	参数	数值
稳定性常数 σ^*	0.0253	体形核密度 n_v^* / m^{-2}	1.5×10^6
施密特数 Sc	90.6	体形核过冷度最大值 $\Delta T_{v,\max}$ / K	6.0
面形核密度 n_s^* / m^{-1}	9.6×10^3	面形核过冷度最大值 $\Delta T_{s,\max}$ / K	1.0

1. 宏微观耦合模拟结果

计算得到 Al-7wt%Si 合金的温度、浓度、液相分数、凝固组织随时间演变云图以及速度矢量图，如图 7.37 所示。

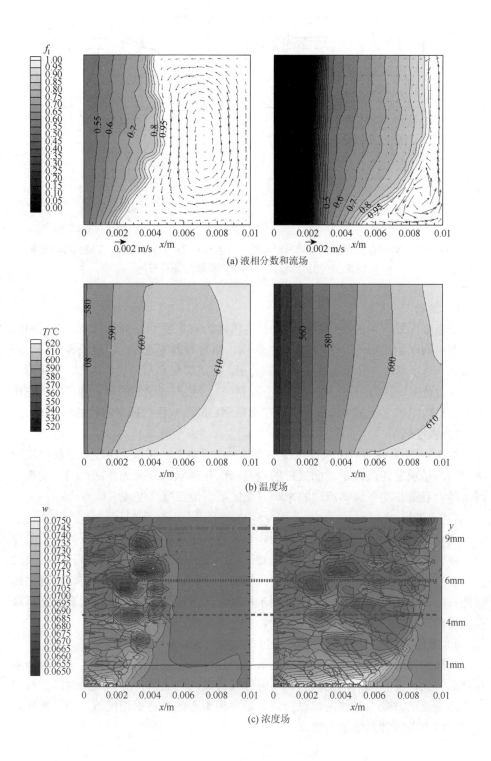

(a) 液相分数和流场

(b) 温度场

(c) 浓度场

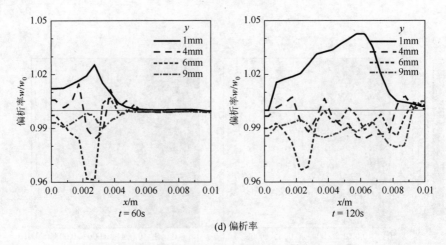

(d) 偏析率

图 7.37 CA-FV 耦合模型模拟铸锭凝固过程。铸型尺寸 $0.01m \times 0.01m$，左壁面冷却速率 $\dot{h} = -4000J/(kg \cdot s)$。c 图中，圈线为晶粒轮廓

1）流场

合金凝固过程中的流体流动受热、溶质浮力双重驱动。本计算中，温度和浓度参考点均取为初始值。图 7.37（a）表明，随着凝固的进行，温度不断下降，液相浓度不断富集，并且合金热膨胀系数为正，溶质膨胀系数为负。这样，动量方程中热浮力及溶质浮力的方向均与重力方向相同，导致凝固前沿的合金液受向下的体积力的驱动。在左壁面冷却条件下，在不断缩小的液穴内形成逆时针的回旋流动。

2）温度场

图 7.37（b）表明，由于仅左壁面冷却，在近左壁面区域，温度分布受热流影响较大，呈现定向凝固平界面推进的特点；而在糊状区及凝固界面前沿，受热、溶质浮力双重驱动下流体流动的影响，在区域下部温度梯度较大。

3）浓度场

图 7.37（c）和图 7.37（d）表明，合金凝固过程中的流体受热浮力、溶质浮力双重驱动，在液穴内形成逆时针回旋流动。凝固前沿液相中不断富集的溶质受流动驱动，被流体带到区域下方并向区域右端迁移，使得区域内溶质浓度在上部较低、下部较高并逐步向区域右下端末端凝固区域积聚。同时，在已凝固区域和糊状区内，明显可见晶内、晶间偏析。

4）凝固组织

枝晶的迎流生长特性在这里得到很好的诠释。在左壁面冷却条件下，凝固从左壁面开始，在凝固前沿的液穴内逆时针回旋流动的流场，导致凝固前沿的枝晶生长迎向流动方向，最终形成以区域左壁面为中心的弧形固相区域。由于冷速较大，区域内以等轴晶组织为主。

5）结果验证

Yin 和 Koster[120]进行了 Ga-5wt%In 合金的凝固实验，Guillemot 和 Gandin 等[113]针对该实验进行了数值预测。其模拟计算选定二维区域（0.048m×0.033m），依据实验测温取定左壁面冷却速率（$\dot{T}=-2.362\text{K}/\text{h}$）远高于右壁面（$\dot{T}=-0.328\text{K}/\text{h}$），其他壁面为绝热条件。该冷却条件与本研究相近（仅左壁面冷却，其他壁面绝热）。另外，Ga-5wt%In 合金与 Al-7wt%Si 合金同为枝晶相凝固过程，到达共晶点凝固结束。同时，二者的溶质膨胀系数同为负值（Ga-5wt%In 合金的溶质膨胀系数 $\beta_{w,In}=-1.663\times10^{-3[113]}$，Al-7wt%Si 合金为 $\beta_{w,Si}=-4.0\times10^{-2[117]}$），在凝固过程中，由溶质浮力驱动流动的方向均相同，并与热浮力和重力同向。Ga-5wt%In 合金的实验结果（文献[120]中图 1）与模拟结果（文献[113]中图 6）均表明，合金液在靠近左壁面的区域先凝固，形成以区域左壁面为中心的弧形固相区域，溶质的分布也呈现晶间偏析的分布，同时，在区域下部溶质浓度较高，并逐步向末端凝固区域积聚，偏析较为严重。本模拟结果均与之相符。

2. 晶粒结构对溶质分布的影响

以 0.01m×0.01m 铸型尺寸为例，研究了晶粒结构对溶质分布、偏析的影响规律。由图 7.37（c）可以看出，溶质随着逆时针的熔体流动迁移。从整个铸锭来看，区域底部是高的正偏析区域。然而，溶质分布由于受凝固和晶粒生长的影响而变得更为复杂。图 7.37（c）将晶粒形貌（晶粒外轮廓）与溶质浓度分布交叠在一起。可以看出，在晶粒处为负偏析，并且晶内浓度远低于晶间区域。这是晶粒长大排出溶质和溶质随晶间液相迁移这两部分共同作用的结果。由于分配系数<1（Al-7wt%Si 合金，$k_p=0.13$），固相多余的溶质排向晶间液相。而晶间流体流动由浮力驱动，不很强烈，不足以带动全部富集的溶质随之流动或使其均匀混合。因此溶质在晶间和晶内区域分布不均匀。图 7.37（d）给出图 7.37（c）中 $y=1\text{mm}$，4mm，6mm 和 9mm 四条水平线上的偏析率（即局部溶质浓度与初始浓度之比）分布。图 7.37（d）中 $y=4\text{mm}$，6mm 和 9mm 曲线上偏析率在较大值和较小值间的上下波动正对应于图 7.37（c）中晶间到晶内位置的变化。

此外，图 7.37（d）中在 $y=1\text{mm}$ 曲线上偏析率的最大值对应于铸锭底部的凝固前沿位置，这是溶质随熔体逆时针循环流动时富集的位置。在剩余液相的大部分区域中，由于存在相对强的熔体流动，溶质分布近乎均匀，但从图 7.37（a）可以看出，在铸锭底部的凝固前沿是一个流动"死区"。从 60s 和 120s 时的图 7.37（d）可以看出，溶质滞留在那里，成为最终的高浓度溶质区。凝固前沿与铸型底部接壤的位置正是正偏析最大值位置，尽管最终的凝固区在铸型的右下角处。

　　总之，多晶粒凝固组织在晶粒尺度范围强烈影响了溶质浓度分布。与初始浓度相比，溶质局部相对浓度在晶间为正，在晶内为负。总体而言，先凝固区域呈现负偏析。

　　3. 流动对合金凝固过程的影响

　　采用宏观、微观耦合模型，在耦合流动的计算条件下，受热、溶质浮力作用，区域上下部均呈现温度、溶质浓度的非均匀分布，凝固最终结束在铸型的右下角部。合金液流动还显著改变了凝固组织形貌。柱状晶和等轴晶呈竞争生长，并受流场影响，沿逆流方向生长较快 [图 7.37 (a) 和 (c)]。

7.3.5　宏微观单向耦合预测铸坯凝固组织

　　随着连铸技术的成熟，连铸生产已经实现了高产高效，目前，各生产厂商所关心的问题是如何生产出高质量的产品。高质量的产品是指铸坯的高洁净度和无缺陷。在连铸坯的生产过程中，铸坯的洁净程度可以在炉外精炼中实现，而铸坯的缺陷要在连铸过程中控制。铸坯常见的表面缺陷（表面横纵裂纹、表面龟裂、角部裂纹等）以及内部缺陷（中心裂纹、三角区裂纹、挤压裂纹、非金属夹杂物、中心偏析和中心疏松等）的形成都和铸坯的凝固过程息息相关。凝固组织中柱状晶、等轴晶分布的合理性也与偏析等缺陷密切相关。为此，需要深入研究连铸坯的凝固传热过程，阐明换热条件对铸坯内部温度场、凝固坯壳、凝固组织的作用规律，为进一步改善铸坯质量奠定基础。

　　采用薄片移动法与 CA 模型相耦合模拟组织形貌。根据某钢厂连铸坯实际工艺参数，针对 Fe-1wt%C 合金 280mm×250mm 截面铸坯，拉坯速度定为 0.52m/min，边界换热考虑结晶器内水冷、气雾、空冷条件（见 7.2.6 节），依据表 7.13 给定的形核参数，预测了距弯月面不同深度位置上的凝固组织形貌。

表 7.13　微观模型中用到的物性参数和计算参数

参数	数值	参数	数值
面形核密度 n_s^* / m^{-1}	3.8×10^3	面形核过冷度最大值 $\Delta T_{s,max}$ / K	1.0
体形核密度 n_v^* / m^{-2}	1.5×10^6	体形核过冷度偏差 $\Delta T_{v,\sigma}$ / K	0.1
体形核过冷度最大值 $\Delta T_{v,max}$ / K	6.0	面形核过冷度偏差 $\Delta T_{s,\sigma}$ / K	0.1

　　图 7.38 表明，按表 7.13 中形核参数，整个截面上铸坯为全柱状晶组织。壁面细晶区中的晶粒经过竞争生长，部分晶粒被淘汰。由于体形核过冷度 $\Delta T_{v,max}$ 较大，

没有形成中心等轴晶区。与图 7.24 固相分数分布相对照，柱状晶生长前沿位置与 $f_s = 0.01 \sim 0.2$ 的固相分数等值线位置相符。

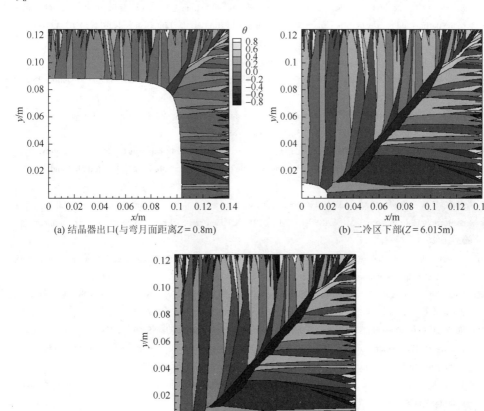

(a) 结晶器出口(与弯月面距离 Z = 0.8m)　　(b) 二冷区下部(Z = 6.015m)

(c) 距弯月面10.64m

图 7.38　沿拉坯方向组织演变图

通过与实际铸坯截面等轴晶/柱状晶比率相对照，调整形核密度和形核过冷度进行数值拟合，可以获得与实际铸坯组织相符的凝固组织。因此能够推知实际生产过程中的形核参数，为调整工艺参数以获得需要的组织结构提供参考。

总之，凝固组织模拟对指导生产实际极具参考价值。

参 考 文 献

[1]　Thermo-Calc TCCS Manuals[M]. Stockholm，SE：Thermo-Calc Software AB，2008：8-2，10-57.

[2]　Chen Q，Sundman B. Computation of partial equilibrium solidification with complete interstitial and negligible substitutional solute back diffusion[J]. Materials Transactions，2002，43（3）：551-559.

[3] Hillert M. Phase equilibria, phase diagrams and phase transformations[M]. 2nd ed. Cambridge: Cambridge University Press, 2008: 311-315.

[4] Koshikawa T, Gandin C A, Bellet M, et al. Computation of phase transformation paths in steels by a combination of the partial- and para-equilibrium thermodynamic approximations[J]. ISIJ International, 2014, 54 (6): 1274-1282.

[5] Borgenstam A, Engstrom A, Hoglund L, et al. DICTRA a tool for simulation of diffusional transformations in alloys[J]. Journal of Phase Equilibria and Diffusion, 2000, 21 (3): 269-280.

[6] Kobayashi S. A mathematical model for solute redistribution during dendritic solidification[J]. Transactions ISIJ, 1988, 28 (7): 535-542.

[7] Brody H D, Flemings M C. Solute redistribution during dendritic solidification[J]. Transactions of the Metallurgical Society of AIME, 1966, 236 (5): 615-624.

[8] Zhang H W, Gandin C A, Ben Hamouda H, et al. Prediction of solidification paths for Fe-C-Cr alloys by a multiphase segregation model coupled to thermodynamic equilibrium calculations[J]. ISIJ International, 2010, 50 (12): 1859-1866.

[9] Zhang H W, Gandin C A, Nakajima K, et al. A multiphase segregation model for multicomponent alloys with a peritectic transformation[J]. MCWASP XIII 2012, 2012 IOP Conference Series: Materials Science Engineering, 33: 012063.

[10] Kozeschnik E. A scheil-gulliver model with back-diffusion applied to the micro segregation of chromium in Fe-Cr-C alloys[J]. Metallurgical and Materials Transactions A, 2000, 31A (6): 1682-1684.

[11] Sundman B, Chen Q. Thermodynamic Calculation Interface TQ Interface V7.0[M]. Stockholm, SE: Thermo-Calc Software AB, 2008: 1-87.

[12] Shi P. TCS Steels/Fe-alloys Database V6.0[M]. Stockholm, SE: Thermo-Calc Software AB, 2008.

[13] Kobayashi S, Nagamichi T, Gunji K. Numerical analysis of solute redistribution during solidification accompanying δ/γ transformation[J]. Transactions ISIJ, 1988, 28 (7): 543-552.

[14] Tiller W A. The Science of Crystallization: Microscopic Interfacial Phenomena[M]. Cambridge: Cambridge University Press, 1991: 231-276.

[15] Wang C Y, Beckermann C. A multiphase solute diffusion model for dendritic alloy solidification[J]. Metallurgical Transactions A, 1993, 24 (6): 2787-2802.

[16] Tourret D, Gandin C A. A generalized segregation model for concurrent dendritic, peritectic and eutectic solidification[J]. Acta Metallurgica, 2009, 57 (7): 2066-2079.

[17] Tourret D, Gandin C A, Volkmann T, et al. Multiple non-equilibrium phase transformations: Modeling versus electro-magnetic levitation experiment[J]. Acta Metallurgica, 2011, 59 (11): 4665-4677.

[18] Tourret D, Reinhart R, Gandin C A, et al. Gas atomization of Al-Ni powders: Solidification modeling and neutron diffraction analysis[J]. Acta Metallurgica, 2011, 59 (17): 6658-6669.

[19] Dantzig J A, Rappaz M. Solidification[M]. Lausanne, CH: EPFL Press, 2009: 177-182, 318-323, 567-607.

[20] Kurz W, Fisher D J. Fundamentals of Solidification[M]. Switzerland: Trans Tech Aedermannsdorf, 1989: 69-74.

[21] Langer J S, Muller-Krumbhaar H. Stability effects in dendritic crystal growth[J]. Journal of Crystal Growth, 1977, 42 (12): 11-14.

[22] Shi P. Public Ternary Alloy Solutions Database V1.3[M]. Stockholm, SE: Thermo-Calc Software AB, 2008.

[23] Chen Q, Engström A, Lu X G, et al. Thermodynamic calculation and kinetic simulation related to solidification process. In: Gandin C A, Bellet M. Proceedings of MCWASP XI[M]. Sophia Antipolis, France: The Minerals, Metals, and Materials Society, 2006: 529-536.

[24]　Helander T. MOB2-Mobility Database[M]. Stockholm，SE：Thermo-Calc software AB，1998.

[25]　Wang C Y，Beckermann C. A unified solute diffusion model for columnar and equiaxed dendritic alloy solidification[J]. Materials Science and Engineering，1993，171（1）：199-211.

[26]　Martorano M A，Beckermann C，Gandin C A. A solutal interaction mechanism for the columnar-to-equiaxed transition in alloy solidification[J]. Metallurgical and Materials Transactions A，2003，34（8）：1657-1674.

[27]　Gandin C A，Mosbah S，Volkmann T，et al. Experimental and numerical modeling of equiaxed solidification in metallic alloys[J]. Acta Metallurgica，2008，56（13）：3023-3035.

[28]　杜强，李殿中，李依依. 铸钢件凝固过程中自然对流引起的宏观偏析模拟[J]. 金属学报，2000，36（11）：1197-1200.

[29]　Flemings M C. Solidification processing[J]. Metallurgical Transactions，1974，5（10）：2121-2134.

[30]　Schneider M C，Beckermann C. Formation of macrosegregation by multicomponent thermosolutal convection during the solidification of steel[J]. Metallurgical and Materials Transactions A，1995，26（9）：2373-2388.

[31]　Wang C Y，Beckermann C. Equiaxed dendritic solidification with convection：Part 1. Multi-scale/-phase modeling[J]. Metallurgical and Materials Transactions A，1996，27（9）：2754-2764.

[32]　Miyazawa K，Schwerdtfeher K. Macrosegregation in continuously cast steel slabs：Preliminary theoretical investigation on the effect of steady state bulging[J]. Archiv für das Eisenhüttenwesen，1981，52（11）：415-422.

[33]　Kirkaldy J S，Youdelis W V. Contribution to the theory of inverse segregation[J]. Transactions of the Metallurgical Society of AIME，1958，212：833-840.

[34]　Nereo G E，Flemings M C. Macrosegregation，Part Ⅰ[J]. Transactions of the Metallurgical Society of AIME，1967，239：1449-1459.

[35]　Nereo G E，Mehrabian R，Flemings M C. Macrosegregation，Part Ⅱ[J]. Transactions of the Metallurgical Society of AIME，1968，242：41-49.

[36]　Bennon W D，Incropera F P. A continuum model for momentum，heat and species transport in binary solid-liquid phase change systems-Ⅰ. Model formulation[J]. International Journal of Heat and Mass Transfer，1987，30（10）：2161-2170.

[37]　Bennon W D，Incropera F P. A continuum model for momentum，heat and species transport in binary solid-liquid phase change systems-Ⅱ. Application to solidification in a rectangular cavity[J]. International Journal of Heat and Mass Transfer，1987，30（10）：2171-2187.

[38]　Aboutalebi M R，Hasan M，Guthrie R I L. Coupled turbulent flow，heat，and solute transport in continuous casting processes[J]. Metallurgical and Materials Transactions B，1995，26（4）：731-744.

[39]　Ahmad N，Combeau H，Desbiolles J L，et al. Numerical simulation of macrosegregation：A comparison between finite volume method and finite element method predictions and a confrontation with experiments[J]. Metallurgical and Materials Transactions A，1998，29（2）：617-630.

[40]　Zaloznik M，Kumar A，Combeau H. An operator splitting scheme for coupling macroscopic transport and grain growth in a two-phase multiscale solidification model：Part Ⅱ. Application of the model[J]. Computational Materials Science，2010，48（1）：11-21.

[41]　Hebditch D J，Hunt J D. Observations of ingot macrosegregation on model systems[J]. Metallurgical Transaction，1974，5（6）：1557-1563.

[42]　Beckermann C，Viskanta R. Double-diffusive convection during dendritic solidification of a binary mixture[J]. PhysicoChemical Hydrodynamics，1988，10（2）：195-213.

[43]　Beckermann C，Viskanta R. Double-diffusive convection due to melting[J]. International Journal of Heat and Mass

Transfer，1988，31（10）：2077-2089.

[44] Beckermann C，Viskanta R. An experimental study of melting of binary mixtures with double-diffusive convection in the liquid[J]. Experimental Thermal and Fluid Science，1989，2（1）：17-26.

[45] Ganesan S，Poirier D R. Conservation of mass and momentum for the flow of interdendritic liquid during solidification[J]. Metallurgical and Materials Transactions B，1990，21（1）：173-181.

[46] Reddy A V，Beckermann C. Modeling of macrosegregation due to thermosolutal convection and contraction-driven flow in direct chill continuous casting of an Al-Cu round ingot[J]. Metallurgical and Materials Transactions B，1997，28（2）：479-489.

[47] 徐建辉，杨秉俭，苏俊义. 考虑凝固收缩作用的凝固过程及其液相流动的有限元计算模型[J]. 南昌航空工业学院学报，1995，2（2）：11-17.

[48] Ni J，Beckermann C. A volume-averaged two-phase model for solidification transport phenomena[J]. Metallurgical Transactions B，1991，22（3）：349-361.

[49] Schneider M C，Beckermann C. Formation of macrosegregation by multicomponent thermosolutal convection during the solidification of steel[J]. Metallurgical and Materials Transactions A，1995，26（7）：2373-2388.

[50] Rappaz M. Modeling of microstructure formation in solidification processes[J]. International Materials Reviews，1989，34（6）：93-123.

[51] Thevoz P，Desbiolles L J，Rappaz M. Modeling of equiaxed microstructure formation in casting[J]. Metallurgical Transactions A，1989，20（8）：311-322.

[52] Wu M，Ludwig A. A three-phase model for mixed columnar-equiaxed solidification[J]. Metallurgical and Materials Transactions A，2006，37（5）：1613-1631.

[53] Wu M，Ludwig A，Kharicha A. A four phase model for the macrosegregation and shrinkage cavity during solidification of steel ingot[J]. Applied Mathematical Modelling，2017，41：102-120.

[54] Wang C Y，Beckermann C. Equiaxed dendritic solidification with convection：Part 2. Numerical simulations for an Al-4wt% Cu alloy[J]. Metallurgical and Materials Transactions A，1996，27（9）：2765-2783.

[55] Beckermann C，Wang C Y. Equiaxed dendritic solidification with convection：Part 3. Comparisons with NH_4Cl-H_2O experiments[J]. Metallurgical and Materials Transactions A，1996，27（9）：2784-2795.

[56] Wu M，Ludwig A. Modeling equiaxed solidification with melt convection and grain sedimentation-I：Model description[J]. Acta Metallurgica Sinica，2009，57（19）：5621-5631.

[57] Wu M，Ludwig A. Modeling equiaxed solidification with melt convection and grain sedimentation-II：Model verification[J]. Acta Metallurgica Sinica，2009，57（19）：5632-5644.

[58] Shen H F，Beckermann C. Experiment study on the mush deformation and solute redistribution[J]. Acta Metallurgica Sinica，2002，38（4）：352-358.

[59] Carman P C. Flow of Gases Through Porous Media[M]. London：Butterworths，1956：1-182.

[60] Scheidegger A E. The physics of flow through porous media[M]. 3rd ed. Toronto：University of Toronto Press，1974：141.

[61] Yang H，Zhao L，Zhang X，et al. Mathematical simulation on coupled flow，heat，and solute transport in slab continuous casting process[J]. Metallurgical and Materials Transaction B，1998，29（6）：1345-1356.

[62] 张红伟，王恩刚，赫冀成. 方坯连铸过程中钢液流动凝固及溶质分布的耦合数值模拟[J]. 金属学报，2002，38（1）：99-104.

[63] 陶文铨. 数值传热学[M]. 2 版. 西安：西安交通大学出版社，2001：333-408.

[64] Jones W P，Launder B E. Prediction of laminarization with a two-equation model of turbulence[J]. International

Journal of Heat and Mass Transfer，1972，15（2）：301-314.

[65]　Jones W P，Launder B E. The calculation of low-Reynolds-number phenomena with a two-equation model of turbulence[J]. International Journal of Heat and Mass Transfer，1973，16（6）：1119-1130.

[66]　Patankar S V. Numerical Heat Transfer and Fluid Flow[M]. New York：Hemisphere Publishing Corporation，1980：1-220.

[67]　张红伟. 连铸坯内钢液流动、凝固及溶质分布的耦合数值模拟[D]. 沈阳：东北大学，2001.

[68]　翁宇庆. 超细晶钢——钢的组织细化理论与控制技术[M]. 北京：冶金工业出版社，2003：855-873.

[69]　Kubo K，Pehlke R D. Mathematical modeling of porosity formation in solidification[J]. Metallurgical Transactions B，1985，16（2）：359-366.

[70]　Murao T，Kajitani T，Yamamura H，et al. Simulation of the center-line segregation generated by the formation of bridging[J]. Tetsu-to-Hagane，2013，99（2）：94-100.

[71]　Einar H，Asbjorn M. Macrosegregation near a cast surface caused by exudation and solidification shrinkage[J]. International Journal of Heat and Mass Transfer，1995，38（9）：1553-1563.

[72]　Krane M J，Incropera F P. Analysis of the effect of shrinkage on macrosegregation in alloy solidification[J]. Metallurgical and Materials Transactions A，1995，26（8）：2329-2339.

[73]　Chiang K C，Tsai H L. Shrinkage-induced fluid flow and domain change in two-dimensional alloy solidification[J]. International Journal of Heat and Mass Transfer，1992，35（7）：1763-1770.

[74]　Chiang K C，Tsai H L. Interaction between shrinkage-induced fluid flow and natural convection during alloy solidification[J]. International Journal of Heat and Mass Transfer，1992，35（7）：1771-1778.

[75]　Diao Q Z，Tsai H L. Modeling of solute redistribution in the mushy zone during solidification of aluminum-copper alloys[J]. Metallurgical Transactions A，1993，24（4）：963-973.

[76]　Diao Q Z，Tsai H L. Modeling of the formation of under-riser macrosegregation during solidification of binary alloys[J]. Metallurgical and Materials Transactions A，1994，25（5）：1051-1061.

[77]　Liu W T. Finite Element Modelling of Macrosegregation and Thermomechanical Phenomena in Solidification Processes[D]. Sophia Antipolis：Doctoral thesis in Ecole des Mines de Paris，2005：106.

[78]　付嘉宝. 凝固收缩作用下二元合金凝固过程宏观偏析数值预测[D]. 沈阳：东北大学，2015.

[79]　日本神户制钢内部资料，1996：1-16.

[80]　雷洪，张红伟. 结晶器冶金过程模拟[M]. 北京：冶金工业出版社，2014：177-299.

[81]　蔡开科，程士富. 连续铸钢原理及工艺[M]. 北京：冶金工业出版社，1994：1-267.

[82]　Hoyt J J，Asta M，Karma A. Method for computing the anisotropy of the solid-liquid interfacial free energy[J]. Physical Review Letters，2001，86（6）：5530-5533.

[83]　Nakajima K，Zhang H，Oikawa K，et al. Methodological progress for computer simulation of solidification and casting[J]. ISIJ International，2010，50（12）：1724-1734.

[84]　Kim S G，Kim W T，Suzuki T. Phase-field model of binary alloys[J]. Physical Review E，1999，60（12）：7186-7197.

[85]　Rappaz M，Gandin C A. Probabilistic modelling of microstructure formation in solidification processes[J]. Acta Metallurgica et Materialia，1993，41（2）：345-360.

[86]　Anderson M P，Srolovitz D J，Grest G S，et al. Computer simulation of grain growth-I. Kinetics[J]. Acta Metallurgica，1984，32（5）：783-791.

[87]　Zhu M F，Hong C P. A modified cellular automaton model for the simulation of dendritic growth in solidification of alloys[J]. ISIJ International，2001，41（5）：436-445.

[88] Dilthey U, Pavlik V. Numerical simulation of dendrite morphology and grain growth with modified cellular automata. In: Thomas B G, Beckermann C. Proceeding of Modeling of Casting, Welding and Advanced Solidification Processes Ⅷ[M]. Warrendale, PA: TMS, 1998: 589-596.

[89] Nastac L. Numerical modeling of solidification morphologies and segregation patterns in cast dendritic alloys[J]. Acta Metallurgica, 1999, 47 (17): 4253-4262.

[90] Beltran-Sanchez L, Stefanescu D M. Growth of solutal dendrites: A cellular automaton model and its quantitative capabilities[J]. Metallurgical and Materials Transactions A, 2003, 34A (2): 367-382.

[91] Beltran-Sanchez L, Stefanescu D M. A quantitative dendrite growth model and analysis of stability concepts[J]. Metallurgical and Materials Transactions A, 2004, 35A (8): 2471-2485.

[92] Losasso F, Fedkiw R, Osher S. Spatially adaptive techniques for level set methods and incompressible flow[J]. Computers and Fluids, 2006, 35 (10): 995-1010.

[93] Stefanescu D M. Methodologies for modeling of solidification microstructure and their capabilities[J]. ISIJ International, 1995, 35 (6): 637-650.

[94] Oldfield W. A quantitative approach to casting solidification, freezing of cast iron[J]. Transactions of the American Society for Metals, 1966, 59: 945-960.

[95] Thevoz P, Desbiolles J L, Rappaz M. Modeling of equiaxed microstructure formation in casting[J]. Metallurgical Transactions A, 1989, 20A (18): 311-322.

[96] Zhang H W, Nakajima K, Wu R Q, et al. Prediction of solidification microstructure and columnar-to-equiaxed transition of Al–Si alloy by two-dimensional cellular automaton with "Decentred Square" growth algorithm[J]. ISIJ International, 2009, 49 (7): 1000-1009.

[97] Zhang H W, Nakajima K, Lei H, et al. Restrictions of physical properties on solidification microstructures of Al-based binary alloys by cellular automaton[J]. ISIJ International, 2010, 50 (12): 1835-1842.

[98] Kurz W, Giovanola B, Trivedi R. Theory of microstructural development during rapid solidification[J]. Acta Metallurgica, 1986, 34 (5): 823-830.

[99] Lipton J, Kurz W, Trivedi R. Rapid dendrite growth in undercooled alloys[J]. Acta Metallurgica, 1987, 35 (4): 957-964.

[100] Gandin C A, Guillemot G, Appolaire B, et al. Boundary layer correlation for dendrite tip growth with fluid flow[J]. Materials Science and Engineering A, 2003, 342 (1): 44-50.

[101] Zhang H W, Nakajima K, Xing W, et al. Influences of flow intensity, cooling rate and nucleation density at ingot surface on deflective growth of dendrites for Al-based alloy[J]. ISIJ International, 2009, 49 (7): 1011-1018.

[102] Abramowitz M, Stegun I A. Handbook of Mathematical Functions[M]. 10th ed. New York: Dover Publications, 1972: 231.

[103] Guillemot G, Gandin C A, Combeau H, et al. Modeling of macrosegregation and solidification grain structures with a coupled cellular automaton-finite element model[J]. ISIJ International, 2006, 46 (6): 880-895.

[104] Gandin C A, Rappaz M. A coupled finite element-celluar automaton model for the prediction of dentritic grain structures in solidification processes[J]. Acta Metallurgica, 1994, 42 (7): 2233-2246.

[105] Gandin C A, Rappaz M. A 3D cellular automation algorithm for the prediction of dendritic grain growth[J]. Acta Metallurgica, 1997, 45 (5): 2187-2195.

[106] Ovsienko D E, Alfintsev G A, Maslov V V. Kinetics and shape of crystal growth from the melt for substances with low L/kT values[J]. Journal of Crystal Growth, 1974, 26 (2): 233-238.

[107] Zhu M F, Hong C P. A three dimensional modified cellular automaton model for the prediction of solidification

microstructures[J]. ISIJ International，2002，42（5）：520-526.

[108] Zhu M F，Lee S Y，Hong C P. Modified celullar automaton model for the simulation of dendritic growth with melt convection[J]. Physical Review E，2004，E69：061611.

[109] Zhu M F，Hong C P. Modeling of irregular eutectic microstructures in solidification of Al-Si alloys[J]. Metallurgical and Materials Transactions A，2004，35A（5）：1555-1563.

[110] Zhu M F，Stefanescu D M. Virtual front tracking model for the quantitative modeling of dendritic growth in solidification of alloys[J]. Acta Metallurgica，2007，55（5）：1741-1755.

[111] Sun D K，Zhu M F，Pan S Y，et al. Lattice Boltzmann modeling of dendritic growth in a forced melt convection[J]. Acta Metallurgica，2009，57（6）：1755-1767.

[112] Pan S Y，Zhu M F. A three-dimensional sharp interface model for the quantitative simulation of solutal dendritic growth[J]. Acta Metallurgica，2010，58（1）：340-352.

[113] Guillemot G，Gandin C A，Bellet M. Interaction between single grain solidification and macrosegregation：Application of a cellular automaton-finite element model[J]. Journal of Crystal Growth，2007，303（1）：58-68.

[114] Gandin C A，Steinbach I. Direct modeling of structure formation//ASM Handbook. Volume 15: Casting. Ohio: ASM International，2008：435-444.

[115] Zhu M F，Cao W，Chen S L，et al. Modeling of microstructure and microsegregation in solidification of multi-component alloys[J]. Journal of Phase Equilibria and Diffusion，2007，28（1）：130-138.

[116] Carozzani T，Gandin C A，Digonnet H，et al. Direct simulation of a solidification benchmark experiment[J]. Metallurgical and Materials Transactions A，2013，44（2）：873-887.

[117] 张红伟，中岛敬治，王恩刚，等. Al-Si 合金宏观偏析、凝固组织演变的元胞自动机-控制容积法耦合模拟[J]. 中国有色金属学报，2012，22（7）：1883-1896.

[118] Zhang H，Nakajima K，Wang E，et al. Modeling of macrosegregation and solidification microstructure for Al-Si alloy by a coupled cellular automaton-finite volume model[C]. MCWASP XIII 2012, 2012 IOP Conference Series：Materials Science and Engineering，2012，33：012093.

[119] Gandin C A，Desbiolles J L，Rappaz M，et al. A three dimensional cellular automaton-finite element model for the prediction of solidification grain structures[J]. Metallurgical and Materials Transactions，1999，30A（12）：3153-3165.

[120] Yin H B，Koster J N. *In situ* observation of concentrational stratification and solid liquid interface morphology during Ga-5%In alloy melt solidification[J]. Journal of Crystal Growth，1999，205（4）：590-606.

第 8 章   薄板坯电磁制动

8.1   薄板坯电磁制动技术

结晶器是连铸的核心部件，是去除夹杂物、改善钢材质量的最后一个反应器。它的运行状况直接影响着连铸机的生产和铸坯质量，连铸坯表面质量很大程度上取决于结晶器，因此结晶器被称为连铸机的"心脏"。在结晶器内，熔融钢液源源不断地进入结晶器，由于受到水冷铜板的强制冷却作用，高温钢水在弯月面处形成具有一定厚度的初生坯壳，随着铸坯下移，坯壳表面温度不断降低，坯壳厚度逐渐增大；钢液、保护渣、坯壳和结晶器构成一个热状态和力学状态耦合的复杂体系。结晶器内发生着复杂的传热、凝固、流动、溶质再分配与力学（热应力、收缩应力、钢水静压力、摩擦力、渣道压力等）等引起的行为，各行为之间相互影响、相互作用，对连铸坯表面和皮下质量起着关键性作用。因此，结晶器是连铸坯质量控制的关键环节。本章主要采用数值模拟的方法研究薄板坯电磁制动结晶器内磁场、流场、温度场和宏观凝固的耦合物理现象。图 8.1 给出了薄板坯电磁制动数值模拟过程中涉及的控制方程组的推导途径以及不同物理场采用的数值方法。

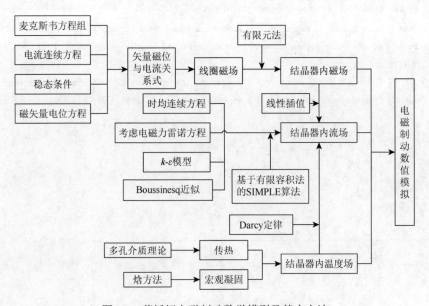

图 8.1   薄板坯电磁制动数学模型及基本方法

作为一个强热交换器，钢液、保护渣、坯壳和结晶器构成了一个热状态和力学状态耦合的复杂体系。结晶器的作用主要表现为：

（1）良好且均匀的降温冷却作用，能够将钢液热量快速传递给冷却水，其内部能够迅速形成初始凝固坯壳。

（2）凝固成型作用，根据生产需要将钢液凝固成特定形状。

（3）提高产品纯度，净化除杂作用，能够促使钢液中非金属夹杂物充分上浮，避免保护渣卷入结晶器内部。

钢液由中间包经由浸入式水口进入结晶器，在冷却水的作用下，首先在结晶器内弯月面处开始形成凝固坯壳；随着拉坯过程的进行，坯壳不断形成并逐渐增加。钢液的流动和传热过程包括一系列复杂的物理和化学现象，如钢液的流动、传热、凝固、溶质再分配、夹杂物分布，以及钢水静压力和热应力引起的应变等。板坯凝固过程中的传输行为及相关现象如图 8.2 所示。钢液由浸入式水口注入结晶器，从水口侧孔射出的流股沿水口倾角方向冲击至结晶器窄面；然后流股在冲击结晶器窄面后分为上、下两流股，分别形成上、下回流区。上回流流股与弯月面形状、液面波动、漩涡以及卷渣等现象有关，控制着钢液液面上保护渣层的热量传递，对于保护渣熔化和渣层结构形成等有着重要的影响；下回流流股与夹杂物及气泡上浮等现象有关。夹杂物和气泡上浮取决于结晶器内钢水的流动模式和夹杂物自身的性质；其中结晶器内钢水的流动模式主要由浸入式水口结构参数和水口的使用工艺参数决定，同时也受到吹氩等因素的影响。

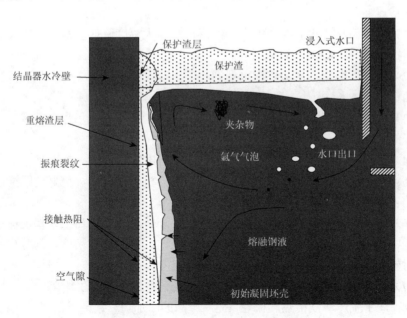

图 8.2　连铸结晶器内和水冷段的钢液行为

8.1.1　薄板坯连铸的核心技术特点

薄板坯连铸连轧技术是继氧气转炉炼钢、连续铸钢之后钢铁工业最重大的革命性技术之一[1-4]。它和薄带坯连铸、异型坯连铸以及空心圆管坯连铸和喷射沉积成形等统称为近终形连铸[5]。所谓近终形连铸，指的是在保证成品钢材质量的前提下，尽量缩小铸坯断面以取代压力加工的浇注方式，以便进一步减少中间加工工序，节约能源，减少储存并缩短生产时间，属于钢铁工业的前沿技术。

薄板坯连铸连轧技术基于以下几个基本原则提出并不断地发展和完善的[6]。

（1）提高工序的连续性，把工艺步骤尽量减到最少。具体地说就是连铸坯直接轧制，从钢液到最终带卷的工艺路线只包括那些绝对必要的工艺步骤。

（2）最小的能耗消耗。一方面通过采用近终形连铸，降低轧制工序所消耗的能源；另一方面由于工艺的连续性，连铸坯在轧制前除需少量的补充能源外，不需常规工艺所需的大量能源。

（3）最大限度地确保薄板坯的温度均匀。薄板坯在衔接段中保温一定的时间，确保铸坯温度在长度、宽度、厚度三方面完全均匀，从而使产品具有从未有过的均匀纤维组织，并得到高的厚度和板形方面的几何尺寸精度。

与传统的热轧板生产工艺相比，薄板坯连铸连轧工艺在技术和经济等方面具有以下特点[7, 8]：

（1）工艺简化，设备减少，生产线短，从而大幅度降低了基础建设投资，使得吨钢投资下降了 19%～34%。

（2）生产周期短。从冶炼钢水到钢卷送出运输链，仅需 2.5h，从而减少了大量流动资金。

（3）成材率提高 2%～3%，能耗降低约 20%，从而降低了生产成本，使吨材成本降低。

（4）铸坯凝固快，铸态组织均匀，第二相析出物细小。

（5）拉坯速度大，实现快速浇注，提高连铸机生产能力，更好地匹配冶炼和轧机的生产能力。

（6）产品的纵向、横向精度更高。薄板坯连铸连轧的均热工艺保证板坯在轧制过程中温度均匀和稳定，从而获得更高的纵向、横向尺寸精度，同时也更便于生产对轧制温度要求较高的钢种，如硅钢等。

（7）比表面积大，散热速度快，增加了连铸坯缺陷的产生概率。

（8）适于生产薄规格热轧板卷，提高产品的附加值，甚至替代部分冷轧产品，获得更好的经济效益。

但是，薄板坯连铸具有拉坯速度高、结晶器熔池体积小、结晶器铜板间距小、结晶器内的摩擦阻力大、结晶器出口处坯壳厚度薄等缺点。高拉坯速度可能会导致黏结漏钢和铸坯表面质量较差。针对薄板坯连铸的工艺特点，为了确保较高的铸坯质量，薄板坯连铸发展了电磁制动、液芯压下、结晶器液压振动、立辊轧机和平整度控制等多项关键技术。

（1）漏斗形结晶器[9-11]。薄板坯连铸的核心设备是结晶器。常规厚板坯连铸机结晶器均为矩形-平行板式，对薄板坯连铸机来说由于板坯厚度薄，结晶器容积小，拉坯速度高，若采用平行板型结晶器，则浸入式水口尺寸受限制，影响水口寿命，减少连浇炉数，同时结晶器内发生剧烈湍流扰动，影响铸坯表面质量且增加夹杂[12]。为改善上述情况，CSP 工艺采用漏斗形结晶器，扩大了结晶器上口面积和内容积，给浸入式水口采用最佳尺寸创造了条件，同时由于热量充足，有利于保护渣的熔化，使弯月面上有一层紧贴液面的均匀保护渣层，有利于坯壳和结晶器壁之间形成一层均匀的、润滑性能良好的、最佳均匀传热的保护渣层。此外，由于结晶器容积的增大，湍流受到抑制，有利于改善铸坯表面质量和减少钢中夹杂。西马克公司进行了大量实验，探索最佳的结晶器结构，减小坯壳变形过程中所受的弯曲应力，并保证钢水通过水口的流动达到最佳，促进坯壳均匀生长。实践证明，对于浇铸 40~50mm 厚度的薄板坯，漏斗形结晶器是比较理想的选择，对铸坯质量无害，拉坯阻力也不大，生产出的铸坯表面质量与内部质量较好，没有内裂，中心偏析较小。漏斗形结晶器的形状及过渡段，由坯壳收缩规律来确定，目的是在结晶器壁与坯壳之间形成足够大的间隙来保证良好的润滑和最佳传热状态。

（2）浸入式水口（submerged entry nozzle，SEN）[13, 14]。在浇铸过程中，结晶器内钢液的流动特征不仅影响结晶器内钢液的传热和夹杂物的上浮，还影响初始凝固坯壳的形成，以及铸坯的表面质量。由于薄板坯连铸拉坯速度高、结晶器断面小，结晶器内钢水扰动剧烈，这给结晶器液面的稳定、凝固坯壳的均匀形成及连铸工艺带来了新问题。因此，优化浸入式水口的结构，研究适应于高拉坯速度的新型浸入式水口是改善钢液流动、提高连铸质量的有效途径。浸入式水口的工艺设计应满足钢液浇铸速度和生产能力的要求，同时在进入结晶器时降低湍流，并保证较长的使用寿命。薄板坯连铸连轧要求无缺陷坯；采用封闭浇铸，为避免钢液与空气接触，液面上应有一层具有侵蚀性的保护渣层，因此特别要求水口与保护渣层接触的区段具有良好的耐侵蚀性，由于钢液温度高，且浸入式水口的钢液注入速度快，要求水口有良好的抗热震性。CSP 的浸入式水口首先在试验机组上采用，是从传统厚板坯连铸机中演变而来的；其次在第一台生产机组早期使用，然后在生产中改进，以减少因拉坯速度的升高而在结晶器内出现湍流现象，当拉坯速度超过 5m/min 时，使钢流尽量平稳。

（3）电磁制动（electromagnetic brake，EMBr）技术。电磁制动具有控制液面平稳和提高铸坯质量的作用，使用效果较好。为限制结晶器内湍流的产生，实现钢液平稳下降和减小弯月面处钢液波动，形成平静而更热的弯月面，CSP 使用了电磁制动装置。制动装置在结晶器上部产生一个强度可调的磁场，钢液穿过此磁场产生感应电压和由此产生的在钢液中短路的电流，对钢液产生制动力，使钢水均匀向下流动，并降低弯月面高度。对电磁制动装置的要求有两点，首先要适当限制钢液向上流动的速度，减少湍流，避免保护渣的卷入，同时又要保证弯月面的温度足以良好地熔化保护渣，使保护渣均匀地紧贴液面，避免黏结与搭桥；其次限制钢液向下流动的速度，尽量使钢液平稳下流，使夹杂物和气泡有时间上浮而进入渣层。

（4）结晶器振动装置。结晶器振动可以改善连铸过程中铸坯的润滑，降低结晶器壁与坯壳之间的摩擦阻力，避免坯壳与结晶器壁黏结而产生的拉漏现象。但是结晶器振动会使铸坯表面产生振痕，因此需要采取降低振痕深度的措施。为了解决此问题，开发了液压振动装置，可根据浇铸条件灵活调节振频，并改变波形。

（5）液芯压下技术。薄板坯连铸带液芯轻压下，一方面可以有效地缓解板坯连铸与连轧之间厚度要求的矛盾，另一方面可以显著提高薄板坯的内部质量，扩大中心等轴晶区的比例，细化晶粒，减小铸坯内偏析、缩孔、疏松和裂纹等缺陷，这对热轧中压缩比偏低的薄板坯连铸而言非常重要。CSP 连铸二冷段的第一段设计为段式结构，把从结晶器拉出来的中心尚未凝固带有液体的铸坯厚度给予一个压缩量，以减薄铸坯厚度。第二、三段的辊缝可调，满足了液芯压下的要求，因此液芯压下成为薄板坯连铸不可缺少的关键技术[15, 16]。

8.1.2　电磁制动的发展

由电磁理论的基本原理可知，在电场和磁场的相互作用下，运动导体切割磁力线会在导体内部产生感应电流，感应电流与外加磁场相互作用又对导体本身产生电磁力的作用。根据左手定则，电磁力的方向与导体运动方向相反，从而产生制动效果。导体运动方向、感应电流方向、磁感应强度方向以及电磁力方向如图 8.3 所示，根据这一原理发展了连铸结晶器电磁制动技术。

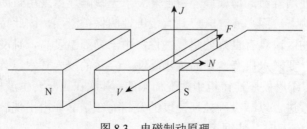

图 8.3　电磁制动原理

夹带非金属夹杂物的钢液射流首先冲击结晶器窄侧壁的凝固壳,过热的钢液容易导致凝固坯壳的重熔甚至产生拉漏现象,并促进凝固壳对夹杂物的捕获。另外,钢液从水口出口流出后,在结晶器内部形成上下两个回流区。其中,上返流冲击液面造成液面波动,易发生卷渣;下返流穿透深度较大,导致大量非金属夹杂物随着钢液流动卷入液穴深处而不易上浮,这些保护渣、非金属夹杂物和气泡会在冷轧薄带产品中引起裂缝和砂眼缺陷[17],随着拉坯速度升高,更有恶化的趋势。而通过施加静电磁场,采用电磁制动技术可以有效地改善结晶器内的钢液行为[18-22]。电磁制动技术的基本原理如图 8.4 所示[23]。在水口区域附近设置与水口出流垂直的恒稳磁场,当液态金属切割磁力线运动时,根据欧姆定律,液态金属中将产生感应电流,感应电流与恒稳磁场交互作用又在液态金属中产生与流速方向相反的洛伦兹力,从而使液态金属的流动受到抑制。

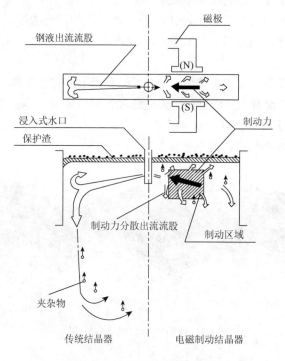

图 8.4　电磁制动原理示意图

电磁制动的发展经过了区域型电磁制动、单条型电磁制动和流动控制结晶器三代技术革新(图 8.5)。

20 世纪 80 年代初,日本川崎制铁公司与 ABB 公司合作,成功地开发了图 8.5

所示的第一代区域型电磁制动装置[21, 22]。通过设置在结晶器宽侧壁、浸入式水口两侧的区域型稳恒磁场的作用，抑制浸入式水口的钢液出流，消除湍流对窄侧壁坯壳的冲刷，同时抑制弯月面波动，从而降低了卷渣和铸坯表面大型夹杂物缺陷的发生比率[23, 25]，由于钢液冲击而阻碍窄侧壁凝固坯壳增长的情况得到改善[26, 27]。但是，由于磁场的作用范围有限，钢液容易流向水口下方无磁场作用的区域，在两个磁极之间形成主流沟，对钢流浸入深度的控制起到一定的影响[28-30]。为了克服这一缺点，冶金学者研制出了单条型电磁制动装置——第二代电磁制动装置（EMBr Ruler），并取得了良好的冶金效果。目前，第二代 EMBr 已经得到人们的普遍认同，不仅广泛应用于传统形式的连铸过程，在新兴的薄板坯连铸生产中，也正发挥着积极的作用。它的冶金效果主要有以下几点：

（1）抑制了水口出流对铸坯窄侧壁凝固壳坯壳的冲击，减少了拉漏事故的发生，缩短了下返流的冲击深度，在水口下方形成活塞流，有利于 Al_2O_3 等非金属夹杂物和气泡的上浮，改善了铸坯的内部质量[31]。

（2）钢液上返流对弯月面的冲击减弱，弯月面的波动幅度下降。这些对于抑制卷渣、提高铸坯表面质量起到积极作用[32, 33]。此外，对水口偏流也有一定的抑制作用[34]。

（3）熔融钢液浸入深度的减小，促进了结晶器上部的热交换，升高了弯月面区域的钢液温度，从而有利于低过热度浇注的施行和铸坯中心等轴晶比率的提高[35]。

（4）EMBr 还具有良好的抑制混合功能。在不同钢种的连铸生产中，EMBr 缩短了铸坯混合段的长度，提高了金属收得率[36-39]。

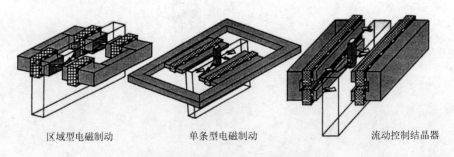

区域型电磁制动　　　　　　单条型电磁制动　　　　　　　　流动控制结晶器

图 8.5　电磁制动装置结构简图[24]

第二代电磁制动装置受位置的影响较大。如果磁场位置与水口的距离稍远或水口出流角度稍不合适，就会影响制动效果，甚至造成只有下返流受到抑制，而弯月面波动得不到控制的结果。为此，日本川崎制铁公司又与 ABB 公司合作，开发了流动控制结晶器（Flow Control Mold，FC-Mold）——第三代电磁制动装置。流动控制结晶器由上下两对条形的覆盖结晶器宽度的磁极组成，上部磁极安装在结晶器弯月面处用于控制液面的波动，下部磁极安装在水口区域用于控制下降流的冲击深度，从而完成对结晶器内流场的全面控制。以高拉坯速度条件下生产出的大板坯为原料生产冷轧薄板时，薄板产品表面缺陷的发生比率也因此降低到原来的 40%左右[40]。东北大学材料电磁过程研究中心在流动控制结晶器的基础上开发出新型流动控制结晶器，对上、下两个磁场可分开控制，增加了流动控制的灵活性[41]。

利用电磁制动技术制备双金属复层材料是一种新的电磁加工技术和复合材料的制备方法，其工艺原理就是水平磁场会对流动粒子产生洛伦兹力。因此通过对金属液体施加磁场，阻止两种金属液的混合，从根本上解决了界面结合问题。但是，它对设备制造、工艺水平、操作技能及自动化控制，特别是对浇铸速度的控制有较高的要求。

8.2　薄板坯电磁制动的电磁场数学模拟

8.2.1　电磁场基本理论

1. 麦克斯韦方程组

麦克斯韦方程组由四个定律组成，分别是安培环路定律、法拉第电磁感应定律、高斯电通定律和高斯磁通定律。其微分形式分别为

$$\nabla \times H = J + \frac{\partial D}{\partial t} \tag{8.1}$$

$$\nabla \times E = \frac{\partial B}{\partial t} \tag{8.2}$$

$$\nabla \times D = \rho \tag{8.3}$$

$$\nabla \times B = 0 \tag{8.4}$$

式（8.1）～式（8.4）中，H 是磁场强度，A/m；J 是传导电流密度矢量，A/m^2；$\frac{\partial D}{\partial t}$ 是位移电流密度；D 是电通密度，C/m^2；E 是电场强度，V/m；B 是磁感应强度，T；ρ 是电荷体密度，C/m^3。

2. 一般形式的电磁场微分方程

对于电磁场计算，为使问题简化，通过定义两个量把电场和磁场变量分离开来，分别形成一个独立的电场或磁场的偏微分方程，这样便于数值求解。这两个量分别是矢量磁势 A（也称磁矢位）和标量电势 ϕ，矢量磁势定义为

$$B = \nabla \times A \tag{8.5}$$

即磁势的旋度等于磁通量的密度。标量电势定义为

$$E = -\nabla\phi \tag{8.6}$$

8.2.2　电磁场数学模型

电磁制动的静态磁场由直流电产生，麦克斯韦方程组中的各个时间项消失，电磁场现象表现为单一的磁场效应，此时麦克斯韦方程组可简化成

$$\nabla \times H = J \tag{8.7}$$

$$\nabla \times B = 0 \tag{8.8}$$

为了简化推导过程，假设所考虑的介质为各向同性，即磁导率 μ 与位置无关，将式 $B = \mu H$ 代入 $\nabla \times H = J$，并根据矢量磁势 A 的定义，得

$$\nabla \times H = \frac{1}{\mu}\nabla \times B = \frac{1}{\mu}\nabla \times \nabla \times A = J \tag{8.9}$$

根据矢量微分法，则有

$$\nabla \times \nabla \times A = \nabla(\nabla \cdot A) - \nabla^2 A \tag{8.10}$$

将式（8.10）代入式（8.9），并引用库仑条件：

$$\nabla \times A = 0 \tag{8.11}$$

矢量磁势 A 的偏微分方程变为

$$\nabla^2 \times A = -\mu J \tag{8.12}$$

8.2.3　电磁制动下薄板坯结晶器内电磁场特点

电磁制动的发展经过了区域型电磁制动、单条型电磁制动和流动控制结晶器三代技术革新，这些制动装置主要是针对中厚板坯、方坯电磁连铸的结晶器结构特点开发的。相比以上设备，薄板坯连铸结晶器的外形很不规则，舒路曼-斯玛（SMS）公司发明了用于浇注薄板坯的连铸设备。但是舒路曼-斯玛公司发明的电磁制动装置与用于宽厚板坯、方坯结晶器的电磁制动装置有一个共同点：正对着结晶器宽侧壁的铁磁芯形状规则，表面为平面。对于中厚板坯、方坯而言，结晶器沿高度方向上的水平截面形状是矩形或者正方形，各截面面积相等，并且拉坯速度不太大（小于 4m/min），该类电磁制动装置可以起到显著的制动效果；但是对于薄板坯连铸来说，不但拉坯速度变大（4.5m/min 以上），而且漏斗形结晶器的结构更为复杂，它的两个宽侧壁上半段中间部分向外凸起，其余为平面，窄侧壁是上底边长、下底边短的等腰梯形。窄侧壁自上而下又有一定的锥度，若采用传统的电磁制动装置，则铁磁芯内表面与结晶器宽侧壁的平均距离变大，磁感应

强度在结晶器内变小且沿宽度方向呈较为均一的分布，而对于薄板坯连铸来说，漏斗形结晶器内的浸入式水口下方、靠近窄侧壁区域的钢液流股有冲击窄侧壁的趋势，且速度较大，需要较大的洛伦兹力对其进行制动，也就是说此处需要较大的磁感应强度，而结晶器内其他区域的磁感应强度相对此区域可以小一些。采用现有传统的电磁制动装置，需要提供很大的电流强度以保证这个区域能产生足够大的洛伦兹力对钢液产生制动效果。因此，薄板坯漏斗形结晶器连铸采用传统的制动装置会耗费很大的电能。

为了克服上述存在的缺陷，针对漏斗形结晶器结构的特殊性，图 8.6（a）给出了一种新型电磁制动装置。从整体上看，新型电磁制动装置和传统电磁制动装置的结构基本相同。两者的区别在于：传统的电磁制动装置的铁芯内表面为平直表面，方向平行于拉坯方向，电磁制动装置和结晶器的空气隙之间的距离呈现从上到下、从中间到两侧逐渐增大的趋势，电磁制动的上表面中心处与结晶器之间的距离最小；新型电磁制动装置正对着漏斗形结晶器宽侧壁的磁极表面不规则，它的形状和同一高度上结晶器宽侧壁的外表面形状互相嵌合，中间是漏斗形凹陷，铁磁芯厚度方向与漏斗形结晶器窄侧壁方向相同，因此新型电磁制动装置与漏斗形结晶器宽侧壁的距离处处相等。如图 8.6 所示，H 是电磁制动装置的高度，一般取 200mm。

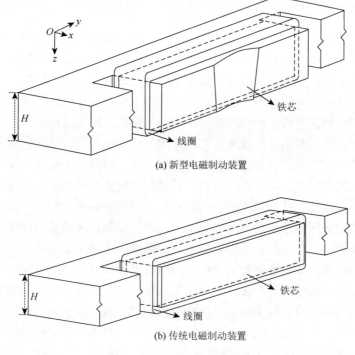

(a) 新型电磁制动装置

(b) 传统电磁制动装置

图 8.6　电磁制动装置剖视图

　　结晶器内受影响的磁场范围一般仅为电磁制动装置相对的主磁场区域，忽略了高度方向上主磁场区域以外的范围。但是实际情况是，主磁场区域边界上的磁场强度不是突然降至零，而是逐渐降低直至为零，因此有必要在主磁场区域的上下两侧各延伸一段距离作为受影响的磁场范围，以主磁场区域以外的竖直方向上各延伸300mm距离的区域作为副磁场区域。

8.2.4　影响薄板坯结晶器内电磁场分布的因素

　　下面研究电磁制动装置的结构、位置高度、磁动势等参数的改变对电磁场进行模拟。具体参数设置见表8.1。

表 8.1　电磁场计算的参数

参数	传统电磁制动装置	新型电磁制动装置
电磁制动装置位置高度/mm	250 300 350	250 300 350
磁动势/(A·匝)	8000 10000 12000	8000 10000 12000

　　图8.7给出了当电磁制动装置的位置高度为300mm、磁动势为10000/(A·匝)时，采用不同结构的电磁制动装置条件下结晶器内中心宽面上的磁感应强度的分布，用以分析磁感应强度沿结晶器宽度 y 和高度 z 方向的分布趋势。图8.7（a）指出，新型电磁制动装置产生的磁场分布非常不均匀：在主磁场区域中心偏下靠近结晶器窄侧壁区域的磁场强度最大，以此为圆心向周围区域呈发散式递减；副磁场区域的磁场分布相对主磁场而言较为均匀，磁感应强度沿结晶器宽度 y 方向和厚度 x 方向无变化，仅在高度 z 方向上有变化：随着与主磁场的距离增大，磁感应强度呈梯度降低。图8.7（b）给出的是传统电磁制动装置产生的磁场分布。与图8.7（a）相比，传统电磁制动装置产生的磁感应强度的分布更加均匀且有规律可循：主磁场区域的磁场分布较为均匀，该区域靠近结晶器窄侧壁位置的磁场强度由于漏磁略有下降；在副磁场区域内，随着与磁场中心距离的增大，磁感应强度呈梯度降低，即磁场强度的变化仅与高度坐标 z 有关，而与宽度坐标 y 和厚度坐标 x 无关。比较图8.7（a）和（b）还可发现，虽然给定的电磁参数相同，但是最大的磁场强度存在很大差异，新型电磁制动装置产生的最大磁场强度是传统电磁制动装置产生的最大磁场强度的1.8倍。究其原因，新型电磁制动装置与结晶器之间的空气隙厚度要比传统电磁制动装置与结晶器之间的空气隙厚度小得

多，对于非磁性材料空气而言，与材料铜和钢相比，它的电导率要小得多，因此，经较大厚度的空气隙传导后的电磁场强度也要小很多。

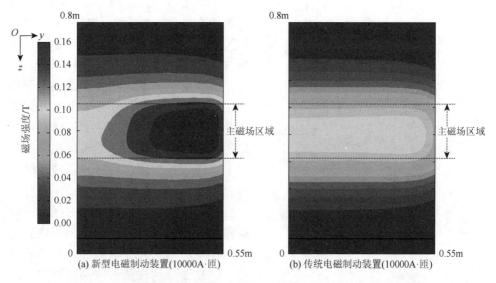

图 8.7　不同结构的电磁制动装置产生的磁场在结晶器中心宽面的分布

8.3　薄板坯电磁制动下钢液流动、传热和宏观凝固数学模拟

　　熔融钢液在结晶器内由液相逐渐转变为固相形成初始凝固坯壳是一个复杂的物理化学变化过程。强烈的钢液湍流扰动容易导致初始凝固坯壳的重熔，严重时甚至发生拉漏现象，并且易造成卷渣事故；另外，较大的温度梯度会促使钢液凝固后形成发达的柱状晶，不利于等轴晶的生成。电磁制动技术的成功开发，使得这一现象有了明显的改善，取得了良好的冶金效果。下述的数值模拟工作不仅考虑了电磁制动技术对钢液流动的影响，还研究了电磁制动技术对温度场以及宏观凝固相变的影响，为工业生产提供理论依据。

8.3.1　连铸中的钢坯凝固过程

　　连铸过程中钢坯由液态转变为固态的凝固过程是一个热量释放和传递的过程，属于强制快速冷凝。高温钢坯的散热量包括以下三部分：
　　（1）将过热的钢液冷却到液相线温度所放出的热量。
　　（2）钢液从液相线温度冷却到固相线温度（钢液从液相转变到固相）所放出的热量。

（3）铸坯从固相线温度冷却到被送出连铸机时所放出的热量。

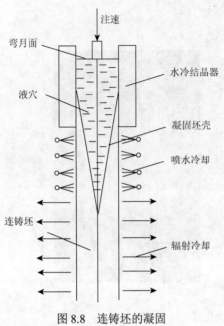

图 8.8　连铸坯的凝固

这三部分放出的热量包括连铸机的一次冷却区（结晶器内）、二次冷却区（包括辊子冷却系统的喷水冷却区）和三次冷却区（从铸坯完全凝固至铸坯切割以前的辐射传热区）的换热量，如图 8.8 所示。

连铸坯在向下运动中不断放热和凝固，形成很长的液穴。因此，可以把连铸坯看成是一个以固定速度在连铸机内运动的、液穴很长的钢锭。铸坯在运行过程中，液穴在凝固区间逐渐由液相转变为固相[42]。

钢液在结晶器内被冷却水强制冷却凝固的换热过程包括钢液与凝固坯壳之间的传热、凝固坯壳与结晶器之间的传热、结晶器壁的传热、结晶器壁与冷却水之间的传热。其中，凝固坯壳与结晶器之间的传热一般分为三个区域：弯月面区域、紧密接触区域、气隙区域。三个区域的大小取决于钢种、浇铸工艺、使用的保护渣性能及结晶器锥度等因素。结晶器壁与冷却水之间的传热也分为三个区域：强制对流区、核沸腾区、膜态沸腾区。对水缝式结晶器的传热，强制对流换热是理想的传热方式，应尽可能避免沸腾传热方式的存在。对于强制对流换热，热流与结晶器壁温度呈线性关系。

8.3.2　凝固潜热的处理方法

在固液两相区，钢液凝固时会释放凝固潜热，凝固潜热的处理直接影响模型的计算精度。通常，凝固潜热的处理方法有焓方法[43-52]、温度修正法、温度回升法[53]、预报修正法[54]、加速有效热熔法、精确显热熔法、精确比热法、名义比热法[55, 56]等。

1. 焓方法

焓方法的特点是引入焓函数作为初始变量，选择该方法模拟连铸坯凝固过程的控制方程如下所示：

$$H_m = \int_{T_0}^{T} \rho c_p(T) \mathrm{d}T \qquad (8.13)$$

式中，H_m 是焓值，J/mol；ρ 是密度，kg/m^3；c_p 是定压比热容，J/(kg·K)；T 是温度，K。

能量方程可以表示为

$$\frac{\partial H_m}{\partial t} = \nabla(k \nabla T) \qquad (8.14)$$

式中，k 是导热系数，W/(m·K)。

在对方程进行求解时，先求得节点的焓值，并通过已知的焓与温度的关系，求得节点温度，得到较高的计算精度[57-60]。焓方法能够巧妙地避开凝固潜热的处理，易于实现，但不能直接得到结果，必须进行转换。

2. 显热熔法

显热熔法的特点是将凝固潜热考虑在材料的比热容中，在相变温度区间，考虑显热和潜热的总变化。引入显热熔 c_A 的概念，并假设凝固潜热在两相区内释放完成，则

$$c_A = \frac{\int_{T_0}^{T_1} \rho(T) c_p(T) \mathrm{d}T + \rho(T) \Delta H_m}{T_{liq} - T_{sol}} \qquad (8.15)$$

式中，下角标 liq 表示液体，sol 表示固体。

显热熔通常分为以下几种方法。

1）直接计算法

直接计算法的表达式为

$$c_A = \begin{cases} \rho_{sol} c_{sol} \\ \dfrac{\rho_{sol} c_{sol} + \rho_{liq} c_{liq}}{2} \\ \rho_{liq} c_{liq} \end{cases} \qquad (8.16)$$

当钢液密度为常数时，直接计算法又可分为平均分配法、等腰三角法、固相分率法三种方法，三种方法对两相区内温度场的计算均存在一定的误差，比较而言，固相分率法相对较为精确。显热熔直接计算法的优点是在传热计算时较为简便，缺点是该方法对计算时间和空间步长的取值要求较高，对于等温相变，人为构造的相变区间大小也必须严格控制，使其与时间步长相匹配。此外，c_A 函数不连续，在矩阵计算时会产生较大的误差[61]。

2）时间平均法

时间平均法是 Morgan 等[62]提出的一种后向差分计算方法，它的特点是可以克服直接计算法在计算步上可能产生的"跳过"现象，表达式如下所述：

$$c_A^i = \frac{H_m^i - H_m^{i-1}}{T_m^i - T_m^{i-1}} \tag{8.17}$$

式中，上角标 i 代表迭代步数。

时间平均法可以在适当的时间步长条件下，获得满意的结果。但是，从式（8.17）可以看到，它是将热熔表示为 3 个不同温度区的平均值，在对时间步长要求不严格的条件下，不能保持正确的热平衡，可能会产生振荡的计算结果。

3）空间平均法

空间平均法是在单元内计算出平均显热熔值的方法。Del-Guidice 等[63]按温度梯度给出如下计算公式：

$$c_A = \frac{\frac{\partial H_m}{\partial x}\frac{\partial T}{\partial x} + \frac{\partial H_m}{\partial y}\frac{\partial T}{\partial y} + \frac{\partial H_m}{\partial z}\frac{\partial T}{\partial z}}{\left(\frac{\partial T}{\partial x}\right)^2 + \left(\frac{\partial T}{\partial y}\right)^2 + \left(\frac{\partial T}{\partial z}\right)^2} \tag{8.18}$$

Lemmon 按垂直界面的方向给出如下公式[64]：

$$c_A = \left[\frac{\left(\frac{\partial H_m}{\partial x}\right)^2 + \left(\frac{\partial H_m}{\partial y}\right)^2 + \left(\frac{\partial H_m}{\partial z}\right)^2}{\left(\frac{\partial T}{\partial x}\right)^2 + \left(\frac{\partial T}{\partial y}\right)^2 + \left(\frac{\partial T}{\partial z}\right)^2}\right]^{1/2} \tag{8.19}$$

3. 有效热熔法

有效热熔法是对计算单元内的显热熔进行积分，获得等效热熔 c_e 的方法，计算公式为

$$c_e = \frac{\int \rho c_A(T) dV}{V} \tag{8.20}$$

有效热熔法比显热熔法的计算效果更好，对两相区的大小及时间步长的要求相对不高，能够获得较真实、合理的计算结果[65]。

8.3.3　凝固坯壳的测量方法

对于凝固坯壳厚度的测量通常采用两种方法，一种是采用数值模拟方法确定铸坯的凝固坯壳分布，另一种是通过实验的方法对凝固坯壳进行测量。

在数值模拟计算方法中，薄片移动（slice travelling）法是数值模拟方法中最为简便的方法，该方法的控制方程没有对流项，液相中不同强度的对流热效应通过人为增大导热系数的方法计入，各点的导热系数相同且流动对传热的影响缺乏理论依据，属于半经验法。Kelly 等[66]开发的层流对流传热模型较薄片移动法有了很大的改进，该方法采用非耦合方法对流动、传热和凝固进行耦合计算。缺点是模型的真实性受到有效导热系数取值的限制，传热、凝固计算与流动的耦合效果不好。1990 年，Flint[67]发表了关于湍流流动与凝固传热的耦合模型的论文，他采用的是将动量方程、能量方程与凝固过程综合考虑的方法，同时求出流场、温度场和凝固坯壳厚度的分布。1992 年，Huang 等[68]开发了能同时考虑湍流热效率并求出凝固坯壳厚度分布的方法，但是，该方法仅针对二维模型进行求解。1996 年，杨秉俭和苏俊义[69]开发了预测结晶器内三维凝固坯壳厚度分布的非耦合计算方法，通过对流动和凝固传热分别采用不同的计算区域，将流动计算区域叠加在传热计算区域中。为了避免对结晶器的传热计算，采用第三类边界条件给出综合换热系数，解决了非耦合模型中有效导热系数选取、流动计算区域与凝固传热计算区域的耦合以及铸坯表面换热系数的确定等问题。数值模拟的结果与漏钢坯壳的实测结果基本相符。

另外一种测量凝固坯壳的方法是采用实验的手段[70]，实验步骤包括：在凝固坯壳上钻孔，当熔融钢液流尽后在铸机不同位置测量凝固前沿至表皮的距离；测量板坯鼓肚，当松开一对夹棍或液穴通过支承辊区时，直接观察鼓肚现象；用化学或放射性示踪剂做标记，将掺有示踪剂的熔融钢液在凝固后留下痕迹，分段化验后确定不同位置的凝固坯壳厚度；用放射性小球测量液穴底部位置，把密度较大的放射性小球（钨）投入液穴，在盖氏计数器前鉴定有放射性小球的铸坯通过的时间，从而估计出液穴深度；用枪把钢钉射入凝固坯壳，在液穴中钢钉全部溶解，在固液两相区钢钉部分溶解，在凝固坯壳内，钢钉并无任何变形，据此确定凝固坯壳和糊状区的厚度；除此之外，还可以用同位素的分散状况进行分析。

8.3.4 结晶器内钢液传热和凝固的数值模拟研究的发展

在连铸过程中，熔融钢液在结晶器内由于冷却水的作用形成初始凝固坯壳是一个较为复杂的过程，除了传热和凝固现象以外，强烈扰动的湍流对传热和凝固也有很大的影响。流动、传热互相制约、互相影响，特别是对薄板坯漏斗形结晶器来说，拉坯速度可高达 6m/min，如此高的拉坯速度对连铸坯传热、凝固坯壳的生成的影响更是不可忽略。合理的流场分布促进初生坯壳的均匀性，减少钢液湍流对凝固坯壳的冲刷，避免凝固坯壳内钢液高温区温度过高现象的发生。反过来，凝固过程中温度场的变化也影响着钢液的流动。因此，对凝固过程进行分析时，在对流动、传热等现象进行分析的基础上，将上述现象耦合起来进行考虑。

目前，结晶器内的钢液流动、传热和凝固的数值模拟研究经过了一系列的发展，由最初采用增大传热模型的有效导热系数考虑注流流动[45, 49, 71]，到考虑铸坯内的对流换热对传热的影响，将钢液流动和传热耦合模拟[72]，再到考虑凝固坯壳对流动和传热的影响[73]。对流动、传热和凝固进行耦合计算的方法又分为采用温度作为变量和采用焓作为变量描述能量方程。当采用焓作为能量方程的求解变量时，物质的焓表达为显焓和随凝固过程释放的潜焓两部分。液相和糊状区的湍流模型为低 Re 数湍流流动，糊状区近似当成多孔介质区域，该区域的流动采用 Darcy 定律进行处理，从而将凝固坯壳的生成、糊状区内的流动与传热进行耦合。

国外，Seyedein 和 Hasan[74]采用有限容积法模拟了三维板坯结晶器内钢液的流动、传热和凝固过程。Nam 等[75]采用有限元方法，利用贴体坐标系建立了一个薄板坯漏斗形结晶器模型，分析了结晶器内钢液的流动、传热以及凝固过程。其后，Park 等韩国学者[76]分析了平行板型结晶器内钢液的流动、传热及凝固现象。Shamsi 和 Ajmani[77]针对板坯采用 Fluent 软件计算模拟了钢液的流动、传热、凝固过程。

国内，严波等[78]建立三维热传导模型，用差分法计算得到薄板坯连铸结晶器内初生凝固坯壳的几何形状及温度场，并在此基础上采用三维热弹塑性接触有限元方法分析凝固坯壳的应力及变形。文光华[79, 80]针对 ISP（inline strip production）结晶器及浸入式水口的形状特点，以有限差分法为基础开发了计算结晶器内三维流场和温度场的计算软件 CD-MULD2.0，模拟了双侧孔水口、喇叭形水口和牛鼻子水口三种典型水口下结晶器内钢液的流动与温度分布，得出牛鼻子水口是一种较理想的水口结构形式。李中原和赵九洲[81]针对薄板坯平行板型连铸结晶器采用 C++程序计算，分析了薄板坯平行板型结晶器内钢液的紊流流动、凝固。

8.3.5　基本假设

在保证模拟结果真实可靠的情况下，流场的基本假设如下：
（1）视连铸坯为直立铸坯，忽略铸坯弯曲曲率的影响。
（2）在固定坐标系下，钢液在结晶器内的行为是准稳态过程。
（3）结晶器中的钢液为不可压缩牛顿流体。
（4）钢液的电磁参数均匀且各向同性。
温度场的基本假设如下：
（5）钢液可被看作 Fe-C 二元合金。
（6）钢的热物性参数仅与温度有关，与空间坐标无关。

（7）钢的电磁参数是均匀的且各向同性。

（8）钢液为不可压缩的牛顿性流体，符合 Boussinesq 关于密度的假设条件，考虑热浮升力的作用。

（9）与熔化潜热相比，Fe-C 合金在 δ-γ 转变过程中释放的潜热忽略不计。

（10）不考虑弯月面波动的影响。

（11）忽略振动对凝固传热的影响。

对结晶器内的钢液流场施加电磁制动的研究，文献[82-85]采用的是低 k-ε 模型作为湍流模型，得到了较为真实的结果。下面选择低雷诺数模型作为电磁制动作用下的钢液湍流模型。

根据麦克斯韦电磁原理，采用电势法对磁矢量电位积分方程进行求解，同时获得施加在导电钢液上的电磁力。钢液物性参数由表 8.2 给出。

表 8.2　钢液物性参数

密度 ρ /(kg / m³)	钢液层流黏度 μ /[kg /(m·s)]	电导率 σ /(Ω·m)$^{-1}$	磁导率 /[Wb /(A·m)]
7020	0.0062	7.14×10^5	4×10^{-7}

8.3.6　数学模型

连续性方程：

$$\frac{\partial v_i}{\partial x_i} = 0 \qquad (8.21)$$

动量方程：

$$\frac{\partial}{\partial x_i}(\rho v_i v_i) = -\frac{\partial p}{\partial x_i} + \frac{\partial}{\partial x_j}\left[\mu_{\text{eff}}\left(\frac{\partial v_j}{\partial x_i} + \frac{\partial v_j}{\partial x_j}\right)\right] + F_{\text{em,i}} + f_i - \frac{\mu_l}{k_p}(u_i - u_{i,s}) \quad (8.22)$$

式中，$F_{\text{em,j}}$、f_j 和 $-\dfrac{\mu_l}{k_p}(u_j - u_{j,s})$ 为源项，由下式给出：

$$F_{\text{em}} = J \times B \qquad (8.23)$$

磁场下导电运动流体的电流密度由电势方程导出。根据欧姆定律，有

$$J = \sigma(E + V \times B) \qquad (8.24)$$

式中，B 是外加静磁场强度，对于静电磁场来说，因为 $b \ll B$，二次感生磁场 b 可忽略不计；$E = -\nabla\varphi$，φ 是电势（单位是 V）。根据电荷守恒原理有

$$\nabla \times J = 0 \qquad (8.25)$$

电势方程如下：

$$\nabla \times (\sigma \nabla \varphi) = \nabla \times (\sigma V \times B) \tag{8.26}$$

源项 f_j 是热浮升力，其产生的原因是由温度变化而产生的自然对流，通常采用 Boussinesq 近似进行计算[86]，具体表达式如下：

$$f_j = -\rho g_j \beta (T - T_{ref}) \tag{8.27}$$

式中，β 是热扩散系数，m^2/s；T_{ref} 是参考温度，$T_{ref} = \frac{1}{2}(T_{sol} + T_{liq})$，$T_{sol}$ 是固相线温度，为 1763K，T_{liq} 是液相线温度，为 1803K。动量方程中的最后一个源项 $-\frac{\mu_l}{k_p}(u_i - u_{i,s})$，被称为 Darcy 源项[87, 88]。固相和液相共存区被当成多孔介质区处理，在这个区域，流体阻力主要取决于渗透率（凝固速率），Darcy 源项和渗透率 k_p 成正比，固相区的速度等于拉坯速度。源项中的 k_p 是液相分率 f_{liq} 的函数[89]。具体表达式如下：

$$k_p = k_0 \left(\frac{f_{liq}^3 + a}{(1 - f_{liq})^2} \right) \tag{8.28}$$

式中，k_0 是糊状区的渗透率，为了防止分子为零，在分子的位置上添加一个无穷小的正实数 a。

传热凝固部分采用低雷诺数方程组对其进行求解：

$$\frac{\partial}{\partial x_i}(\rho v_i k) = \frac{\partial}{\partial x_i}\left(\frac{\mu_t}{\sigma_k} \frac{\partial k}{\partial x_i} \right) + G - \rho \varepsilon \tag{8.29}$$

$$\frac{\partial}{\partial x_i}(\rho v_i \varepsilon) = \frac{\partial}{\partial x_i}\left(\frac{\mu_t}{\sigma_\varepsilon} \frac{\partial \varepsilon}{\partial x_i} \right) + c_1 G \frac{\varepsilon}{k} |f_1| - c_2 \rho \frac{\varepsilon^2}{k} |f_2| \tag{8.30}$$

钢液的层流黏度是 $0.0062kg/(m \cdot s)$，湍流黏度 $\mu_t = c_\mu \rho k^2 / \varepsilon$。

$$\mu_t = c_\mu |f_\mu| \rho k^2 / \varepsilon \tag{8.31}$$

式（8.29）～式（8.31）中，各系数表达式及取值如下：

$$G = \mu_t \left[2\left(\frac{\partial v_j}{\partial x_j} \right)^2 + \left(\frac{\partial v_j}{\partial x_i} + \frac{\partial v_i}{\partial x_j} \right)^2 \right]，c_1 = 1.44，c_2 = 1.92，c_\mu = 0.09，\sigma_k = 1.0，$$

$\sigma_\varepsilon = 1.3$，$f_1 = 1$，$f_\mu = \exp(-2.5/(1 + Re_t/50))$，$f_2 = 1.0 - 0.3\exp(-Re_t^2)$，$Re_t = \rho k^2 / (\varepsilon \mu)$。

能量方程：

$$\frac{\partial}{\partial x_i}(\rho c v_i T) = \frac{\partial}{\partial x_i}\left(\Gamma_{eff}\frac{\partial T}{\partial x_i}\right) - S_T \tag{8.32}$$

由于两相区被近似当作多孔介质处理，因此两相区的传热可近似处理成多孔介质的传热，其导热系数 Γ_{eff} 的计算公式为

$$\Gamma_{eff} = \left(\Gamma_{liq} + \frac{\mu_t}{Pr_t}c_p\right)f_{liq} + \Gamma_{sol}f_{sol} \tag{8.33}$$

式中，$\dfrac{\mu_t}{Pr_t}c_p$ 是湍流导热系数，Pr_t 是普朗特数，一般取 0.9～1.0，这里取 0.9。为了使上述方程组封闭，需要补充液态分率关系式，设液相分率 f_{liq} 是固相线和液相线的分段函数[74, 90, 91]，则

$$f_{liq} = \begin{cases} 1.0 & T < T_{sol} \\[2mm] \dfrac{T - T_{sol}}{T_{liq} - T_{sol}} & T_{sol} \leqslant T < T_{liq} \\[2mm] 0 & T \geqslant T_{liq} \end{cases} \tag{8.34}$$

8.3.7　数值方法

1. 网格的划分

对结晶器内的钢液进行数值模拟的第一步是生成网格，首先把结晶器和浸入式水口划分成许多个子区域，并确定每个子区域中的节点。流场计算一般选用有限容积法进行离散，有限容积法所采用的网格主要分为结构化网格和非结构化网格。与非结构化网格相比，结构化网格系统中的节点排列有序，邻点间的关系明确，它与数学上的区域分解算法相对应，每一节点与其邻点之间的连接关系固定不变且隐含在所生成的网格中[92]，生成工作量小，离散方程的求解速度相对较快。因此，对于结晶器内钢液流场的数值模拟，采用结构化网格进行划分；对于不规则结晶器的漏斗形区域，采用适体坐标网格[93, 94]。图 8.9 是漏斗形结晶器的网格划分示意图，（a）显示的是结晶器上半部的外侧网格图，（b）显示的是结晶器内部水口附近的网格剖视图。坐标原点在结晶器自由液面的中心，为了便于观察，坐标系被移到结晶器的一侧，x 方向是结晶器的宽度方向，y 方向是厚度方向，z 方向是拉坯方向。如图 8.9 可示，在速度梯度变化较大的靠近结晶器的自由液面、宽侧壁、窄侧壁以及浸入式水口附近的网格最细，逐渐过渡为周围区域的大尺度网格，最小的网格尺寸为 2～3mm，网格渐变比控制在 1.3 以内。

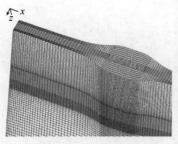
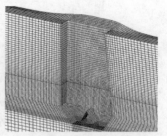

(a) 结晶器上半部外侧网格   (b) 结晶器内部水口附近的网格

图 8.9 漏斗形结晶器的网格划分示意图

2. 电磁场数据的处理

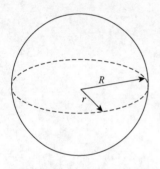

图 8.10 线性插值算法原理图

电磁制动下钢液耦合行为的数值模拟主要由两部分组成：电磁场的求解，流场、温度场、凝固和电磁场的耦合求解。首先采用有限元法对电磁场部分进行求解，然后采用有限容积法对施加电磁力的流场、温度场和凝固进行求解。由于这两种数值方法基本思想的差异，网格的尺寸结构、磁场和流场、温度场等数据不是一一对应的关系，因此不能把采用有限元计算出的数据直接用于有限容积法计算。鉴于此，可以通过 FORTRAN 语言对磁场强度 B 开发线性插值算法[95, 96]。

其原理如图 8.10 所示，将通过有限元法划分得到的网格节点与通过有限容积法划分得到的网格单元中心点相连，得到距离为 r 的线段，若 r 在半径 R 的范围内，则采用线性插值；否则，继续查找，直到满足 $r \leqslant R$。

3. 控制方程的离散

结晶器内钢液的流场和温度场模拟采用 8.3.6 节中建立的偏微分方程组描述。在给定边界条件和初场条件后，求解偏微分方程组来确定在计算区域内各位置的速度场和温度场。通过数值计算方法求得偏微分方程的数值解，用离散点上的数值解表示和代替连续解。从数学描写上说，结晶器内钢液稳态的不可压缩湍流流动属于椭圆形流动。流场模拟选用压力修正法作为求解不可压缩流场的方法。

控制方程组由对流项和扩散项等组成。其中，对流项是一阶导数项，从物理过程的特点来看，它是最难进行离散处理的导数项，原因是对流作用带有强烈的方向性。对于数值计算及其结果而言，对流项离散方式的构造要考虑是否影响数值解的准确性、稳定性和精确性三个方面的特性。迎风差分充分考虑了流动方向对导数的差分计算及界面上函数的取值方法的影响，因此对流项采用一阶迎风差分格式进行离散[97-99]，扩散项采用二阶中心差分格式进行离散，源项采用线性化处理。

4. 收敛准则

在控制方程的求解过程中，程序在每一个总迭代中对每一个变量计算出一个收敛检测量。这些变量包括速度、压力、湍动能、湍动能耗散率、温度等。离散后变量 ϕ 在单元 P 内的守恒方程为 $a_P\phi_P = \sum_{nb} a_{nb}\phi_{nb} + b$，残差 R 定义为 $R = \sum_P \left| \sum_{nb} a_{nb}\phi_{nb} + b - a_P\phi_P \right|$，即单元 P 上的计算值和单元值的差值——比率残差：

$$R' = \frac{\sum_P \left| \sum_{nb} a_{nb}\phi_{nb} + b - a_P\phi_P \right|}{\sum |a_P\phi_P|} \tag{8.35}$$

定义所有变量的收敛标准为 10^{-4}，亦即当所有变量的残差均达到 10^{-4} 后停止计算。

8.3.8　无电磁制动作用下流场的特点

首先，对无电磁制动作用下的结晶器内钢液流场进行了整场数值模拟。采用的物理模型如图 8.11 所示。

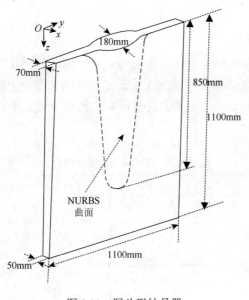

图 8.11　漏斗形结晶器

如图 8.11 所示，漏斗形结晶器的两个宽侧壁上半段的中间部分为漏斗形向外凸起，其余为平直表面，漏斗形区域的高度是 850mm，采用的是非统一有理 B 样条（non-uniform rational B-spline，NURBS）曲面；窄侧壁是上底边长、下底边短的等腰梯形，其宽度由自由液面的 70mm 逐渐缩减到结晶器出口处的 50mm。结晶器的高度和宽度均为 1100mm。漏斗形结晶器属于非规则几何形状的结晶器，具有"上口大、下口小，中间宽、两头窄"的特点[100, 101]。与漏斗形结晶器配套使用的浸入式水口的结构和主要尺寸由图 8.12 给出。实际生产中，浸入式水口的入口为圆形，向下逐渐过渡为分流式出口，为了方便网格生成，圆形入口的形状被近似处理成方形。水口出口底面中心是三角块挡板，它与水平方向的夹角为 50°，用以引导钢液向结晶器两侧的斜下方冲击。

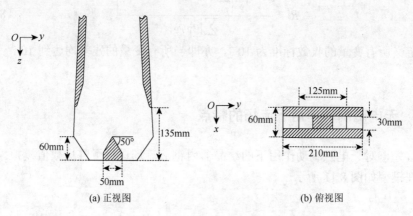

(a) 正视图　　　　　　　　　　　　　(b) 俯视图

图 8.12　分流式浸入式水口的结构和主要尺寸

水口浸入深度和拉坯速度作为主要考察对象用以研究其对钢液流场的影响，通过 12 组算例进行分析说明。表 8.3 给出了具体的参数变化情况。通过对速度矢量、迹线、湍动能分布和自由液面速度等标准比较分析，得出最优参数组合。具体如下所述。

表 8.3　模拟采用的操作参数

水口浸入深度/mm	拉坯速度/(m/min)	水口浸入深度/mm	拉坯速度/(m/min)
250	4.5	365	4.5
	5		5
	5.5		5.5
	6		6
300	4.5	300	5.5
	5		6

1. 拉坯速度和水口浸入深度对结晶器内钢液流动的影响

鉴于模拟结果的对称性很好，为节约空间，流场速度矢量分布和流体迹线以对称的形式体现在一张图内，其中左侧是速度矢量图，右侧是钢液迹线图。图 8.13、图 8.15、图 8.17、图 8.19 分别给出了拉坯速度为 4.5m/min、5.0m/min、5.5m/min、6.0m/min 时，三种水口浸入深度条件下结晶器内沿宽度方向中心截面的流场速度矢量和迹线图。相应地，图 8.14、图 8.16、图 8.18、图 8.20 分别给出了各种情况下的湍动能云图。

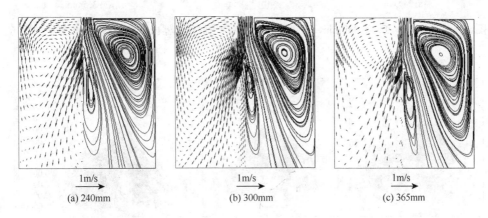

图 8.13　在拉坯速度为 4.5m/min、不同的水口浸入深度时结晶器内沿宽度方向中心截面的流场
速度矢量（左侧）和迹线（右侧）图

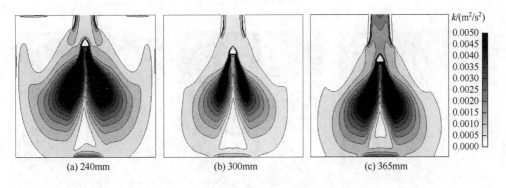

图 8.14　在拉坯速度为 4.5m/min、不同的水口浸入深度时结晶器内沿宽度方向
中心截面的湍动能云图

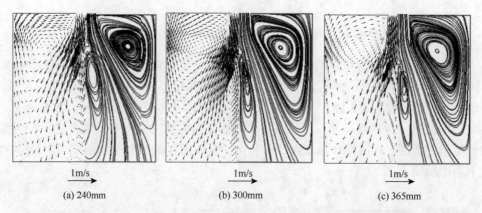

图 8.15　在拉坯速度为 5.0m/min、不同的水口浸入深度时结晶器内沿宽度方向中心截面的流场
速度矢量（左侧）和迹线（右侧）图

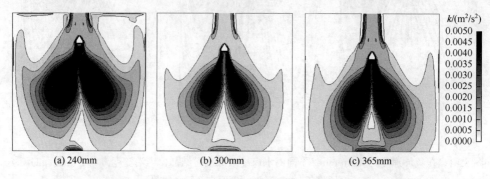

图 8.16　在拉坯速度为 5.0m/min、不同的水口浸入深度时结晶器内沿宽度方向
中心截面的湍动能云图

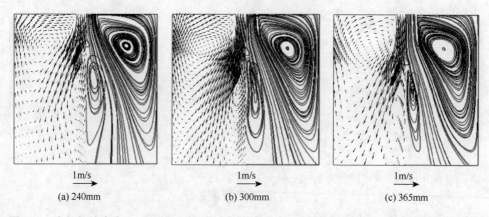

图 8.17　在拉坯速度为 5.5m/min、不同的水口浸入深度时结晶器内沿宽度方向中心截面的流场
速度矢量（左侧）和迹线（右侧）图

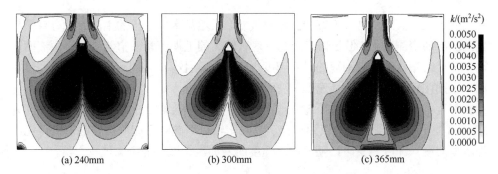

(a) 240mm　　　　　　　(b) 300mm　　　　　　　(c) 365mm

图 8.18　在拉坯速度为 5.5m/min、不同的水口浸入深度时结晶器内沿宽度方向
中心截面的湍动能云图

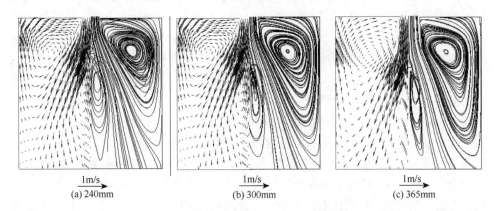

1m/s　　　　　　　1m/s　　　　　　　1m/s
(a) 240mm　　　　　　　(b) 300mm　　　　　　　(c) 365mm

图 8.19　在拉坯速度为 6.0m/min、不同的水口浸入深度时结晶器内沿宽度方向中心截面的流场
速度矢量（左侧）和迹线（右侧）图

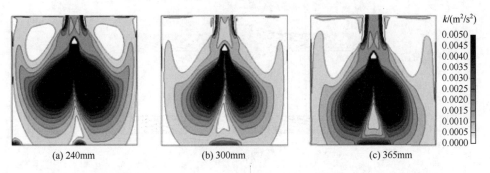

(a) 240mm　　　　　　　(b) 300mm　　　　　　　(c) 365mm

图 8.20　在拉坯速度为 6.0m/min、不同的水口浸入深度时结晶器内沿宽度方向
中心截面的湍动能云图

通过对以上各图观察比较后发现，钢液从浸入式水口以很大的速度斜向下冲入
结晶器内部，主流股的两侧形成内外两个漩涡；水口下方附近的湍流扰动较为剧烈，

湍动能最大，水口两侧及上方湍流相对较弱。虽然从水口冲出的主流股没有直接打到结晶器的窄侧壁上，但是仍有一部分速度较大的上返流紧贴窄侧壁向自由液面运动；并且结晶器出口处钢液的最大速度仍然很大，且有明显的回流区存在。通过对同一组图比较可见，当拉坯速度不变时，随着水口浸入深度的增加，钢液主流股的冲击深度增加，钢液的扰动经过非常剧烈→平稳→较为剧烈的过程。当水口深度为300mm 时，钢液湍流流动较为平稳。纵向比较每组图处于相同位置的结果可见，当水口的浸入深度不变时，随着拉坯速度的增加，钢液的冲击深度变大。

2. 自由液面处的最大速度

除了中心截面的流场速度矢量和湍动能外，自由液面的最大速度也是检验连铸技术的重要标准之一，自由液面速度过大容易引起卷渣和强烈的振荡，而速度过小又会阻止熔融金属搅拌，产生不均匀的温度分布，过早形成凝固坯壳等缺陷。两种极限速度都会影响薄板坯质量。由于结晶器的自由液面被近似处理成固体表面，也就是说该截面上的速度为零，因此需要找到一个可以近似看成自由液面的位置，即自由液面下方速度最大的横截面。从自由液面（$z=0mm$）开始，沿拉坯方向向下每隔 2mm 取一个截面，用内插法求得该截面钢液的最大速度。表 8.4 给出了当水口浸入深度为240mm 时，四种拉坯速度下各截面的最大速度值。通过比较可见，自由液面下 10mm 处的最大速度最大；同理，对于另外两组以浸入深度为基准的算例选取自由液面下 10mm 处的截面作为假定的自由液面。分别对各个情况加以比较，得出一个结论：即自由液面下 10mm 处的最大速度最大。图 8.21 给出了拉坯速度是 5m/min、自由液面下 10mm 处的速度分布。由表 8.4 可知，当水口浸入深度一定时，最大速度随拉坯速度的增大而增大。表 8.5 列出了所有情况下的最大速度值。

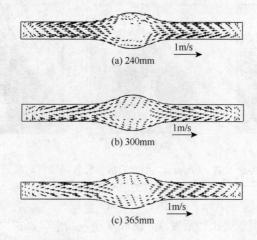

图 8.21　拉坯速度是 5m/min、自由液面下 10mm 处的速度分布

表 8.4　水口浸入深度 240mm 时不同拉坯速度的自由液面下各截面的最大速度值

拉坯速度/(m/min)	与自由液面距离/mm						
	2	4	6	8	10	12	14
4.5	0.0698	0.1495	0.1878	0.1887	0.1894	0.1890	0.1886
5.0	0.0843	0.1805	0.2271	0.2281	0.2292	0.2288	0.2284
5.5	0.0937	0.2005	0.2526	0.2543	0.2557	0.2555	0.2552
6.0	0.0998	0.2136	0.2698	0.2713	0.2725	0.2721	0.2716

表 8.5　水口的浸入深度 240mm 时不同拉坯速度下距离自由液面 10mm 处最大速度

水口浸入深度/mm	拉坯速度/(m/min)			
	4.5	5.0	5.5	6.0
240	0.1894	0.2292	0.2557	0.2725
300	0.1711	0.2077	0.2365	0.2559
365	0.1650	0.1891	0.2176	0.2250

从流场速度矢量图和迹线图可见，结晶器内出现较大回流区意味着在结晶器出口附近会出现各向异性的出流，结晶器内位于水口出口上部出现回流区容易引起振荡和发生卷渣。从湍动能云图来看，颜色越深的位置表明流动越剧烈。回顾数值模拟结果，并和前人的文献比较能得出一个重要的结论：结晶器设计成漏斗形状能够明显地降低熔融钢液对结晶器窄面的冲击强度。在已经给定的特定结构和尺寸条件下，通过改变操作参数来模拟漏斗形结晶器内部的钢液流场分布。通过对结果的比较分析，对于尺寸、结构一定的结晶器和水口，当拉坯速度在 4.5~6m/min 之间变化时，浸入式水口浸入深度为 300mm 的算例结果最好。经过比较，我们发现：

（1）拉坯速度较高的熔融钢液冲击到结晶器窄侧壁后形成上返流和下返流。速度较大的上返流扰动液面，易造成保护渣的卷入，容易引起铸坯表面和皮下夹渣及裂纹的产生；下返流在结晶器下部产生大的漩涡，强烈的紊流对初始凝固坯壳可能造成重熔现象。

（2）当水口的浸入深度一定时，随拉坯速度增大，钢液的冲击强度越大，结晶器内钢液搅拌越强烈，越容易在实际生产中出现卷渣和拉漏现象。

（3）当拉坯速度一定时，结晶器内的钢液流动情况不是呈线性变化，从湍动能云图可以看出，当水口浸入深度为 300mm 时，结晶器内钢液湍动能最小，钢液对结晶器窄侧壁的冲击强度最小，对液面的扰动最小，结晶器下部靠近出口部分的湍流最小，漏钢的概率最小。

（4）虽然当水口浸入深度为 300mm 时钢液流场效果在 12 组算例中相对较好，但是漏斗形结晶器内的钢液湍流扰动仍然很剧烈，弯月面处的较大速度很有可能造成保护渣的卷入，且结晶器出口处没有形成均一的活塞流。这说明仅对水口的结构和浸入深度等参数进行优化并不能从根本上改变结晶器内钢液的流场情况，因此下面将会在结晶器外面施加电磁制动装置，用洛伦兹力间接抑制钢液的流动。

8.3.9　电磁制动作用下流场的特点

图 8.22 为带有电磁制动装置的漏斗形结晶器整体示意图。结晶器外围环绕"工"字形铁磁芯，正对结晶器宽侧壁的是两个缠绕直流通电线圈的磁极。铁磁芯的位置可以与水口出口底部平齐，也可以略高于或者低于水口出口底部。采用的铁磁芯位置高度 h 分别为 250mm、300mm 和 350mm。铁磁芯结构详见图 8.6。

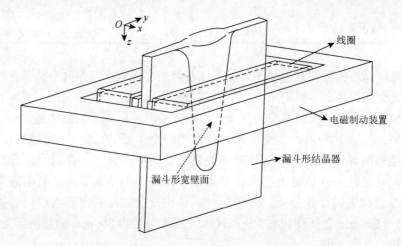

图 8.22　带有电磁制动装置的漏斗形结晶器整体示意图

浸入式水口的结构稍有变化（详见图 8.23）：在图 8.12 给出的水口结构基础上加以改进，底部矩形挡板沿结晶器的宽度方向延长，直至水口出口的下底面全部封闭，设计这种结构可以引导钢液向水平方向偏流，使钢液主流股在某一个高度相对集中，便于电磁力在这一特定区域对主流股集中制动。

1. 电磁制动装置的结构对流场的影响

首先，以浸入式水口深度 300mm、拉坯速度 5.5m/min 的流场为例，分别采用不同结构的电磁制动装置并分配不同的磁动势对其进行制动，结晶器内宽度方向中心截面上的速度矢量图和湍动能云图如图 8.24 所示。未施加电磁制动时，结

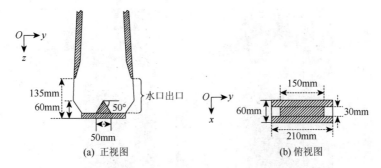

图 8.23　分流式浸入式水口的结构示意图

晶器内流场非常混乱，流场扰动剧烈；速度分布极不均匀，熔融钢液从浸入式水口斜向下冲入结晶器内部，直接冲击到结晶器的窄侧壁后，在主流股上下两侧形成两个很大的回流区。施加磁动势为 10000A·匝的新型电磁制动装置，流场状况得到明显改善，在电磁力作用下，钢液流场被明显抑制，整场速度变小且趋于均匀，钢液主流股的速度变小，主流股末端被打散，因此，钢液的速度方向在未冲到结晶器窄侧壁前就变为向下；主流股上下两侧的回流漩涡变小且涡心向浸入式水口的出口处偏移；结晶器出口附近的速度均一向下。对于传统电磁制动装置而言，施加 10000A·匝的磁动势后，流场有所改善，钢液速度趋于均匀，钢液扰动变弱；但是流场并没有被完全抑制：主流股仍然存在，主流股打到窄侧壁后形成的上下两个回流区域仍然很大，结晶器出口附近仍有回流区存在；当磁动势增大到 14000A·匝时，传统电磁制动装置产生的电磁力的制动效果与磁动势为10000A·匝的新型电磁制动装置的效果基本相同。究其原因，参照 8.3.2 节对磁场结果的分析可知，新型电磁制动装置产生的平均场强是相同条件下传统制动装置场强的 1.8 倍，且前者的最大磁场强度的位置刚好出现在钢液即将冲击结晶器窄侧壁的区域，该区域的主流股速度较大，也是结晶器内最需要进行制动的区域。可见，新型电磁制动装置对形状特殊的漏斗形结晶器来说，它的适用性更好。对于相同的流场来说，若达到相同的制动效果，相对于传统电磁制动装置，新型电磁制动装置可以节约 40%的磁动势。

　　图 8.25 相应地给出了结晶器出口处沿宽度方向的速度分布，拉坯速度方向设定为正方向。未施加电磁制动时，出口位置的钢液速度有正有负，亦即有回流存在；施加磁动势为 10000A·匝的新型电磁制动和磁动势为 14000A·匝的传统电磁制动之后，回流区消失，速度方向均为正方向。为了更好地对三种结果进行定量比较，图 8.26 给出了结晶器出口截面沿宽度方向中心线上的速度分布。当施加磁动势为10000A·匝的新型电磁制动装置时，结晶器出口附近的回流区有明显的改善，正方向速度变小，负方向速度消失；而对于施加相同磁动势的传统电磁制动装置，钢液速度也趋于均匀，但是负方向速度仍然存在，当施加 14000A·匝磁动势后，回流

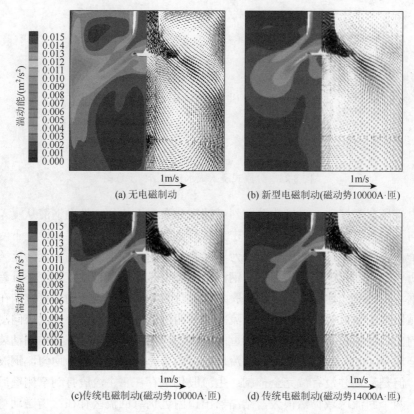

(a) 无电磁制动　　　　　　　　(b) 新型电磁制动(磁动势10000A·匝)

(c)传统电磁制动(磁动势10000A·匝)　　(d) 传统电磁制动(磁动势14000A·匝)

图 8.24　拉坯速度 5.5m/min 时不同条件下的钢液速度矢量图（右侧）和湍动能云图（左侧）

区才消失，其速度分布和磁动势为 10000A·匝的新型电磁制动装置的效果较为一致，但是均匀性仍然没有后者好。可见，磁动势为 10000A·匝的新型电磁制动装置对结晶器出口位置钢液的制动效果最好。

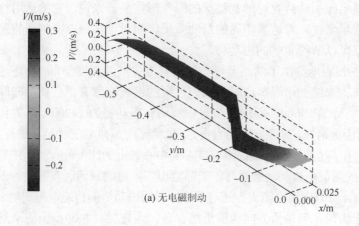

(a) 无电磁制动

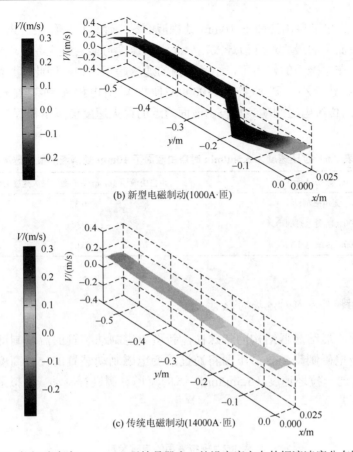

图 8.25　拉坯速度为 5.5m/min 下结晶器出口处沿宽度方向的钢液速度分布比较图

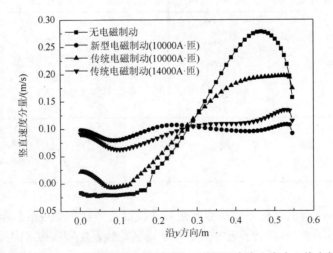

图 8.26　拉坯速度 5.5m/min 时不同条件下结晶器出口截面沿宽度方向中心线上的钢液速度分布

表 8.6 给出了自由液面下 10mm 处钢液的最大速度比较结果。未施加电磁制动的自由液面下的最大速度值最大，如此大的速度可能会发生卷渣现象；施加电磁制动后，在电磁力的作用下，结晶器内的速度趋于均匀，因此弯月面附近的最大速度值明显变小，磁动势为 10000A·匝的新型电磁制动装置和磁动势为 14000A·匝的传统电磁制动装置自由液面附近的最大速度值基本相等。

表 8.6 拉坯速度为 5.5m/min 时自由液面下 10mm 处钢液的最大速度

磁动势/(A·匝)	距自由液面 10mm 下截面的最大速度/(m/s)
无电磁制动	0.37
10000（新型电磁制动）	0.05
14000（传统电磁制动）	0.04

2. 电磁操作参数对流场的影响

针对漏斗形结晶器结构的特殊性，新型电磁制动装置的流场制动效果要明显好于传统电磁制动装置。下面将通过改变电磁制动装置的位置高度和磁动势大小，针对同一拉坯速度（5.5m/min）下的流场算例进行制动。模拟采用的电磁参数见表 8.7。

表 8.7 模拟采用的电磁参数

电磁制动装置的位置高度/mm	磁动势/(A·匝)	电磁制动装置的位置高度/mm	磁动势/(A·匝)
	8000		8000
	9000		9000
250	10000	350	10000
	11000		11000
	12000		12000
	8000	300	11000
300	9000		12000
	10000		

在磁动势不变的前提下，找出电磁制动装置的位置高度对结晶器内钢液流场的影响规律。图 8.27 给出了无电磁制动以及制动装置位置高度 h 从 250mm 变化到 350mm 的结晶器内流场中心宽面的速度矢量图和湍动能云图。从速度矢量图可

以看出，随着 h 的减小，主磁场高度变大，电磁力对结晶器下部的制动效果无明显变化，但对结晶器上部的制动效果明显增强，上回流区的钢液速度在电磁力的作用下变得更小，两个回流区的涡心向水口出口处偏移量变大。与未施加电磁制动的流场相比，当 $h = 250\text{mm} \sim 300\text{mm}$，电磁力对结晶器内钢液流动起到了很好的制动效果。

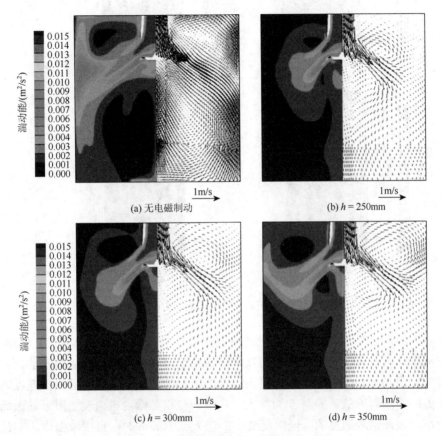

图 8.27　磁动势是 10000A·匝时不同磁场高度下的结晶器内中心宽面的流场速度矢量图（右侧）和湍动能云图（左侧）

由于当制动装置位置高度相同时，磁动势对钢液流场的影响趋势相同，因此，仅以 $h = 300\text{mm}$ 为例进行分析。图 8.28 给出了无电磁制动和磁动势从 8000A·匝变化到 12000A·匝时，结晶器内中心宽面的流场速度矢量图和湍动能云图。从图 8.28 可见，随着磁动势的增大，从水口出口流出的钢液主流股长度变短，冲击深度变小；上下两个回流区的涡心与水口出口的距离变小，结晶器内各点的速度更加均匀，流动变得更加平稳。

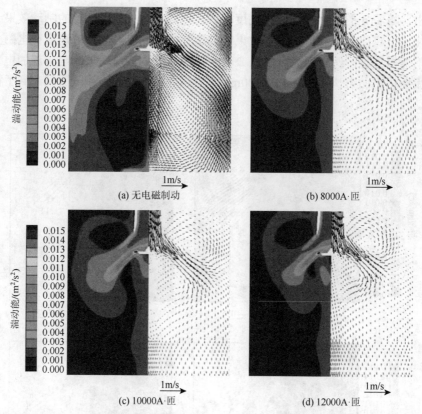

图 8.28　磁场高度 $h = 300$mm 结晶器内中心宽面的流场速度矢量图（右侧）和湍动能云图（左侧）

　　表 8.8 给出了 12 个算例的最大速度的比较结果。施加电磁制动后的自由液面处的流场速度比未施加电磁制动明显降低，其速度大小和电磁制动装置的位置高度有关。当 $h = 250$mm，电磁力对自由液面附近的流场影响最大且最大速度随着磁动势的增加而降低；随着 h 的增大，电磁力对结晶器内自由表面附近的流场影响变小，因此钢液速度的降低幅度变小；当 $h = 350$mm 时，自由液面附近的最大速度的具体数值与未施加电磁制动情况下的速度数值在一个数量级上。

表 8.8　施加电磁制动和未施加电磁制动情况下自由液面下 $z = 10$mm 处钢液的最大速度

制动装置 位置高度/mm	不同磁动势下的钢液最大速度		
	8000A·匝	10000A·匝	12000A·匝
250（EMBr）	0.01870	0.01869	0.01849
300（EMBr）	0.06833	0.05263	0.05019
350（EMBr）	0.18857	0.18042	0.18305
无电磁制动	0.37073		

图 8.29 给出了不同电磁条件下结晶器出口处沿宽度方向中心线上钢液速度的曲线变化。未施加电磁制动时，结晶器出口处的速度有正有负。施加电磁制动后的结晶器出口处的流场得到明显改善，各点的速度方向均变为向下，速度值更加均匀。在选用的几组参数下，结晶器出口处的速度情况基本相同，磁场高度 $h = 250 \sim 300\text{mm}$ 对应不同磁动势下的结晶器出口的流场情况均良好。

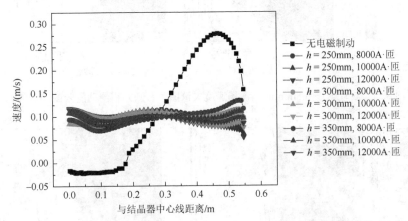

图 8.29　结晶器出口处沿 y 方向中心线上 z 方向钢液速度分量比较

3. 拉坯速度对流场的影响

下面对拉坯速度为 5.0m/min、5.5m/min、6.0m/min 的电磁制动下的流场做了比较分析。图 8.30～图 8.32 分别给出了制动装置位置高度为 300mm 时，施加电磁制动和未施加电磁制动两种情况下流场的速度矢量图和湍动能分布云图。通过比较可见，电磁制动可以有效抑制结晶器内钢液的扰动，对流场进行改善。此外，随着拉坯速度的增大，为了达到制动效果，磁动势也要相应增大。拉坯速度每提高 0.5m/min，磁动势增大约 1000A·匝。

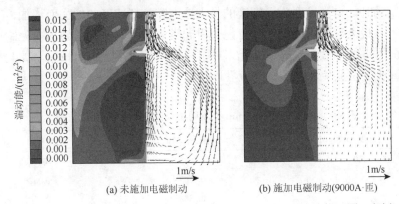

(a) 未施加电磁制动　　　　　　　(b) 施加电磁制动(9000A·匝)

图 8.30　拉坯速度 5.0m/min 的流场速度矢量图（右侧）和湍动能云图（左侧）

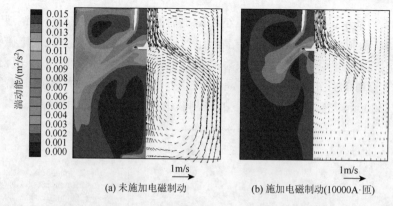

(a) 未施加电磁制动　　　　　　(b) 施加电磁制动(10000A·匝)

图 8.31　拉坯速度 5.5m/min 的流场速度矢量图（右侧）和湍动能云图（左侧）

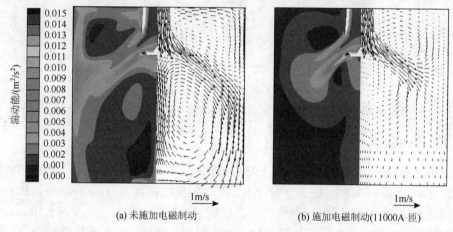

(a) 未施加电磁制动　　　　　　(b) 施加电磁制动(11000A·匝)

图 8.32　拉坯速度 6.0m/min 的流场速度矢量图（右侧）和湍动能云图（左侧）

　　表 8.9 给出了不同拉坯速度下，距自由液面 10mm 处的钢液最大速度。未施加电磁制动时，自由液面附近钢液的最大速度随拉坯速度的增加而增加，三种拉坯速度下的最大速度均比较大，可能会引起卷渣现象的发生；施加电磁制动后，自由液面附近的钢液最大速度要比未施加电磁制动减小一个数量级，如此小的速度可以减少甚至避免保护渣被钢液卷入结晶器内部。

表 8.9　距自由液面 10mm 处不同拉坯速度下的钢液最大速度

拉坯速度/(m/min)	无电磁制动/(m/s)	电磁制动/(m/s)
5.0	0.26732	0.05275
5.5	0.37073	0.05263
6.0	0.38882	0.08829

　　通过改变电磁制动装置的结构、位置高度和磁动势等参数，钢液流场发生了明显的改变：

　　（1）未施加电磁制动的流场流动紊乱，流股冲击深度大，较高流速的钢液冲击结晶器窄侧壁并在竖直方向上形成上下两个回流区。自由表面附近的速度较大，结晶器出口处存在回流区。施加电磁制动后，结晶器内钢液的流动情况得到明显改善，速度趋于均匀，两个回流区涡心向水口出口处偏移，弯月面附近的速度降低，结晶器出口附近形成速度均一的活塞流。

　　（2）新型电磁制动装置在达到与传统装置相同的制动效果的条件下，可以节约 40%左右的磁动势。

　　（3）施加新型电磁制动后，薄板坯漏斗形结晶器内的流场得到明显改善，钢液流股被有效地抑制，整场速度变小且更加均匀。通过对电磁制动的位置高度和磁动势的改变，比较分析了不同参数下结晶器内的钢液流场分布情况。综合来看，对于拉坯速度为 5.5m/min 的流场来说，当 $h = 250 \sim 300$mm，磁动势大小在 $8000 \sim 10000$A·匝时的钢液流场效果较好，磁动势过大会消耗更大的电能。

　　（4）拉坯速度每增加 0.5m/min，磁动势相应地增大约 1000A·匝，可以达到较理想的抑制效果。

8.3.10　电磁制动对钢液流动、传热和凝固耦合行为的影响

　　下面分别对电磁制动装置结构、电磁制动装置位置高度和磁动势对钢液流动、传热以及凝固的影响进行了模拟。模拟所用的钢液热物性参数详见表 8.10。所用到的操作参数和结构参数如表 8.11 所示。

表 8.10　钢液的热物性参数

热物性参数	数值	热物性参数	数值
固相线 T_s/K	1763.0	固相导热系数 Γ_s/[W/(m·K)]	30.0
液相线 T_1/K	1803.0	凝固潜热 L/(kJ/kg)	272.0
比热容 c_p/[J/(kg·K)]	720.0	热扩散系数 β/K^{-1}	0.0001
液相导热系数 Γ_1/[W/(m·K)]	27.0		

表 8.11　考虑凝固后采用的操作参数和结构参数

电磁制动装置位置高度/mm	磁动势/(A·匝)	拉坯速度/(m/min)
250，300，350	8000，10000，12000	5.0，5.5，6.0

以水口的浸入深度 300mm、拉坯速度 5.5m/min、电磁制动装置位置高度 300mm 的算例为例，对传统电磁制动装置和新型电磁制动装置产生的电磁力作用下结晶器内钢液的流动、传热和凝固现象进行比较分析。图 8.33 分别给出了考虑凝固后不同电磁参数条件下流场的速度矢量图和湍动能云图。图 8.33（a）～（d）的流场分布较为相似：过热度为 20K 的熔融钢液由浸入式水口冲入结晶器内部后，在拉坯方向上形成上下三个漩涡：钢液主流股上下两侧的两个大漩涡和自由液面下靠近结晶器窄侧壁的一个小漩涡；结晶器出口附近形成均一的活塞流。不同的是，未施加电磁制动的流场相对施加电磁制动后的流场较为混乱，钢液主流股以及上返流的速度较大，其他区域钢液的速度较小，换言之，结晶器内钢液的速度梯度较大；施加电磁制动后，钢液主流股的尾端在电磁力的作用下被打散，流速较高的钢液溶解到周围流速较低的钢液中，湍流扰动被明显地抑制，结晶器内的钢液速度变小且趋于均匀。比较图 8.33（b）和（c）施加电磁制动后的流场结果可见，在相同的磁动势条件下，新型电磁制动装置的制动效果要明显好于传统电磁制动装置的制动效果。图 8.33（b）和（d）说明，对于钢液流场的制动，新型电磁制动装置比传统电磁制动装置节约 40%左右的磁动势。

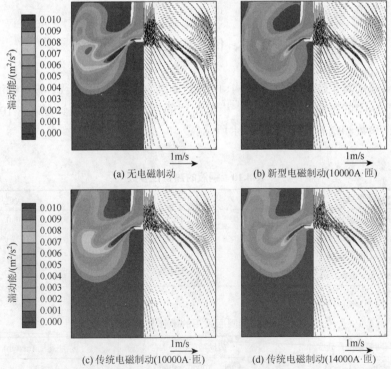

图 8.33　拉坯速度 5.5m/min 磁场位置高度 300mm 时不同结构的电磁制动装置下结晶器内的流场速度矢量图（右侧）和湍动能云图（左侧）

　　图 8.34 给出了相同条件下的结晶器中心宽面上的糊状区和凝固坯壳厚度。液态钢液分布在水口附近包括主流股在内的发散形区域内，其位置、形状和大小与图 8.33 给出的相同条件下湍动能云图中高湍流发生区的位置较为一致；在钢液即将冲击结晶器窄侧壁的下方，凝固坯壳开始形成。究其成因，这是流动和传热相互作用的结果。在结晶器内部湍流旺盛区，湍流热扩散率占主导地位，热量随高速钢液主流股进入结晶器内部，而主流股周围的钢液温度略低，造成了较大的温度梯度；施加静电磁场后，由于洛伦兹力的抑制，钢液流股被电磁力打散，主流股的速度变小、变均匀，在湍流热扩散作用下，温度场分布也更加均匀，具体表现为温度梯度变化较小，液相区面积明显大于未施加电磁力的情况；随着电磁制动效果的增强，液相区面积也随之增大，但是凝固坯壳的厚度和生成位置基本不变。

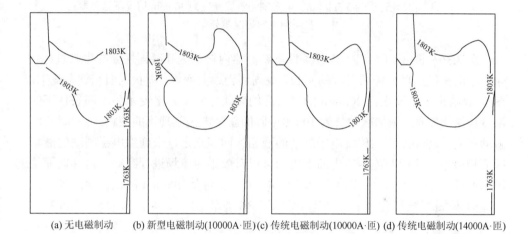

(a) 无电磁制动　(b) 新型电磁制动(10000A·匝)(c) 传统电磁制动(10000A·匝) (d) 传统电磁制动(14000A·匝)

图 8.34　拉坯速度为 5.5m/min、电磁制动装置高度为 300mm 情况下，结晶器内钢液
固液相线温度分布

　　图 8.35 给出了结晶器中心宽面钢液的等温线分布，该图的排列顺序与图 8.33 和图 8.34 相同。熔融钢液从浸入式水口流入结晶器后，一部分高温钢液在水冷作用下被迅速冷却，另一部分由于湍流热扩散作用融入周围钢液中；在钢液即将冲击到结晶器窄侧壁处，即靠近结晶器窄侧壁的下方区域初始凝固坯壳形成。比较这两个温度梯度变化较大的区域发现，靠近结晶器窄侧壁位置的这一区域的温度梯度变化较大，温度梯度变化最大的位置出现在钢液即将冲击结晶器窄侧壁的地方。其形成原因如前所述，在此不赘述。在相同流场和温度场条件下，温度梯度变化最小、分布最均匀的是磁动势为 10000A·匝的新型电磁制动。

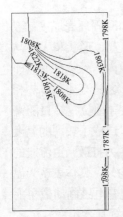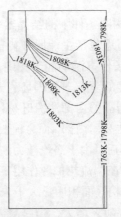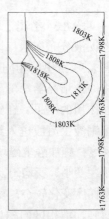

(a) 无电磁制动　(b) 新型电磁制动(10000A·匝)(c) 传统电磁制动(10000A·匝)(d) 传统电磁制动(14000A·匝)

图 8.35　拉坯速度为 5.5m/min、电磁制动装置高度为 300mm 情况下结晶器
中心宽面钢液的等温线分布

　　图 8.36～图 8.40 给出了 4 种条件下结晶器内糊状区和凝固坯壳的生长过程。随着钢液在结晶器内停留时间的延长，凝固坯壳逐渐变厚，糊状区面积逐渐变大。图 8.36 给出了距离水口 200mm 的横截面的糊状区分布。比较 4 种不同条件下的温度场结果发现，施加磁动势为 10000A·匝的新型电磁制动下的液相区面积最大，磁动势为 14000A·匝的传统电磁制动的液相区面积次之，未施加电磁制动的液相区面积最小，这说明施加适当的电磁力可以有效地对流场进行制动，这和前面给出的温度场结果相一致。图 8.37～图 8.40 给出了每隔 200mm 的横截面的糊状区和凝固坯壳的生长情况，其分布趋势和图 8.36 基本相同，需要注意的是，图 8.37～图 8.40 中，在结晶器宽侧壁和窄侧壁相交处出现弧形等温线，这是由于宽侧壁和窄侧壁换热叠加使得此区域换热增强。

　　通过对流场和温度场的结果比较可见，针对同一组参数下的钢液进行制动，新型电磁制动装置消耗的磁动势仅为 10000A·匝，而传统电磁制动装置消耗的磁动势至少为 14000A·匝，即新型电磁制动装置可以节约 40%的磁动势。

(a) 无电磁制动　　　(b) 新型电磁制动(10000A·匝) (c) 传统电磁制动(10000A·匝)(d) 传统电磁制动(14000A·匝)

图 8.36　拉坯速度为 5.5m/min、磁场高度 300mm 时，弯月面下 200mm 处截面上的温度分布

(a) 无电磁制动　　　(b) 新型电磁制动(10000A·匝)(c) 传统电磁制动(10000A·匝)(d) 传统电磁制动(14000A·匝)

图 8.37　拉坯速度为 5.5m/min、磁场高度 300mm 时，弯月面下 400mm 处截面上的温度分布

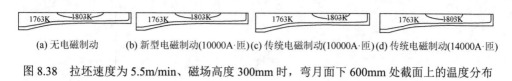

| (a) 无电磁制动 | (b) 新型电磁制动(10000A·匝) | (c) 传统电磁制动(10000A·匝) | (d) 传统电磁制动(14000A·匝) |

图 8.38　拉坯速度为 5.5m/min、磁场高度 300mm 时，弯月面下 600mm 处截面上的温度分布

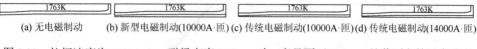

| (a) 无电磁制动 | (b) 新型电磁制动(10000A·匝) | (c) 传统电磁制动(10000A·匝) | (d) 传统电磁制动(14000A·匝) |

图 8.39　拉坯速度为 5.5m/min、磁场高度 300mm 时，弯月面下 800mm 处截面上的温度分布

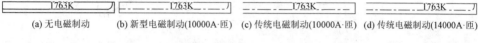

| (a) 无电磁制动 | (b) 新型电磁制动(10000A·匝) | (c) 传统电磁制动(10000A·匝) | (d) 传统电磁制动(14000A·匝) |

图 8.40　拉坯速度为 5.5m/min、磁场高度 300mm 时，弯月面下 1000mm 处截面上的温度分布

　　图8.41和图8.42给出了结晶器宽侧壁和窄侧壁沿拉坯方向中心线上的温度分布。在结晶器上部，凝固坯壳形成之前，温度下降的速度较慢；相反，在结晶器下部，从凝固坯壳成形的位置开始，温度下降速度突然变快。宽侧壁沿拉坯方向中线上温度变化受电磁制动的影响不明显，从图像看几条曲线基本重合；而窄侧壁沿拉坯方向中心线上的温度变化则不同，结晶器下部在相同位置上，施加电磁制动后的钢液温度比未施加电磁制动时略低。

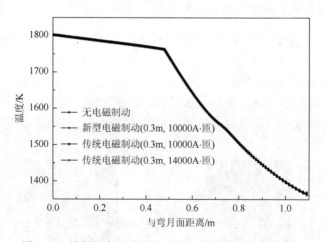

图 8.41　结晶器宽侧壁沿拉坯方向中心线上的温度分布

1. 铁芯结构对钢液行为的影响

　　通过对新型电磁制动装置和传统电磁制动装置的冶金效果进行比较，可以发现，针对同一个算例，从对钢液流动、传热和凝固的制动效果来看，新型电磁制

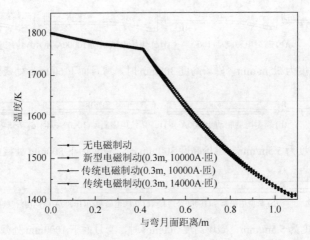

图 8.42　结晶器窄侧壁沿拉坯方向中心线上的温度分布

动装置显示了其良好的优越性；并且要达到相同的制动效果，新型电磁制动装置
比传统的制动装置节约 40% 的磁动势。因此，下面的模拟实验仅针对新型电磁制
动装置进行更深入的研究。对电磁制动装置的位置高度和磁动势下结晶器内的钢
液行为做了数值模拟分析。以拉坯速度为 5.5m/min 的算例为例，模拟了不同电磁
制动装置位置高度下结晶器内钢液的行为。

2. 电磁操作参数对钢液行为的影响

首先，研究电磁制动装置的位置高度对钢液行为的影响，分别调整 $h = 250$mm、
300mm、350mm 三种不同高度。图 8.43 给出了考虑凝固后，不同情况下钢液的
速度矢量和湍动能分布比较。可以看出，施加电磁力后，结晶器内的钢液被明显
抑制，主流股被打散，速度变得更加均匀，钢液湍流扰动变小，随着电磁制动装
置位置高度 h 的减小，钢液的流场被抑制得更加明显，整场速度值变小，最大速

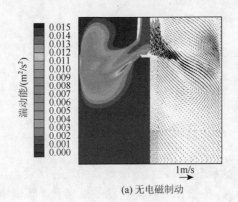
(a) 无电磁制动

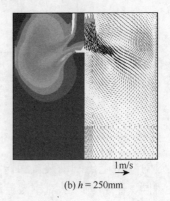
(b) $h = 250$mm

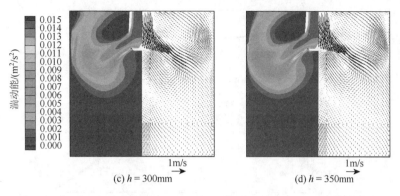

图 8.43　不同电磁制动位置高度下钢液流场速度矢量图（右侧）和湍动能云图（左侧）

度和最小速度之差明显降低，湍动能变小且更加均匀，特别是钢液刚冲出水口附近的主流股湍动能最大值变化最为明显。

　　图 8.44 给出了考虑凝固后，不同条件下结晶器内钢液温度场的比较结果，其中，1763K 是固相线温度，1803K 是液相线温度。熔融钢液从浸入式水口流入漏斗形结晶器内，在水冷作用下，主流股的温度呈发散式降低。在钢液即将冲击结晶器窄侧壁下方有初始凝固坯壳生成，随着钢液在结晶器内停留时间的延长，凝固坯壳逐渐增厚。通过比较可见，在相同的磁动势条件下，由于静电磁场的作用，高温主流股的尾部被打散到周围低温钢液中，其携带的热量也随之融入周围低温钢液中。随着电磁制动装置位置高度 h 的减小，结晶器上部各点的温度梯度变化越均匀。

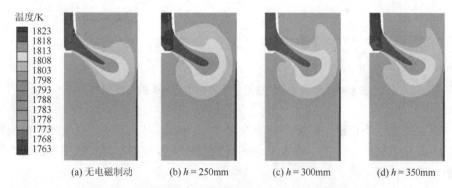

图 8.44　不同磁场高度下结晶器内中心宽面温度场云图

　　图 8.45 和图 8.46 分别给出了不同电磁制动装置位置高度下结晶器宽侧壁和窄侧壁沿拉坯方向中心线上的温度分布的比较结果。宽侧壁和窄侧壁的温度下降趋势如前所述。宽侧壁沿拉坯方向中线上温度变化受电磁制动作用影响不大；窄侧壁沿拉坯方向中心线上的温度随着电磁制动装置位置高度 h 的减小，同一位置上的钢坯温度呈下降趋势，但是并不是十分明显。

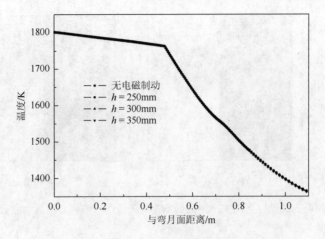

图 8.45　结晶器宽侧壁沿拉坯方向中心线上的温度分布

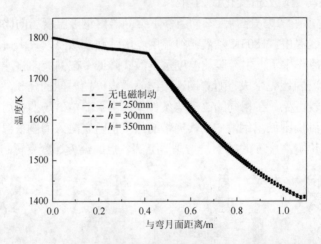

图 8.46　结晶器窄侧壁沿拉坯方向中心线上的温度分布

综上所述，当电磁制动装置位置高度 $h = 250\text{mm}$ 时，流场和温度场的结果最好。因此接下来的工作是，在 $h = 250\text{mm}$ 的基础上改变磁动势，试图找出适合该组条件的最佳磁动势。

3. 磁动势对结晶器内钢液行为的影响

图 8.47 给出了电磁制动装置的位置高度 h 为 250mm 时，磁动势分别为8000A·匝、10000A·匝和12000A·匝时的速度矢量和湍动能比较。未施加电磁制动时，结晶器内上部靠近窄侧壁区域的局部扰动较强，流场速度较大。施加电磁制动后，在 h 一定的情况下，随着磁动势的增加，结晶器内的钢液速度变得更加均

匀，湍流扰动也更小。三种磁动势均能达到电磁制动效果，但是当磁动势达到 12000A·匝时流场的制动效果最明显。

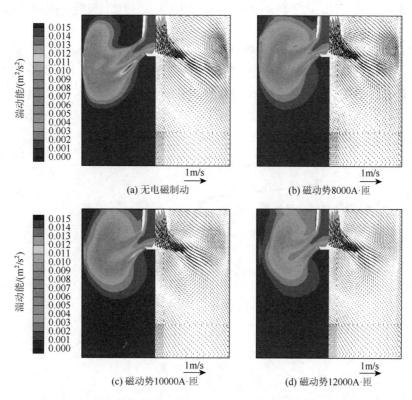

图 8.47　不同磁动势下钢液速度矢量图（右侧）和湍动能云图（左侧）

图 8.48 给出了不同情况下结晶器中心宽面的温度分布云图。受湍流流动的影响，结晶器内钢液的温度分布趋势和流场分布趋势相似：随着磁动势的增加，钢液

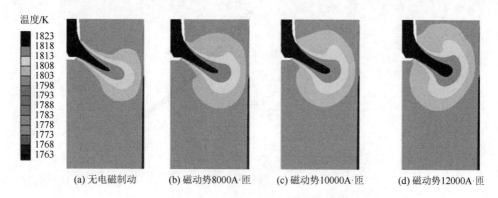

图 8.48　不同磁动势下温度分布云图

主流股的末端被抑制得愈加明显，相应地，处于主流股的高温区也被明显地抑制。在电磁力的作用下，热量更加均匀地分散到主流股周围，温度梯度变化较小。通过对结果的比较可知，三个磁动势都能达到电磁制动效果，且随着磁动势的增加，电磁制动效果越好。

　　图8.49和图8.50给出了磁动势对结晶器侧壁沿拉坯方向中心线上的温度的影响。温度的变化趋势与前面结果相同，磁动势对结晶器宽侧壁上温度分布无明显影响。但是，对于同一位置的窄侧壁来说，随着磁动势的增加，沿拉坯方向中心线上的温度降低得较快。综上所述，在三种大小的磁动势下均能产生很好的制动效果，但是从经济的角度考虑，应优先选择磁动势为8000A·匝的参数。

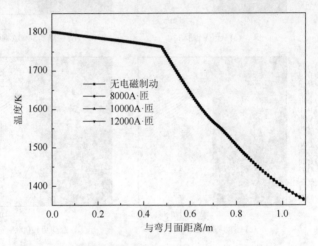

图8.49　结晶器宽侧壁沿拉坯方向中心线上的温度分布

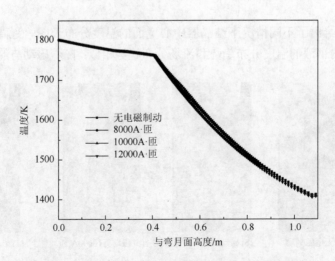

图8.50　结晶器窄侧壁沿拉坯方向中心线上的温度分布

通过对电磁制动作用下漏斗形结晶器内钢液的流动、传热和凝固行为进行了数值模拟，可以得到以下结论：

（1）综合考虑传热和凝固后的结晶器内钢液的流场流动比只考虑流动更加真实，且湍流扰动更小。施加电磁制动后，钢液湍流流动被明显抑制，流场得到明显改善。

（2）在湍流热扩散的作用下，施加电磁制动后的钢液温度分布趋势与流场湍动能分布趋势较为一致，整场温度分布更加均匀，更有利于等轴晶的生成。

（3）比较两种结构制动装置的控制效果会发现，对于同一个算例进行制动，在相同的制动效果条件下，新型电磁制动装置可以节约 40%的磁动势，这和前面流场部分的结论相一致。

（4）在相同的电磁参数条件下，比较三个磁场位置高度，可见随着电磁制动装置位置高度的减小，电磁制动作用越明显，制动效果越好。

（5）当电磁制动装置的位置高度一定（$h = 250$mm）时，改变磁动势，钢液行为也相应地发生改变，磁动势在 8000～12000A·匝的范围内，都能达到明显的制动效果；但从减低能源消耗和成本的角度考虑，优先选择 8000A·匝的磁动势。

（6）通过几组数据的综合比较来看，当电磁制动装置的位置高度为 250mm，磁动势大小为 8000A·匝时，电磁制动效果和经济性最好。

参 考 文 献

[1] Cramb A W, Szekeres E. Mold operation for quality and productivity[J]. Warrendale: The Iron and Steel Society of AIME, 1992: 37-82.

[2] Brimacombe J K, Samarasekera I V. The challenge of thin slab casting[J]. Iron Steelmaker, 1994, 21（11）: 29-39.

[3] Wunnenberg K, Schwerdtfeger K. Principles in thin slab casting[J]. Iron Steelmaker, 1995, 4: 25-31.

[4] Yamanaka A, Kumakura S, Okamura K. Thin slab casting with liquid core reduction[J]. Ironmaking and Steelmaking, 1999, 26（6）: 457-462.

[5] 张小平, 梁爱生. 近终形连铸技术[M]. 北京: 冶金工业出版社, 2001.

[6] Bald W, Kneppe G, Rosenthal D, et al. Hot rolling and cold rolling: Innovative technologies for strip production[J]. German iron and steel institute, 1999（4）: 74-87.

[7] Wolf M M. History of continuous casting[J]. Steelmaking Conference Proceedings, 1992: 83-86.

[8] 毛新平. 薄板坯连铸连轧技术综述[J]. 冶金丛刊, 2004（2）: 35-39.

[9] 闻玉胜, 潘国平. CSP 连铸结晶器的技术特点[J]. 甘肃冶金, 2006, 28（3）: 15-18.

[10] 盛义平, 赵静一. 漏斗型结晶器漏斗形状的设计[J]. 钢铁, 1998, 33（3）: 21-23.

[11] 张慧, 吴夜明, 徐李军, 等. 唐钢新型薄板坯连铸结晶器的设计和使用效果[J]. 钢铁, 2007, 42（5）: 19-24.

[12] 殷瑞钰. 关于钢铁制造流程的发展和重构问题[J]. 中国冶金, 1997（4）: 1-9.

[13] 田乃媛. 薄板坯连铸连轧[M]. 北京: 冶金工业出版社, 2004.

[14] 王雅贞, 张岩. 新编连续铸钢工艺及设备[M]. 北京: 冶金工业出版社, 2007: 430-431.

[15] 史宸兴. 实用连铸冶金技术[M]. 北京: 冶金工业出版社, 1998: 90-96.

[16] 祝三胜，包燕平，田乃媛，等. 薄板坯连铸连轧的特点及几项关键技术[J]. 连铸，1998（6）：3-6.

[17] Moon K H，Lee C H，Cha P R，et al. Application of EMBR for the control of molten steel flow in the continuous casting mold[J]. Steelmaking Conference Proceedings，1997：173-182.

[18] Harada H，Toh T，Ishii T，et al. Effect of magnetic field conditions on the electromagnetic braking efficiency[J]. ISIJ International，2001，41（10）：1236-1244.

[19] Nagai J，Suzuki K I，Kojima S，et al. Steel flow control in a high-speed continuous slab caster using an electromagnetic brake[J]. Iron and Steel Engineer，1984，61（5）：41-47.

[20] Lehman A F，Tallback G R，Sten G. Fluid flow control in continuous casting using various configurations of static magnetic fields[J]. International Symposium on Electromagnetic Processing of Materials，Nagoya：ISIJ，1994：372-377.

[21] Van der Plas D，Platvoet C，Debiesme B，et al. Combined investigation of the EMBR performance at continuous casters of sollac dunkerqus and hoogovens ijmuiden[C]. METEC Congress 94 2nd European Continuous Casting Conference，6th International Rolling Conference，Dusseldorf：1994，Germany，1：109-118.

[22] Moon K H，Shin H K，Kim B J，et al. Flow control of molten steel by electromagnetic brake in the continuous casting mold[J]. ISIJ International，1996，36（Supplement）：S201-S203.

[23] 永井潤，児玉正範，宮崎容治，等. 連続鋳造にぉける鋳型内電磁グしキの適用[J]. 鉄と鋼，1982，68（4）：s270.

[24] 成田貴一，森隆資. 大型鋼块の凝固に关する研究[J]. 鉄と钢，1970，56（10）：1323-1341.

[25] 鈴木健一郎，村田賢治，中西恭二，等. 電磁グしキによる連鋳鋳型内の溶鋼流動の制御[J]. 鉄と鋼，1983，68（12）：s920.

[26] Gardin P，Galpin J M，Regnie M C，et al. Electromagnetic brake influence on molten steel and inclusion behavior in a continuous-casting mold[J]. International Symposium on Electromagnetic Processing of Materials，Nagoya：ISIJ，1994：390-395.

[27] Takatani K，Nakai K，Kasai N，et al. Analysis of heat transfer and fluid flow in the continuous casting mold with electromagnetic brake[J]. ISIJ International，1989，29（12）：1063-1068.

[28] 鈴木干雄，宮原忍，石井俊夫ら. 静磁場垂直印加による連鋳鋳型内溶鋼流動制御[J]. CAMP-ISIJ，1992，5：193.

[29] 原田寛，竹内荣一，石井孝宣ら. 种种の直流磁界印加方式の铸型内流动制御性比较[J]. CAMP-ISIJ，1994，7：13.

[30] van der Plas D，Wim H L，Moonen B P. Metallurgical investigations of the EMBR on slab caster[J]. International Symposium on Electromagnetic Processing of Materials，Nagoya：ISIJ，1994，384-389.

[31] 竹内荣一，藤健彦，原田寛ら. 連续鋳造における电磁气力の适用技术の进步[J]. 新日铁技报，1993，351：27-34.

[32] Kollberg S G，Hackl H R，Hanley P J. Improving quality of flat rolled products using electromagnetic brake （EMBR）in continuous casting[J]. Iron and Steel Engineer，1996，73（7）：24-28.

[33] 冲村利昭，中岛义夫，岛田清邦ら. 铸型内溶钢流动に及ぼす电磁ブレーキ印加の影响[J]. CAMP-ISIJ，1996，9：213.

[34] 原田寛，冈泽健介，田中诚ら. 非对称なノズル吐出孔形状时の铸型内不安定流动と直流磁界の流动安定化效果[J]. CAMP-ISIJ，1994，7：1196.

[35] 石井孝宣，今野直树，冈崎照夫ら. 均一磁界电磁ブレーキ利用技术の开发-1[J]. CAMP-ISIJ，1996，9：206.

[36] 石井孝宣，高木信浩，坂本康弘ら. 均一磁界电磁ブレーキ利用技术の开发-2[J]. CAMP-ISIJ，1996，9：207.

[37]　原田宽，竹内荣一，濑濑昌文ら. 均一电磁ブレーキを用いた异钢种连连铸技术の开发[J]. 铁と钢，2000，86：278-284.

[38]　竹内荣一，楫冈博幸，濑濑昌文ら. 均一直流磁界による复层铸片の连铸化技术[J]. CAMP-ISIJ，1994，7：859.

[39]　Zeze M，Harada H，Takeuchi E. Rayleigh-Taylor instability in the process of clad steel slab casting with level DC magnetic field[J]. ISIJ International，1999，39（6）：563-569.

[40]　Kariya K，Kitana Y，Kuga M. Development of flow control mold for high speed casting using static magnetic fields[J]. Proceedings of the 77th Steelmaking Conference，Chicago：The Iron and Steel Society，1994，77：53-58.

[41]　徐广俊. 电磁连铸结晶器的磁场形式及其对钢液流动控制效果的研究[D]. 沈阳：东北大学，2001.

[42]　冯捷，史学红. 连续铸钢生产[M]. 北京：冶金工业出版社，2005：143.

[43]　Sarjant R J，Slack M R. Internal temperature distribution in the cooling and reheat of steel ingots[J]. Journal of the Iron Steel Institute，1954，177（4）：428-444.

[44]　梅村晃由. 2 元合金铸物の凝固过程に对する非平衡热力学的取汲ら[J]. 日本金属学会志，1973，37：156-164.

[45]　Lait J E，Brimacombe J K，Weinberg F. Mathematical modeling of heat flow in the continuous casting of steel[J]. Ironmaking and Steelmaking，1974，1（2）：90-97.

[46]　宁宝林，杨泽宽，陈海耿. 液芯钢锭数学模型[J]. 钢铁，1989，24（5）：62-67.

[47]　Crowley A B，Ockedon J R. On the numerical solution of an alloy solidification problem[J]. International Journal of Heat and Mass Transfer，1979，22（6）：941-947.

[48]　Adenis D J P，Coasts K H，Ragone D V. An analysis of the direct-chill-casting process by numerical methods[J]. Journal of the Institute of Metals，1962，3（91）：395-403.

[49]　Mizikar E A. Mathematical heat transfer model for solidification of continuously cast steel slabs[J]. Trans TMS-AIME，1967，239：1747-1761.

[50]　片山功藏，服部贤. 热物性值が温度关数である场合の非定常热传导の数值解析[C]. 日本机械学会论文集，1972，38：574-580.

[51]　Lally B，Biegler L，Henein H. Finite difference heat-transfer modeling for continuous casting[J]. Metallurgical Transactions B，Process metallurgy，1990，21（4）：761-770.

[52]　Yang H L，Zhao L G，Zhang X Z，et al. Mathematical simulation on coupled flow，heat，and solute transport in slab continuous casting process[J]. Metallurgical and Materials Transactions B，1998，29（6）：1345-1356.

[53]　Wind J S. Solution for the solidification problem of one-dimensional medium by a new numerical method[J]. Journal of Iron and Steel Institute，1963，201（7）：594-601.

[54]　DenHartog H W，Rabenberg J M，Willemse J. Application of a mathematical model in the study of ingot solidification process[J]. Ironmaking and Steelmaking，1975，2（2）：134-144.

[55]　Bushko W，Grosse J R. New finite element method for multidimensional phase change heat transfer problems[J]. Numerical Heat Transfer，Part B：Fundamentals，1991，19（1）：31-48.

[56]　Yao M，Chait A. Alternative formulation of the apparent heat capacity method for phase-change problems[J]. Numerical Heat Transfer Part B：Fundamentals，1993，24（3）：279-300.

[57]　Spencer S，Carless P，Magee E. Mathematical model for simulation of solidification and cooling of cast rolls[J]. Ironmaking and Steelmaking，1981，8（3）：129-136.

[58]　Voller V，Cross M. An explicit numerical method to track a moving phase change front[J]. International Journal of Heat and Mass Trafer，1983，26（1）：147-150.

[59]　Trake K H. Discretization of explicit enthalpy method for planar phase change[J]. International Journal for

Numerical Methods in Engineering, 1985, 21 (3): 543-554.

[60] Cames-Pintaux A M. Nguyun-Lamba finite-element enthalpy method for discrete phase change[J]. Numerical Heat Transfer Applications, 1986, 9: 403-417.

[61] Runnels S R, Carey G F. Finite element simulation of phase change using capacitance methods[J]. Numerical Heat Transfer, Part B: Fundamentals, 1991, 19 (1): 13-30.

[62] Morgan K, Lewis R W, Zienkiewicz O C. An improved algorithm for heat conduction problems with phase change[J]. International Journal for Numerical Methods in Engineering, 1978, 12 (7): 1191-1195.

[63] Del-Guidice S, Comin G, Lewis R W. Finite element simulation of freezing processes in soils[J]. International Journal for Numerical and Analytical Methods in Geomechanics, 1978, 2 (3): 223-235.

[64] Lemmon E C. Mutidimensional integral phase change approximations for finite element conduction codes[J]. In: Lewis R W, Morgan K, Zienkiewicz O C Numerical Methods in Heat Transfer[M]. Chichester: John Wiley & Sons Ltd., 1981: 201-213.

[65] Rolph W D, Bathe K. An efficient algorithm for analysis for nonlinear heat transfer with phase change[J]. International Journal for Numerical Methods in Engineering, 1982, 18 (1): 119-134.

[66] Kelly J E, Michalek K P, O'Connor T G, et al. Initial development of thermal and stress fields in continuously cast steel billets[J]. Metallurgical Transactions A, 1988, 19 (10): 2589-2602.

[67] Flint P J. A three-dimensional finite difference model of heat transfer fluid flow and solidification in the continuous slab caster[C]. Proc. 73rd Steel Making Conference Proceeding, 1990: 481-490.

[68] Huang X, Thomas B G, Najjar F M. Modeling superheat removal during continuous casting of steel slabs[J]. Metallurgical and Materials Transactions B, 1992, 23 (3): 339-356.

[69] 杨秉俭, 苏俊义. 板坯连铸结晶器中三维凝固壳厚度分布的数值模拟及实验验证[J]. 钢铁, 1996, 31 (9): 24-28.

[70] 陈光友, 倪红卫, 张华, 等. 武钢板坯连铸凝固规律的研究[J]. 武汉科技大学学报, 2008, 31 (6): 605-608.

[71] Choudhary S K, Mazumdar D, Ghosh A. Mathematical modeling of heat transfer phenomena in continuous casting of steel[J]. ISIJ International, 1993, 33 (7): 764-774.

[72] Asai S, Szekely J. Turbulent flow and its effects in continuous casting[J]. Ironmaking and Steelmaking, 1975, 2 (3): 205-213.

[73] Gadgil A, Gobin D. Analysis of two-dimensional melting in rectangular enclosures in presence of convection[J]. Journal of Heat Transfer, 1984, 106 (1): 20-26.

[74] Seyedein S H, Hasan M. A three-dimensional simulation of coupled turbulent flow and macroscopic solidification heat transfer for continuous slab casters[J]. International Journal of Heat & Mass Transfer, 1997, 40 (18): 4405-4423.

[75] Nam H, Park H S, Yoon J K. Numerical analysis of fluid flow and heat transfer in the funnel type mold of a thin slab caster[J]. ISIJ International, 2000, 40 (9): 886-892.

[76] Park H S, Nam H, Yoon J K. Numerical analysis of fluid flow and heat transfer in the parallel type mold of a thin slab caster[J]. ISIJ International, 2001, 41 (9): 974-980.

[77] Shamsi M R R I, Ajmani S K. Three dimensional turbulent fluid flow and heat transfer mathematical model for the analysis of a continuous slab caster[J]. ISIJ International, 2007, 47 (3): 433-442.

[78] 严波, 文光华, 张培源. 薄板坯连铸结晶器内凝固坯壳的数值分析[J]. 应用力学学报, 1998, (4): 43-48.

[79] 文光华, 刘小梅. 薄板坯连铸结晶器三维流场和温度场的数值模拟[J]. 炼钢, 1997, (4): 25-29.

[80] 文光华. 薄板坯连铸结晶器内腔形状的优化[J]. 钢铁, 1998, 33 (10): 19-22.

[81]　李中原，赵九洲. 平行板型薄板坯连铸结晶器中钢液流动、凝固及溶质分布的三维耦合数值模拟[J]. 金属学报，2006，42（2）：211-217.

[82]　Kim D S，Kim W S，Cho K H. Numerical simulation of the coupled turbulent flow and macroscopic solidification in continuous casting with electromagnetic brake[J]. ISIJ International，2000，40（7）：670-676.

[83]　Lam C K G，Bremhorst K. A modified form of the k-epsilon model for predicting wall turbulence[J]. Journal of Fluids Engineering，1981，103（3）：456-460.

[84]　Jones W P，Launder B E. The prediction of laminarization with a two-equation model of turbulence[J]. International Journal of Heat & Mass Transfer，1972，15（2）：301-314.

[85]　Jones W P，Launder B E. The calculation of low-Reynolds-number phenomena with a two-equation model of turbulence[J]. International Journal of Heat & Mass Transfer，1973，16（6）：1119-1130.

[86]　Thomas B G，Mika L J，Najjar F M. Simulation of fluid flow inside a continuous slab-casting machine[J]. Metallurgical Transactions B，1990，21（2）：387-400.

[87]　Man Y H，Lee H G，Seong S H. Numerical simulation of three-dimensional flow，heat transfer，and solidification of steel in continuous casting mold with electromagnetic brake[J]. Journal of Materials Processing Technology，2003，133（3）：322-339.

[88]　Wu Y H，Wiwatanapataphee B，Collinson R，et al. An exponentially fitted enthalpy control volume algorithm for coupled fluid flow and heat transfer[J]. The ANZIAM Journal，2000，42（E）：1580-1598.

[89]　Bennon W D，Incropera F P. A continuum model for momentum，heat and species transport in binary solid-liquid phase change systems. I: Model Formulation[J]. International Journal of Heat and Mass Transport，1987，30（10）：2161-2170.

[90]　Lan X K，Khodadadi J M. Liquid steel flow，heat transfer and solidification in mold of continuous casters during grade transition[J]. International Journal of Heat and Mass Transfer，2001，44（18）：3431-3442.

[91]　Chiang K C，Tsai H L. Shrinkage-induced fluid flow and domain change in two-dimensional alloy solidification[J]. International Journal of Heat & Mass Transfer，1992，35（7）：1763-1770.

[92]　陶文铨. 数值传热学[M]. 2 版. 西安：西安交通大学出版社，2001.

[93]　Lee J E，Yoon J K，Han H N. 3-dimensional mathematical model for the analysis of continuous beam blank casting using body fitted coordinate system[J]. ISIJ International，1998，38（2）：132-141.

[94]　Lee J E，Han H N，Oh K H，et al. A fully coupled analysis of fluid flow，heat transfer and stress in continuous round billet casting[J]. ISIJ International，1999，39（5）：435-444.

[95]　徐士良. FORTRAN 常用算法程序集[M]. 北京：清华大学出版社，1992：128-134.

[96]　张铁，闫家斌. 数值分析[M]. 北京：冶金工业出版社，2000：134-147.

[97]　Courant R，Issacson E，Rees M. On the solution of non-linear hyperbolic differential equations by finite differences[J]. Communications on Pure and Applied Mathematics，1952. 5：243-269.

[98]　Barakat H Z，Clark J A. Analytical and experimental study of transient laminar natural convection flows in partially filled containers[C]. Proceedings of third International Heat Transfer Conference，1966，2：152-162.

[99]　Runchal A K，Wolfstein M. Numerical integration procedure for the steady state Navier-Stokes equations[J]. Journal of Mechanical Engineering Science，1969，11（5）：445-453.

[100]　张影，朱苗勇，刘建华. 漏斗形薄板坯结晶器内流动与传热行为的数值仿真[C]. 现代连铸技术进展：第 7 届全国连铸学术年会论文集，北京，2003，7：331-336.

[101]　王镭，沈厚发. CSP 薄板坯连铸结晶器流场数值模拟[C]. 现代连铸技术进展：第 7 届全国连铸学术年会论文集，北京，2003：315-319.